Mechanik, Werkstoffe und Konstruktion im Bauwesen

Band 44

Weitere Bände in dieser Reihe
http://www.springer.com/series/13824

Institutsreihe zu Fortschritten bei Mechanik, Werkstoffen, Konstruktionen, Gebäudehüllen und Tragwerken.

Jonas Hilcken

Zyklische Ermüdung von thermisch entspanntem und thermisch vorgespanntem Kalk-Natron-Silikatglas

Cyclic fatigue of annealed
and tempered soda-lime glass

Jonas Hilcken
Institut für Statik und Konstruktion
Technische Universität Darmstadt
Darmstadt, Deutschland

Dissertation Technische Universität Darmstadt, 2015

D 17

Mechanik, Werkstoffe und Konstruktion im Bauwesen
ISBN 978-3-662-48352-7   ISBN 978-3-662-48353-4 (eBook)
DOI 10.1007/978-3-662-48353-4

Die Deutsche Nationalbibliothek verzeichnet diese Publikation in der Deutschen Nationalbibliografie; detaillierte bibliografische Daten sind im Internet über http://dnb.d-nb.de abrufbar.

Springer Vieweg

Gedruckt auf säurefreiem und chlorfrei gebleichtem Papier

Springer Berlin Heidelberg ist Teil der Fachverlagsgruppe Springer Science+Business Media
(www.springer.com)

Vorwort

Diese Arbeit entstand während meiner Tätigkeit als wissenschaftlicher Mitarbeiter am Institut für Statik und Konstruktion der Technischen Universität Darmstadt in den Jahren 2010 bis 2015.

Mein Dank gilt allen, die mich in dieser Zeit unterstützt und damit zum Gelingen dieser Arbeit beigetragen haben. Insbesondere danke ich Herrn Prof. Dr.-Ing. Jens Schneider für das entgegen gebrachte Vertrauen, die ständige Diskussionsbereitschaft sowie seine Ideen und Anregungen. Herrn Prof. Dr.-Ing. Johann-Dietrich Wörner und Frau Dr.-Ing. Kaja Boxheimer danke ich für die Initiierung und der Deutschen Forschungsgemeinschaft für die Finanzierung des mit der Arbeit verbundenen Forschungsvorhabens. Darüber hinaus danke ich meinen Kollegen Manuel Hark, Johannes Franz, Sebastian Schula, Jonas Kleuderlein und Johannes Kuntsche für Fachgespräche, Mithilfe und Kritik, Jeannette Kaupp für das Korrekturlesen der Arbeit und meiner Frau Melle Hilcken sowie meiner Mutter Beate Rüther und Schwiegermutter Angelika Kaupp für ihre fortwährende Geduld und Unterstützung.

Jonas Hilcken, im Juli 2015

Kurzfassung

Bauteile, die schwingenden oder periodisch wiederkehrenden Beanspruchungen ausgesetzt sind, müssen häufig auch hinsichtlich ihres Ermüdungsverhaltens eingestuft und bemessen werden. Im konstruktiven Glasbau liegt hierzu noch kein Nachweiskonzept vor, da das zyklische Ermüdungsverhalten von den im Bauwesen eingesetzten Gläsern nur ansatzweise erforscht ist.

In der vorliegenden Arbeit wurde das Verhalten von thermisch entspanntem und thermisch vorgespanntem Kalk-Natron-Silikatglas anhand von Schwingprüfungen im Doppelring- und 3-Punkt-Biegeversuch unter verschiedenen Randbedingungen mit definiert vorgeschädigten Probekörpern untersucht. Anhand der Ergebnisse konnte nachgewiesen werden, dass die Festigkeit unter zyklischer Beanspruchung deutlich abnimmt und eine Schwelle existiert, unterhalb derer keine Ermüdung auftritt. Zudem konnten die wesentlichen Einflussparameter der zyklischen Ermüdung belegt und quantifiziert werden. Vergleiche mit analytischen Gleichungen und einem numerischen Modell, welches das subkritische Risswachstum mittels eines Zeitschrittverfahrens simuliert, haben gezeigt, dass die Festigkeit bei zyklischer Beanspruchung deutlich geringer ausfällt als erwartet. Die zyklische Ermüdung und die untersuchten Einflussparameter können unter Verwendung modifizierter Risswachstumsparametern dennoch recht gut mit den gängigen Risswachstumsgesetzen prognostiziert werden. Anders als vermutet traten bei Versuchen, bei denen zwischen den einzelnen Schwingspielen Belastungspausen eingelegt wurden, keine signifikanten Festigkeitserhöhungen auf, die auf Rissheilungseffekte hindeuten.

Basierend auf diesen Erkenntnissen wurde ein Nachweiskonzept erstellt, das zur Bemessung von periodisch beanspruchten Bauteilen aus thermisch entspanntem und thermisch vorgespanntem Kalk-Natron-Silikatglas im konstruktiven Glasbau herangezogen werden kann.

Abstract

Structural elements that are subjected to cyclic or repeated loading shall be classified and designed with respect to their fatigue behavior. For glass elements, no approach for the determination of the fatigue life has been established thus so far as the cyclic fatigue of the glass elements commonly used in construction has only been investigated rudimentarily.

In the present work, the behavior of annealed and tempered soda lime glass has been investigated performing cyclic ring-on-ring and 3-point bending tests under varying boundary conditions on samples with well-defined pre-damages. The results obtained showed that the strength of the glass is significantly reduced under cyclic loading. A threshold below which no failure occurs was found, and the main parameters responsible for cyclic fatigue were characterized and quantified. A comparison with analytical equations and a numerical model simulating the subcritical crack growth using a time-marching method have shown that the strength is reduced more substantially by cyclic loading than expected. However, the cyclic fatigue and the investigated parameters can be predicted sufficiently using common crack propagation laws with modified constants. In contrast to previous assumptions, experiments with unstressed periods between load cycles did not show a significant increase in strength, indicating no or only minor crack healing effects.

Based on the findings, a concept was developed that could be used for the design of cyclically loaded structural elements of annealed or tempered soda lime glass.

Version abrégée

Des éléments structurels soumis à des charges cycliques ou périodiquement récurrentes nécessitent généralement une évaluation et vérification en vue de leur comportement en fatigue. En ce qui concerne l'utilisation de structures en verre, il n'existe pas de méthodes de vérification pour ce phénomène, comme la fatigue des verres utilisés dans le génie civil est un domaine peu exploré.

Dans le présent travail, le comportement de verres silicosodocalciques recuits et trempés a été examiné à l'aide d'essais cycliques soit suivant d'essais avec doubles anneaux concentriques soit suivant d'essais flexion trois points. Ces tests ont été faits sous l'effet de différentes conditions imposées et avec des échantillons préalablement endommagés de façon bien définie. Les résultats ont montré une diminution considérable de la résistance du matériau sous l'effet de charges cycliques ainsi qu'un seuil endessous duquel la fatigue ne se produit plus. En plus, les principaux paramètres influant la fatigue du verre lors de l'exposition à des charges cycliques ont pu été prouvés et quantifiés. Une comparaison avec des solutions analytiques et un modèle numérique qui simule la fissuration sous-critique à l'aide d'une approche dite « time-marching » a montré que la résistance du matériau soumis à des charges cycliques est considérablement moins élevée qu'initialement supposé. La fatigue cyclique et les paramètres d'influence considérés peuvent toutefois bien être pronostiqués sous l'approche des paramètres de propagation des fissures et en utilisant les lois courantes de propagation des fissures. Contrairement aux prévisions, une augmentation significative de la résistance du matériau due au phénomène de cicatrisation des fissures n'a pas été observée lors des tests pendant lesquels des pauses ont été faites entre chaque cycle.

Sur la base de ces connaissances, une méthode de vérification a été développée pour des éléments structurels en verre silicosodocalcique recuit ou trempé soumis à des charges périodiquement récurrentes.

Inhaltsverzeichnis

Liste der Formelzeichen

a	Risstiefe
a_c, a_f	kritische Risstiefe
a_i	Initialrisstiefe, Ausgangsrisstiefe
a	Beiwert zur Berechnung des Beanspruchungskoeffizienten
A	Risswachstumsparameter (empirisches Potenzgesetz)
A	Konstante des Wiederhorn-Gesetzes
A_i, A_0	Fläche unter Zug, effektive Fläche
A_h, A_m	Bruchspiegelkonstanten
b	Probekörperbreite
b	Konstante des Wiederhorn-Gesetzes
b	Beiwert zur Berechnung des Beanspruchungskoeffizient
B	Bestimmtheitsmaß
c	Rissbreite
c	Spezifische Wärmekapazität
C	Werkstoffkonstante zum zyklischen Rissfortschritt (*Gesetz von Paris*)
d	Glasdicke
E	Elastizitätsmodul, E-Modul
ΔE_a	Aktivierungsenergie (unbelastet)
f	Frequenz
$f_{g,k}$	charakteristische Biegezugfestigkeit
f_k	charakteristischer Festigkeitswert
f_N	Wahrscheinlichkeitsdichte der Normalverteilung
f_{LN}	Wahrscheinlichkeitsdichte der Lognormalverteilung
f_{WB}	Wahrscheinlichkeitsdichte der Weibull-Verteilung

F	Kraft
F_{ind}	Eindringlast (engl.: *indentation load*)
H_i	Häufigkeit
I_x, I_y, I_z	Flächenträgheitsmoment
K	Spannungsintensitätsfaktor
$K_{\text{rII}}, K_{\text{rIII}}$	Spannungsintensitätsfaktor, der den Bereich II bzw. III begrenzt
K_{I}	Spannungsintensitätsfaktor im Modus I
K_{Im}	Spannungsintensitätsfaktor (Rauzone)
K_{Ic}	kritischer Spannungsintensitätsfaktor
K_{depth}	Spannungsintensitätsfaktor an der Rissspitze
K_{surface}	Spannungsintensitätsfaktor an der Oberfläche
k_{mod}	Modifikationsbeiwert nach DIN 18008-1
k_{c}	Beiwert zur Berücksichtigung der Art der Konstruktion
$K_0, K_{\text{TH}}, K_{\text{S}}$	Ermüdungsschwelle
ΔK	effektiver Spannungsintensitätsfaktor
l	Probekörperlänge
l_{K}	Kratzlänge
m	zyklischer Rissfortschrittsexponent (*Gesetz von Paris*)
m	Rissfortschrittsexponent (*Wiederhorn-Gesetz*)
m	Masse
MSE	Mittlerer quadratischer Fehler
n	Stichprobenumfang
n	Rissfortschrittsexponent (*empirisches Potenzgesetz*)
n_{c}	Rissfortschrittsexponent bei zyklischer Beanspruchung
n_{III}	Rissfortschrittsexponent im Bereich III
N	Schwingspielzahl
p_0	Luftdruck in der Atmosphäre

p_{H2O}	Partialdruck der Luftfeuchte
P	Wahrscheinlichkeit, Aussagewahrscheinlichkeit
P_f	Versagenswahrscheinlichkeit
P_N	Verteilungsfunktion der Normalverteilung
P_{LN}	Verteilungsfunktion der Lognormalverteilung
$P_ü$	Überschreitungshäufigkeit, -wahrscheinlichkeit
P_{WB}	Verteilungsfunktion der Weibull-Verteilung
r_b	Verzweigungslänge
r_m, r_h	Bruchspiegelradius
r_1	Lastringradius des Doppelringbiegeversuchs
r_2	Stützringradius des Doppelringbiegeversuchs
R	Spannungsverhältnis
R	allgemeine Gaskonstante
R	Korrelationskoeffizient
R_d	Bemessungswert des Tragwiderstandes
RH	relative Luftfeuchtigkeit
s	Standardabweichung
$s_{y.x}$	Standardabweichung von der Regressionsgeraden
S	Summe der Fehlerquadrate
t	Quantil der t-Verteilung
t_f	Lebensdauer bei statischer Belastung
t_{fqs}	Lebensdauer bei Belastung mit konstanter Spannungsrate
t_{fc}	Lebensdauer bei zyklischer Belastung
t_L	Lagerungsdauer
Δt_r	Zeitspanne ohne Belastung
T	Periodendauer, Schwingdauer
v	Rissausbreitungsgeschwindigkeit

v	Varianz
v_0	Rissausbreitungsgeschwindigkeit bei $K = K_{\mathrm{Ic}}$
v_{II}, v_{III}	Rissausbreitungsgeschwindigkeit im Bereich II bzw. III
V	Variationskoeffizient
w	Verschiebung, Verformung
x	Richtung im kartesischen Koordinatensystem
$\bar{x}$	Mittelwert der Zufallsvariablen X
x_i	Wert i der Stichprobe mit Zufallsvariable X
x_i	Einzelwert in Stichprobe
X	Zufallsvariable
y	Richtung im kartesischen Koordinatensystem
$y_{\mathrm{KI,u}}$	Untergrenze des Konfidenzintervalls
$y_{\mathrm{KI,o}}$	Obergrenze des Konfidenzintervalls
y_{PI}	Grenzen des Prädiktionsintervalls
Y	Geometriefaktor
Y_{surface}	Geometriefaktor an der Oberfläche
Y_{depth}	Geometriefaktor an der Rissspitze
z	Richtung im kartesischen Koordinatensystem
α	Schätzwert des Achsenabschnitts (lineare Regression)
α	Skalierungsparameter der Weibull-Verteilung
α_{T}	Temperaturausdehnungskoeffizient
β	Schätzwert der Geradensteigung (lineare Regression)
β	Formparameter der Weibull-Verteilung
γ_{M}	Teilsicherheitsbeiwert für Materialeigenschaften
γ_{G}	Teilsicherheitsbeiwert für ständige Einwirkungen
γ_{Q}	Teilsicherheitsbeiwert für veränderliche Einwirkungen
ε	Dehnung

ε	Residuum
$\varepsilon_1, \varepsilon_2, \varepsilon_3$	Hauptdehnungen
ζ	Beanspruchungskoeffizient
ϑ	Temperatur
ϑ	unbekannter Parameter der OLS
μ	Erwartungswert
ν	Poissonzahl, Querkontraktionszahl
ρ	Dichte
σ	Spannung
$\sigma_1, \sigma_2, \sigma_3$	Hauptspannungen
σ_a	Gebrauchsspannung, Beanspruchung (engl.: *applied stress*)
σ_0	konstante Spannung (statisch)
σ_f	Bruchspannung
σ_{fs}	Bruchspannung bei statischer Beanspruchung
σ_{fqs}	Bruchspannung bei Beanspruchung mit konstanter Spannungsrate
σ_{fc}	Bruchspannung bei zyklischer Beanspruchung
σ_{amp}	Spannungsamplitude (engl.: *stress amplitude)*
σ_D	Dauerfestigkeit, Dauerschwingfestigkeit
σ_m	Mittelspannung (engl.: *mean stress)*
σ_{max}	Oberspannung (engl.: *maximum stress)*
σ_{min}	Oberspannung (engl.: *minimum stress)*
σ_r	Eigenspannung, Oberflächendruckspannung (*engl.: residual stress*)
$\sigma_{r,i}$	Eigenspannung vor der Prüfung
$\sigma_{r,f}$	Eigenspannung nach der Prüfung
$\sigma_{rad}, \sigma_{tan}$	Radial-, Tangentialspannungen
σ_{rc}	Eigenspannung, Zugspannung im Kern
σ_x	Spannung in *x*-Richtung

$\dot{\sigma}$ Spannungsrate

$\sigma_1, \sigma_2, \sigma_3$ Hauptspannungen

θ Öffnungswinkel

θ_b Verzweigungswinkel

1 Einleitung

1.1 Problemstellung und Zielsetzung

In den vergangenen Jahrzehnten hat die Nutzung des spröden Werkstoffs Glas im Bauwesen stetig zugenommen. Moderne Architektur ist kaum noch ohne den großflächigen Einsatz von Glas in der Gebäudehülle vorstellbar. Aber nicht nur der Anteil verglaster Flächen nimmt zu, sondern auch Form, Größe, Verbindungstechniken und Einsatzgebiet verändern sich stetig. Der momentane Trend geht hin zu immer größeren und dünneren Scheibenelementen. Gleichzeitig verändert sich die Nutzung von Glasbauteilen: Reichte einst die Funktion als transparentes Fensterelement aus, wird Glas heute oftmals als konstruktives Bauteil der Primär- oder Sekundärkonstruktion mit lastabtragender Funktion eingesetzt [1]. Es ist beispielsweise in Form von Glasbalken und -schwertern (siehe Abbildung 1.1), aber auch in Form von Glasstützen, -dächern und -brücken anzutreffen.

Auch die Zunahme der regenerativen Energiegewinnung aus Sonnenenergie führt zu einem vermehrten Einsatz von Glas. Sowohl für Photovoltaikmodule als auch für die Spiegel von Parabolrinnenkraftwerken ist Glas der Basiswerkstoff, der die Lastabtragung in die Unterkonstruktion gewährleistet. Die extrem großen Reflektorflächen solcher Kraftwerke verlangen einen ökonomischen Bemessungsansatz, der Ausfall und Austausch von Einzelscheiben potentiellen Materialeinsparungen zur Optimierung der Kosten gegenüberstellt [2]. Die Genauigkeit einer solchen Gegenüberstellung hängt von der Präzision der Prognose der Lebensdauer dieser Elemente ab.

Um sowohl die im Bauwesen üblichen Anforderungen an Zuverlässigkeit und Sicherheit für konstruktive Bauteile aus Glas dauerhaft gewährleisten zu können als auch den ökonomischen Anforderungen möglichst präziser Lebensdauerprognosen gerecht zu werden, müssen die Materialeigenschaften untersucht und in entsprechende Kennwerte umgesetzt werden.

Im Glas- und Fassadenbau existieren verschiedenste periodisch wiederkehrende Belastungen (siehe Abbildung 1.2). Hierzu gehören beispielsweise die Belastungen aus Verkehr bei begeh- und betretbaren Verglasungen, die Schneelast bei Überkopfverglasungen, die Klimalast bei Isolierglaselementen und die Belastung durch Temperatur. Bei diesen Einwirkungen handelt es sich um stochastische Beanspruchungsverläufe mit eher geringen Lastwechselzahlen. Durch die Belastung aus Windböen bei Fassadenelementen [3] oder bei Spezialanwendungen wie Lärmschutzwänden aus Glas [4], die bei jeder Zugvorbeifahrt beansprucht werden, können über die Gesamtlebensdauer des Bauteils dennoch recht hohe Lastwechselzahlen erreicht werden.

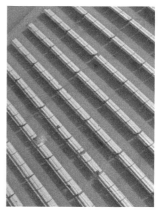

Abbildung 1.1 Konstruktive Glasbauteile, Glasschwerter, -balken (a), und -Treppe (b) des Apple Store, New York; (c) Parabolrinnenkraftwerk in Kalifornien (Bildnachweis: (a), (b) Ulrich Knaack, Technische Universität Darmstadt; (c) Alan Radecki)

Bauteile, die solchen zeitlich oder örtlich veränderlichen Lasten ausgesetzt sind, müssen zusätzlich zur statischen Festigkeit auch hinsichtlich ihrer Ermüdungsfestigkeit bemessen werden. Bei der Bemessung von Glas wird die Periodizität von Belastungen bisher nicht berücksichtigt. Periodisch wiederkehrende Belastungen und die Lastge-schichte können allerdings einen großen Einfluss auf die Lebensdauer und die maximal aufnehmbare Biegezugspannung haben. In den Regelwerken und Bemessungsnormen für Glas [5] wird zurzeit nur die statische Ermüdung pauschal mit einem Abminderungs-faktor berücksichtigt. Während das Ermüdungsverhalten von Kalk-Natron-Silikatglas bei statischer Belastung qualitativ und quantitativ bereits weitgehend erforscht wurde, ist das Ermüdungsverhalten von Kalk-Natron-Silikatglas bei zyklisch wiederkehrender Belastung bisher nur ansatzweise untersucht worden: Für thermisch entspanntes Kalk-Natron-Silikatglas sind der Literatur lediglich einzelne überschaubare Versuchsreihen [6–8] zu entnehmen, bei denen keine Einflussparameter verglichen wurden; für ther-misch vorgespanntes Kalk-Natron-Silikatglas existieren überhaupt keine aussagekräfti-gen Untersuchungen, bei denen Schwingversuche auf verschiedenen Lastniveaus vorge-nommen wurden.

Aus diesen Gründen ist das Ziel der vorliegenden Arbeit, das Verhalten von ther-misch entspanntem und thermisch vorgespanntem Kalk-Natron-Silikatglas bei zyklischer Beanspruchung experimentell zu belegen, die wesentlichen Einflussparameter zu bewer-ten und zu quantifizieren sowie mögliche Ursachen für die Ermüdung zu finden. Es stellt sich die Frage, ob bei thermisch vorgespanntem Glas eine Ermüdung auftritt, wenn die Beanspruchung geringer als die Eigenspannung ist. Zudem ist zu überprüfen, ob sich die Eigenspannung durch die Schwingbeanspruchung verändert oder die Ermüdung nur auf das subkritische Risswachstum der Oberflächendefekte zurückzuführen ist. Aus diesen

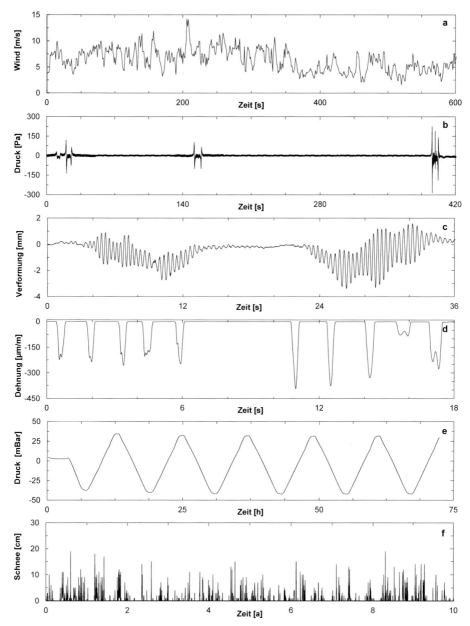

Abbildung 1.2 Beispielhafte Beanspruchungs-Zeit-Funktionen aus Messungen: (a) Windgeschwindigkeit an einem Hochhaus; (b) Luftdruck an Schallschutzelementen aus Glas an einer Eisenbahnstrecke; (c) Schwingungen bei Personenverkehr auf einer Glasbücke; (d) Dehnungen einer Treppenstufe aus Glas; (e) Druckdifferenz in einer Isolierglasscheibe (Prüfung); (f) Schneehöhe auf einer Überkopfverglasung

Gründen wurden, im Rahmen eines durch die Deutsche Forschungsgemeinschaft (DFG) geförderten Forschungsvorhabens [9], umfangreiche experimentelle Untersuchungen mit den im Bauwesen gängigen Glasarten Floatglas, teilvorgespanntem Glas (TVG) und Einscheibensicherheitsglas (ESG) durchgeführt. Sie wurden in Dauerschwingversuchen unter anderem verschiedenen Frequenzen, Beanspruchungstypen, -funktionen und Umgebungsbedingungen ausgesetzt.

Die Ergebnisse werden mit den gängigen theoretischen Modellen zum Risswachstumsverhalten von Glas aus der Bruchmechanik und der Materialwissenschaft verglichen. Insbesondere hierdurch soll festgestellt werden, ob thermisch entspanntes und thermisch vorgespanntes Kalk-Natron-Silikatglas zyklische Ermüdungseffekte aufweist oder sich die zyklische Ermüdung direkt aus einer Schadensakkumulation des Risswachstums unter statischer Belastung ergibt.

In weiteren Versuchsreihen wird Fragestellungen nachgegangen, die für die Bemessung in der Praxis von mindestens gleichrangigem Interesse sind: Ob Kalk-Natron-Silikatglas bei schwingender Beanspruchung eine Schwelle besitzt, unterhalb derer keine Ermüdung auftritt und ob in Zeitspannen, in denen die Bauteile aus Glas im Betrieb nicht belastet sind, Rissheilungseffekte auftreten, die einen positiven Effekt auf die Ermüdungsfestigkeit haben bzw. die Ermüdung des Werkstoffs sogar verhindern.

1.2 Aufbau der Arbeit

Die vorliegende Arbeit gliedert sich in mehrere Kapitel, die im Folgenden kurz vorgestellt werden:

Kapitel 2 beschreibt die theoretischen Hintergründe, den Stand der Wissenschaft und Technik sowie die wesentlichen Grundbegriffe und Modelle, die im weiteren Verlauf der Arbeit benötigt werden. Es erfolgt eine kurze Darstellung der wichtigsten Begriffe und Zusammenhänge der Ermüdungsfestigkeit sowie der damit eng verknüpften Bruchmechanik. Es wird ein Überblick über den Werkstoff Glas und die im Bauwesen eingesetzten Gläser gegeben. Die Festigkeit und die Ermüdung des Werkstoffes werden im Detail erläutert und Gleichungen vorgestellt, mit denen die Lebensdauer bei zyklischer Belastung prognostiziert werden kann. Sie dienen im weiteren Verlauf der Arbeit zum Vergleich mit den experimentell ermittelten Ergebnissen. Zudem werden die zur Auswertung und Anpassung der Versuchsergebnisse verwendeten statistischen Methoden vorgestellt.

Um die Streuung bei den zyklischen Versuchen zu verringern und aussagekräftige Ergebnisse zu erhalten, wurde ein Großteil der im Rahmen dieser Arbeit durchgeführten Versuche mit definiert vorgeschädigten Probekörpern durchgeführt. Da dies keine Standardmethode bei der Prüfung von Gläsern im Bauwesen ist, werden in *Kapitel 3* zunächst experimentelle Untersuchungen vorgestellt, anhand derer eine Methode zur Vorschädigung ausgewählt und im Detail definiert wird.

In *Kapitel 4* werden die mechanischen Eigenschaften und die zur Prognose der Lebensdauer bei statischer und quasi-statischer Beanspruchung benötigten Risswachstumsparameter aller in den darauffolgenden Versuchen verwendeten Probekörper bestimmt. Zur besseren Übersicht wird die Beschreibung in einem gesonderten Kapitel vorgenommen.

In *Kapitel 5* und *Kapitel 6* werden die Hauptversuchsreihen dieser Arbeit beschrieben und ausgewertet. Mit diesen Versuchen wird das zyklische Ermüdungsverhalten von thermisch entspanntem (Floatglas) und thermisch vorgespanntem Kalk-Natron-Silikatglas (ESG, TVG) grundlegend untersucht. Es werden Ermüdungsfestigkeitskurven für verschiedene Belastungstypen und -funktionen ermittelt und verschiedene Einflüsse auf die zyklische Ermüdung untersucht. Zudem wird überprüft, ob sich die Materialeigenschaften (Elastizitätsmodul und Eigenspannung) bei schwingender Beanspruchung verändern. In *Kapitel 6* werden Parameter untersucht, die mit dem in *Kapitel 5* verwendeten Aufbau nicht realisierbar sind.

Die Ergebnisse dieser Versuche werden in *Kapitel 7* dann an theoretische Modelle zur Lebensdauerprognose angepasst und mit diesen verglichen. Hierzu werden zum einen die in den Grundlagen hergeleiteten analytischen Gleichungen und zum anderen ein an dieser Stelle vorgestelltes numerisches Modell zur Risswachstumssimulation verwendet.

Basierend auf diesen Ergebnissen werden weitere Fragestellungen aufgeworfen, die anhand zusätzlicher Dauerschwingversuche untersucht werden: In *Kapitel 8* wird überprüft, ob Kalk-Natron-Silikatglas bei schwingender Beanspruchung eine Ermüdungsschwelle besitzt, unterhalb der keine Brüche zu erwarten sind und *Kapitel 9* widmet sich der Frage, ob Rissheilungseffekte zwischen den einzelnen Zyklen periodischer Beanspruchungen zu erwarten sind.

In *Kapitel 10* wird basierend auf den experimentell ermittelten Ergebnissen ein Vorschlag für ein Bemessungskonzept vorgestellt.

Abgeschlossen wird die vorliegende Arbeit durch *Kapitel 11*, in welchem die Ergebnisse der Arbeit zusammengefasst und abschließend bewertet sowie die Anwendungsperspektiven im Bauwesen beschrieben werden und ein Ausblick auf zukünftige Forschungsarbeiten gegeben wird.

1.3 Begriffsbestimmung

In der vorliegenden Arbeit werden verschiedene Begriffe verwendet, die aus dem Sprachgebrauch unterschiedlicher Fachdisziplinen stammen: dem konstruktiven Glasbau im Bauingenieurwesen, der Materialwissenschaft, die sich mit Keramiken und Gläsern befasst, der Werkstoffmechanik, die sich unter anderem mit der Ermüdungsfestigkeit metallischer Werkstoffe beschäftigt, und der Bruchmechanik.

Hierbei kommt es zu Überschneidungen und es werden Begrifflichkeiten gebraucht, die nur in einer Fachrichtung gebräuchlich sind. Sie werden im Grundlagenteil dieser Arbeit beschrieben. Als Beispiel sind die Begriffe der statischen, dynamischen und zyklischen Ermüdung zu nennen, die in der Materialwissenschaft hauptsächlich im Zusammenhang mit Gläsern und Keramiken verwendet werden, und im Bauingenieurwesen üblicherweise nicht gebraucht werden.

- Die *statische Ermüdung* beschreibt die Festigkeitsabnahme bei konstanter Belastung.
- Die *dynamische Ermüdung* beschreibt die Abhängigkeit der Festigkeit von der Rate, mit der die Beanspruchung gesteigert wird – unabhängig davon, ob es sich um hohe Beanspruchungsraten oder um niedrige, also um quasi-statische Beanspruchungsraten, handelt.
- Das Versagensverhalten bei zyklischer, das heißt periodisch wiederkehrender oder schwingender Beanspruchung, wird als *zyklische Ermüdung* bezeichnet.
- Die Biegezugfestigkeit von Gläsern im Bauwesen wird üblicherweise in Biegeversuchen, bei denen die Belastung mit einer Spannungsrate von 2 MPa/s konstant gesteigert wird, ermittelt. Festigkeitswerte der untersuchten Gläser, die auf diese Weise ermittelt wurden, werden in der Arbeit vereinfacht *als quasi-statische Biegezugfestigkeit* oder kurz als *Biegezugfestigkeit* des Glases bezeichnet.

Einige Begriffe werden in der Arbeit zudem etwas abweichend vom üblichen Gebrauch verwendet, um ein Verständnis für die untersuchten Phänomene in allen Disziplinen – insbesondere aber im konstruktiven Glasbau – zu schaffen:

- Die in der Arbeit durchgeführten Schwingversuche sind vom Prinzip Wöhler-Versuche. Auf den Begriff der *Wöhler-Linie* wird im Zusammenhang mit Glas in dieser Arbeit jedoch verzichtet, da sich zeigen wird, dass Glas ein zeit- und nicht schwingspielabhängiges Ermüdungsverhalten aufweist. Die Wöhler-Linien werden jedoch per Definition gegenüber der ertragbaren Schwingspielzahl aufgetragen (siehe Abschnitt 2.1.2). Die Mittellinie, die bei der Auftragung der Festigkeit bzw. der aufgebrachten zyklischen Oberspannung gegenüber der gemessenen Lebensdauer entsteht, wird im Folgenden Ermüdungslinie, -kurve oder Ermüdungsfestigkeitslinie, -kurve genannt.

- Auf die Begriffe *Zeitfestigkeit* und *Dauerfestigkeit*, die die Wöhler-Linie in Bereiche einteilen, wird in der Arbeit dennoch zurückgegriffen, da sich die Ermüdungslinien von Glas bei Auftragung gegenüber der Zeit in ähnliche Bereiche einteilen lassen. Im Zusammenhang mit Glas wird der Begriff Zeitfestigkeit in dieser Arbeit für eine Abnahme der Festigkeit mit der Zeit verwendet. Der Begriff Dauerfestigkeit und auch Dauerschwingfestigkeit soll den Festigkeitswert beschreiben, unterhalb dessen keine Ermüdung auftritt bzw. den Bereich in dem die Festigkeitsabnahme weniger ausgeprägt ist als im Zeitfestigkeitsbereich.

  Es ist anzumerken, dass die Begriffe Zeitfestigkeit und Dauerfestigkeit suggerieren, dass es sich um eine Abnahme der Festigkeit mit der Zeit bzw. Beanspruchungsdauer handelt. Dennoch werden sie üblicherweise im Kontext der ertragbaren Schwingspielzahl verwendet. Treffender sind die im Englischen verwendeten Begriffe *low cycle* und *high cycle fatigue*.

- Verschiedene Bedeutungen gibt es vor allem auch bei den Formelzeichen. Um Verwechslungen auszuschließen, wurde bei ähnlicher oder gleicher Schreibweise anstelle der im deutschen Sprachraum gebräuchlichen Formelzeichen auf die Englischen oder eine andere Schreibweise (Groß-/Kleinschreibung) zurückgegriffen. Als Beispiel ist der Risswachstumsparameter n zu nennen, der üblicherweise groß geschrieben wird. Da diese Schreibweise in der Ermüdungsfestigkeit jedoch die Schwingspielzahl N angibt, wird für den Risswachstumsparameter die weniger gebräuchliche Form der Kleinschreibung verwendet.

2 Grundlagen

2.1 Ermüdungsfestigkeit

2.1.1 Definitionen und Begriffe

Unter Ermüdung versteht man das Versagen von Materialien oder Bauteilen bei zeitlich veränderlicher, periodischer Belastung. Durch einen langsam voranschreitenden Schädigungsprozess kann ein Versagen bei ausreichend oft wiederholter Beanspruchung (zyklischer Belastung) – evtl. auch unter zusätzlicher Einwirkung eines korrosiven Mediums – schon weit unterhalb der quasi-statischen Festigkeit des Materials auftreten. Bauteile, die zyklischen Belastungen ausgesetzt sind, haben eine entsprechend begrenzte Lebensdauer, die bei höherer Beanspruchung kürzer ausfällt. Aus diesem Grund sind für kritische Bauteile Berechnungen oder Versuche zur Lebensdauerprognose vorzunehmen. Viele Materialien weisen allerdings eine Ermüdungsschwelle auf. Das bedeutet, dass unterhalb einer bestimmten Lastgröße kein Ermüdungsversagen auftritt. Bei den meisten Materialien kann anhand von fraktographischen Untersuchungen, der Beurteilung des Bruchbildes, ermittelt werden, ob es sich um einen Spontan- oder einen Ermüdungsbruch handelt. Gegenüber spontanen Brüchen treten Ermüdungsbrüche viel häufiger auf [10].

Als Ermüdungsfestigkeit wird die ertragbare Beanspruchungsgröße bei begrenzt oder unbegrenzt wiederholter Belastung bezeichnet. Die Ermüdungsfestigkeit bildet den Oberbegriff der Schwingfestigkeit und der Betriebsfestigkeit. Als Schwingfestigkeit wird die Ermüdungsfestigkeit bei schwingender Beanspruchung, entsprechend periodisch wiederholter Belastung gleicher Größe, bezeichnet; als Betriebsfestigkeit wird die Ermüdungsfestigkeit bei zufälligem Belastungsverlauf verstanden (siehe Abbildung 2.1).

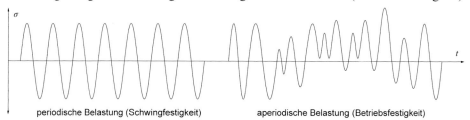

periodische Belastung (Schwingfestigkeit)   aperiodische Belastung (Betriebsfestigkeit)

Abbildung 2.1 Schematische Darstellung einer periodischen und einer zufallsartigen, aperiodischen Belastung

Die Schwingfestigkeit wird in sogenannten Dauerschwingversuchen ermittelt. In Abbildung 2.2 sind die wichtigsten Bezeichnungen der Dauerschwingbelastungen dargestellt. Die einzelne Schwingbelastung mit der Schwing- bzw. Periodendauer T wird

Schwingspiel genannt. Die Amplitude des Schwingspiels wird als Spannungsamplitude σ_{amp}, die maximale Beanspruchung als Oberspannung σ_{max} und die minimale Spannung als Unterspannung σ_{min} bezeichnet. Weitere wichtige Kenngrößen sind die Mittelspannung σ_m, die Spannungsschwingbreite $\Delta\sigma$ und das Spannungsverhältnis R zwischen Unter- und Oberspannung. Die Kenngrößen sind durch einfache Beziehungen ineinander überführbar:

$$\sigma_{amp} = \frac{1}{2} \left(\sigma_{max} - \sigma_{min} \right) \tag{2.1}$$

$$\sigma_m = \frac{1}{2} \left(\sigma_{max} + \sigma_{min} \right) \tag{2.2}$$

$$\Delta\sigma = \sigma_{max} - \sigma_{min} \tag{2.3}$$

$$R = \frac{\sigma_{min}}{\sigma_{max}} \tag{2.4}$$

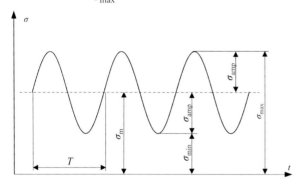

Abbildung 2.2 Kennwerte der Dauerschwingbelastung

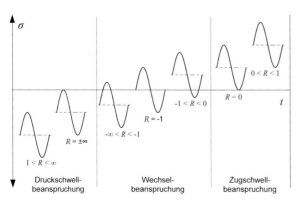

Abbildung 2.3 Belastungsarten bei Dauerschwingversuchen

Anhand des Spannungsverhältnisses R werden Schwingbeanspruchungen in verschiedene Belastungsarten eingeteilt (siehe Abbildung 2.3). Beanspruchungen mit Vorzeichenwechsel der Spannung werden Wechselbeanspruchungen (reine Wechselbeanspruchung
bei $R = -1$) und Beanspruchungen ohne Vorzeichenwechsel Schwellbeanspruchungen
(reine Zugschwellbeanspruchung bei $R = 0$) genannt.

2.1.2 Wöhler-Versuch

Der zentrale Versuch zur Ermittlung der Schwingfestigkeit ist der nach August Wöhler
benannte Wöhler-Versuch. Hierbei werden Probekörper im Dauerschwingversuch zyklisch mit konstanter Beanspruchung, d.h. auf einem bestimmten Spannungshorizont,
solange belastet, bis ein Versagen eintritt oder eine festgelegte Anzahl an Schwingspielen erreicht ist. Probekörper, die den Dauerschwingversuch überstehen, werden als
Durchläufer bezeichnet. Die Versuchsdurchführung erfolgt meist bei sinusförmiger oder
sägezahnartiger Beanspruchung. Die Versuche werden auf mehreren Lasthorizonten
durchgeführt. Die hierbei erreichten Schwingspiele N der einzelnen Probekörper werden
in einem Diagramm gegenüber der Spannungsamplitude, der Oberspannung oder der
Spannungsschwingbreite aufgetragen (siehe Abbildung 2.4). Die Verbindungs- bzw.
Mittellinie der Ergebnispunkte wird Wöhler-Linie (engl.: *s-N-curve*) genannt. Die Kurve
lässt sich für Metalle in drei Bereiche einteilen: Die Kurzzeitfestigkeit, die Zeitfestigkeit,
die bei doppellogarithmischer Darstellung eine Gerade bildet, und die Dauerfestigkeit,
die eine flachere Neigung gegenüber der Zeitfestigkeit aufweist.
Neben dem Wöhler-Versuch gibt es noch eine Reihe weiterer Methoden und Verfahren
zur Ermittlung der Dauerschwingfestigkeit und der Wöhler-Linie. Sie können beispielsweise [10] und [11] entnommen werden.

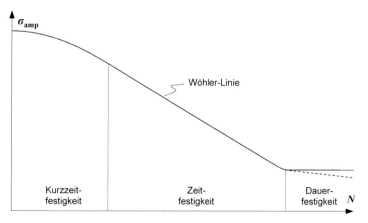

Abbildung 2.4 Schematische Darstellung der Wöhler-Linie; Abgrenzung der Bereiche Kurzzeitfestigkeit, Zeitfestigkeit und Dauerfestigkeit

2.2 Linear elastische Bruchmechanik

2.2.1 Allgemeines

Die Festigkeit und die Ermüdungsfestigkeit sind eng mit der Bruchmechanik verknüpft, da die Ermüdung von Bauteilen durch das Wachstum von vorhandenen Rissen hervorgerufen wird. Die Bruchmechanik befasst sich mit dem Versagen rissbehafteter Bauteile und dem Wachstum von Rissen unter statischer, dynamischer und zyklischer Belastung bis zum Bruch. Aufgrund des spröden Materialverhaltens von Glas wird bei den Betrachtungen im Rahmen dieser Arbeit ausschließlich das *K*-Konzept angewendet und im Folgenden kurz beschrieben. Neben dem *K*-Konzept existieren noch das Konzept der Energiefreisetzungsrate *G* und das *J*-Integral, die in der linear elastischen Bruchmechanik ineinander überführt werden können. Eine detaillierte Einführung in die Bruchmechanik und deren Konzepte können beispielsweise [12] entnommen werden.

2.2.2 Rissöffnungsmodi

Prinzipiell wird in der Bruchmechanik zwischen drei Arten der Rissöffnung unterschieden. Die drei sogenannten *Rissöffnungsmodi* sind in Abbildung 2.5 dargestellt: *Modus I* entspricht einer Zugbelastung normal zu den Rissflanken, *Modus II* einer Schubbelastung in Scheibenebene, *Modus III* einer Schubbeanspruchung aus der Scheibenebene heraus. Die gleichzeitige Beanspruchung eines Risses durch mehrere Modi wird *gemischte Beanspruchung* (engl.: *mixed mode loading*) genannt. Für die üblichen Anwendungen im Glas- und Fassadenbau und die in dieser Arbeit untersuchten Fälle (kleine Oberflächendefekte, senkrecht zur Scheibenebene) ist die Modus I-Belastung vorherrschend, während die Rissöffnungen aus Modus II- und Modus III-Belastungen vernachlässigbar klein sind.

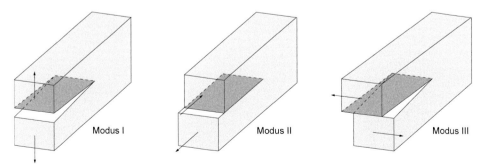

Abbildung 2.5 Darstellung der Rissöffnung unter Modus I-, Modus II- und Modus III-Belastung

2.2.3 K-Konzept

Mit dem *K-Konzept* wird die Spannungskonzentration unter einem Riss durch einen Spannungsintensitätsfaktor K ausgedrückt. Er beschreibt hierbei die „Stärke" der Spannungssingularität bzw. kann als Verhältnis des Spannungsanstiegs an der Singularität betrachtet werden. Der Spannungsintensitätsfaktor, der unabhängig von den Materialeigenschaften ist, lässt sich mit Gl. (2.5) berechnen. Hierbei ist σ die anliegende Spannung, a die Risstiefe und Y der Geometriefaktor.

$$K_\mathrm{I} = \sigma\, Y \sqrt{\pi\, a} \qquad\qquad (2.5)$$

Das Bruchkriterium des *K*-Konzepts lautet:

$$K_\mathrm{I} = K_\mathrm{Ic} \qquad\qquad (2.6)$$

Überschreitet die Spannungsintensität den kritischen Spannungsintensitätsfaktor K_Ic, kommt es zum instabilen Risswachstum und zum Versagen. Der kritische Spannungsintensitätsfaktor K_Ic, oft auch als Bruchzähigkeit bezeichnet, ist eine materialspezifische Größe, die durch Versuche an speziellen Proben mit bekannter Risslänge und bekannter Rissgeometrie bestimmt wird. Werte für Glas sind in Kapitel 2.4.2 angegeben.

Liegen mehre Lastfälle vor, können die Spannungsintensitätsfaktoren der einzelnen Lastfälle superponiert werden.

2.2.4 Geometriefaktoren

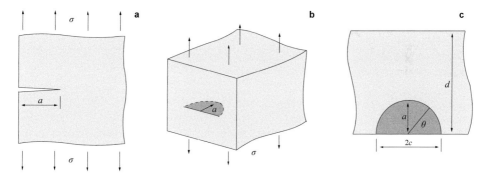

Abbildung 2.6 Schematische Darstellung eines geraden Oberflächenrisses (a), eines halbkreisförmigen Oberflächenrisses unter Zugbeanspruchung (b) sowie eines halbkreisförmigen Oberflächenrisses im Schnitt (c)

Zur Berechnung des Spannungsintensitätsfaktors ist neben der Kenntnis der Risstiefe eine möglichst präzise Kenntnis des Geometriefaktors Y notwendig. Der Geometriefaktor ist eine bruchmechanische Korrekturfunktion, die sich aus der Geometrie des Risses, der Lage des Risses im Bauteil und der Spannungsverteilung am Riss ergibt. Für einfache Fälle lassen sich Lösungen mit analytischen Methoden bestimmen. Bei komplizierteren Problemen werden numerische Lösungsverfahren zur Bestimmung genutzt. Lösungen für verschiedenste Problemstellungen können aus der Fachliteratur und aus Handbüchern (z.B. [13, 14]) entnommen werden. Nachfolgend werden Geometriefaktoren, die im weiteren Verlauf der Arbeit Verwendung finden, vorgestellt.

Gerader und habkreisförmiger Riss

In Abbildung 2.6 sind die am meisten verwendeten Lösungen für Oberflächenschädigungen in Gläsern dargestellt. Für einen geraden, scharfen Riss in einer unendlich ausgedehnten Ebene, bei dem die Risstiefe a klein gegenüber der halben Rissbreite c ($a \ll c$) und der Dicke d ($a \ll d$) ist, ergibt sich ein Geometriefaktor von $Y = 1{,}1215$. Für einen halbkreisförmigen, scharfen Riss ($a = c$) in einem unendlich ausgedehnten Volumen (engl.: *half penny crack*) ergibt sich ein maximaler Geometriefaktor von $Y = 0{,}7216$. Für typische Oberflächen- und Kantendefekte in Gläsern können diese beiden Geometriefaktoren als Grenzwerte betrachtet werden, da sie üblicherweise ein Verhältnis der Risstiefe zur halben Rissbreite von $a/c \leq 1$ aufweisen: Lange Kratzer werden als gerade Risse behandelt; halbkreisförmige Risse entstehen durch einen punktuellen Kontakt mit einem härteren Material.

Für Oberflächenschäden mit einem a/c Verhältnis zwischen den genannten Grenzwerten wird die Lösung für halbelliptische Risse (engl.: *semi-elliptical crack*) verwendet. Die am weitesten verbreiteten und in verschiedenen Normen verwendeten Gleichungen (entnommen aus [15]) zur Bestimmung des Geometriefaktors von halbelliptischen Oberflächendefekten ($0 < a/c < 1$) unter Biegebeanspruchung in Abhängigkeit von a/c und a/d gehen auf Newman und Raju [16–18] zurück:

$$Y_{\text{depth}} = \frac{M}{\sqrt{Q}} H_2 \tag{2.7}$$

$$Y_{\text{surface}} = S \frac{M}{\sqrt{Q}} H_1 \tag{2.8}$$

Y_{depth} ist der Geometriefaktor an der tiefsten Stelle und Y_{surface} der Geometriefaktor an der Oberfläche der Scheibe. Die Funktionen M, Q, S, H_1 und H_2 sind dem Anhang A.3 zu entnehmen.

Zug- und Biegezugspannungen

Da die Risstiefe bei üblichen Defekten gegenüber der Glasdicke vernachlässigbar klein ist, wird bei der Berechnung des Geometriefaktors vereinfachend nicht zwischen Zug- und Biegezugspannungen unterschieden. Für tiefere Risse oder bei der Risswachstumssimulation bis zum Bruch kann es jedoch erforderlich werden, das Verhältnis zwischen Risstiefe und Glasdicke zu berücksichtigen sowie zwischen Zug- und Biegeanteilen der

Beanspruchung zu unterscheiden. In Abbildung 2.7(b) ist Gl. (2.7) für verschiedene a/c-Verhältnisse ausgewertet. Zum Vergleich sind die Geometriefaktoren für die gleichen a/c-Verhältnisse für eine reine Zugbeanspruchung in Abbildung 2.7(a) dargestellt. Es ist zu erkennen, dass bei Rissen mit geringer Tiefe ($a/d \approx 0$) die Geometriefaktoren für Zug- und Biegebelastung gleich groß sind. Mit steigendem a/d-Verhältnis stellen sich jedoch deutlich unterschiedliche Geometriefaktoren ein: Der Geometriefaktor nimmt für Risse unter Zug zu, während er für eine reine Biegebeanspruchung aufgrund des linear abnehmenden Spannungsverlaufs abnimmt.

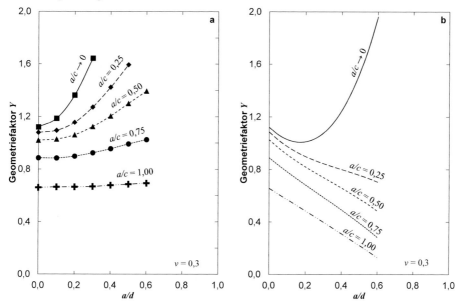

Abbildung 2.7 Geometriefaktor Y_{depth} bei reiner Zugbeanspruchung nach [13] (a) und bei reiner Biegebeanspruchung nach [16–18] (b) in Abhängigkeit von a/c und a/d

Geometriefaktor entlang des Rissufers

Im ebenen Fall existiert für einen Riss ein einzelner Geometriefaktor. Im räumlichen Fall kann der Geometriefaktor entlang des Rissufers variieren. In Abbildung 2.8 ist der Geometriefaktor entlang des Rissufers eines halbelliptischen Risses unter Biegebeanspruchung für verschiedene a/c-Verhältnisse dargestellt. Für einen tieferen Riss ($a/c = 0,25$) ist der Geometriefaktor und damit die Spannungsintensität Y_{depth} am tiefsten Punkt ($\theta = 90°$) am größten und an der Oberfläche $Y_{surface}$ ($\theta = 0°$) am geringsten. Bei einem halbkreisförmigen Riss ($a/c = 1$) ist es umgekehrt: Der Geometriefaktor an der Oberfläche ($\theta = 0°$) ist größer als an der tiefsten Stelle ($\theta = 90°$).

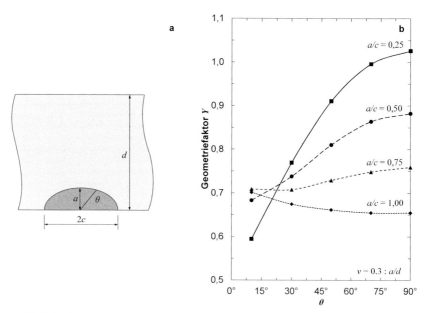

Abbildung 2.8 Halbelliptischer Oberflächenriss: (a) Schnitt durch einen halbelliptischen Riss mit der Risstiefe a, der Rissbreite $2c$; (b) Geometriefaktor Y entlang des Rissufers eines halbelliptischen Risses unter Zugbeanspruchung in Abhängigkeit von a/c und θ aus [13]

Thermisch eingeprägte Eigenspannungen

Neben der Beanspruchung aus Zug und Biegung sind die Oberflächenrisse vor allem in thermisch vorgespanntem Glas (siehe Abschnitt 2.3.4) den Eigenspannungen der Gläser ausgesetzt. Der Spannungsverlauf in Dickenrichtung z der Gläser kann in guter Näherung mit einer parabolischen Funktion nach Gl. (2.9) beschrieben werden. Hierbei sind die maximalen Druckspannungen an der Oberfläche σ_r betragsmäßig doppelt so groß wie die Zugspannungen im Kern (siehe Abbildung 2.9).

$$\sigma(z) = \sigma_r \left(1 - 6\,\frac{z}{d} + 6\left(\frac{z}{d}\right)^2 \right) \tag{2.9}$$

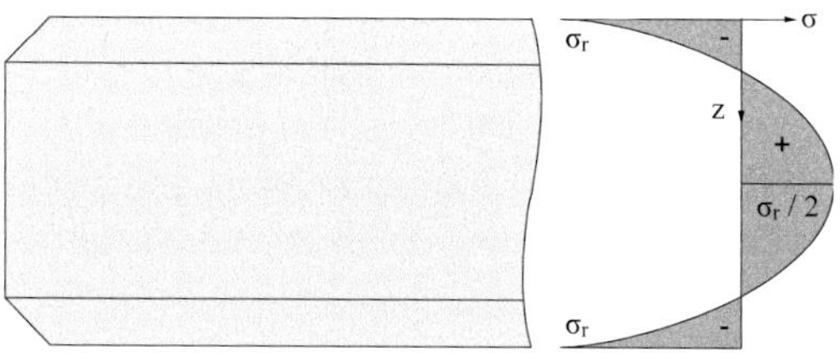

Abbildung 2.9 Spannungsverlauf in thermisch vorgespanntem Glas

In [19, 20] wurde mit der Methode der Gewichtsfunktionen hieraus eine Gleichung für den Geometriefaktor eines geraden Oberflächenrisses in einer thermisch vorgespannten Scheibe abgeleitet:

$$Y_r = 1,1215 \cdot \left(1 - \frac{12\,a}{\pi\,d} + 3\frac{a^2}{d^2}\right) \tag{2.10}$$

In Bild ist Gl. (2.10) für $a \approx 0$ bis $a = d$ dargestellt. Zum Vergleich wurde eine weitere Gewichtsfunktion aus [13] für den Eigenspannungsverlauf nach Gl. (2.9) ausgewertet und Gl. (2.10) gegenübergestellt. Es ist zu erkennen, dass der Geometriefaktor bei thermischer Eigenspannung für kleine a/d-Verhältnisse ($a/d < 0,01$) nur geringfügig vom Geometriefaktors bei reiner Zugbeanspruchung ($Y = 1,1215$) abweicht. Danach fällt der Geometriefaktor steil ab. Zwischen $a/d = 0,37$ und $a/d = 0,90$ nimmt der Geometriefaktor, aufgrund des Vorzeichenwechsels der Eigenspannungen bei $z/d = 0,21$ und $z/d = 0,79$, negative Werte an.

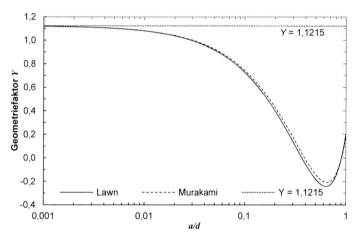

Abbildung 2.10 Geometriefaktor Y_r für einen Oberflächenriss ($a/c = 0$) unter thermisch einge-prägten Eigenspannungen in Abhängigkeit von a/d

2.3 Glas im Bauwesen

2.3.1 Definition und Struktur von Glas

Glas ist eine amorphe Substanz, die gewöhnlich durch einen Schmelzprozess erzeugt wird. Glas wird oftmals als „unterkühlte Flüssigkeit" bezeichnet, denn anders als bei der Kristallisation von Kristallen (siehe Abbildung 2.11(b)) bilden sich beim Erstarren des

Glases zwar auch Kristallkeime, die sich jedoch in einem unregelmäßigen Netzwerk anordnen (siehe Abbildung 2.11(a)). Die Atomstruktur des Glases ist damit der Atomstruktur einer Flüssigkeit sehr ähnlich. Beim Kristall erfolgt der Übergang von Schmelze zum Kristall bei einer bestimmten Temperatur spontan; beim Glas hingegen erfolgt dieser Prozess im sogenannten Transformationsbereich nach und nach [21].

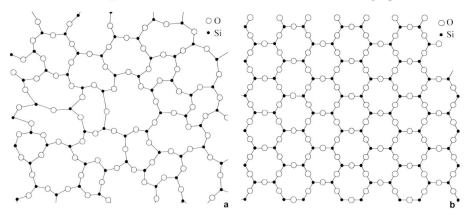

Abbildung 2.11 Atomstruktur von (a) Quarzglas (SiO_2) und (b) Quarz-Kristall (SiO_2)

Es gibt eine Vielzahl an verschiedenen künstlichen und natürlichen, nicht metallischen und metallischen Gläsern, die sich in ihrer Zusammensetzung und den Eigenschaften mehr oder weniger stark unterscheiden. Im Bauwesen wird – mit Ausnahme von Glas für Spezialanwendungen – Kalk-Natron-Silikatglas eingesetzt. Dieses ist ein nicht metallisches, oxidisches Glas, das der Gruppe der Silikatgläser angehört. Das Glasnetzwerk dieser Gläser wird fast ausschließlich durch Siliziumdioxid (SiO_2) gebildet. Es wird jedoch durch Netzwerkwandler aufgerissen. Im Falle von Kalk-Natron-Silikatglas sind das Natrium-, Kalium- und Calciumoxid.

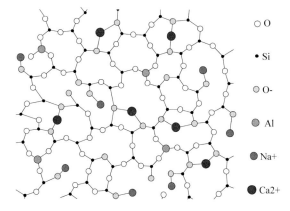

Abbildung 2.12 Atomstruktur von Kalk-Natron-Silikatglas

2.3.2 Physikalische Eigenschaften von Kalk-Natron-Silikatglas

Die Struktur (siehe Abbildung 2.12) sowie die physikalischen Eigenschaften des Kalk-Natron-Silikatglases sind von verschiedenen Parametern abhängig, unter anderem von der genauen chemischen Zusammensetzung, der Gebrauchstemperatur, der Kühlgeschwindigkeit und der Vorgeschichte (Temperatur-Zeit-Verlauf, Belastungs-Zeit-Verlauf).

Die Dichte von Kalk-Natron-Silikatglas beträgt 2500 kg/m^3. Es weist einen hohen elektrischen Widerstand auf, ist aber im Gegensatz zu anderen Gläsern, die weitgehend resistent gegenüber Chemikalien sind, etwas empfindlicher. So können Säuren und Laugen die Oberflächen angreifen [21].

Im baupraktischen Temperaturbereich verhält sich Kalk-Natron-Silikatglas nahezu linear elastisch bis zum Bruch. Es weist nur ein geringes zeitabhängiges Verformungsverhalten auf [22]. Die tatsächliche Größe des Elastizitätsmoduls E (E-Modul) hängt von den oben genannten Parametern ab. Der E-Modul von Kalk-Natron-Silikatglas liegt im Bereich zwischen 65.000 MPa und 78.000 MPa. Im Bauwesen wird üblicherweise ein Wert von E = 70.000 MPa nach DIN EN 572-1 [23] zur Berechnung und Dimensionierung verwendet. Die Querkontraktionszahl liegt etwa bei v = 0,2 bis 0,23. Nach DIN EN 572-1 [23] ist ein Wert von v = 0,2 zu verwenden.

Die Biegezugfestigkeit ist stark von der Oberflächenbeschaffenheit abhängig (siehe Abschnitt 2.4). Die nachfolgende Tabelle gibt einen Überblick über die wichtigsten physikalischen und mechanischen Eigenschaften von Kalk-Natron-Silikatglas.

Tabelle 2.1 Übersicht der physikalischen Eigenschaften von Kalk-Natron-Silikatglas nach DIN 572-1 [23]

Eigenschaft	Wert nach DIN 572-1
Dichte ρ	2500 kg/m^3
Härte (Knoop) $HK_{0,1/20}$	6.000 MPa
E-Modul E	70.000 MPa
Querkontraktionszahl v	0,2
Temperaturausdehnungskoeffizient α_T	$9 \cdot 10^{-6}$ 1/K
Charakteristische Biegezugfestigkeit $f_{g,k}$ (5 %-Quantilwert)	45 MPa

2.3.3 Herstellung von Floatglas

Das im Bauwesen eingesetzte Kalk-Natron-Silikatglas wird meist im Floatverfahren hergestellt (siehe Abbildung 2.13(a)). Hierbei werden die Rohstoffe in einer Schmelzwanne zunächst aufgeschmolzen. Bei der Herstellung von Kalk-Natron-Silikatglas sind das im wesentlichen Quarzsand, Soda, Kalkstein und Dolomit. Die geschmolzenen Rohstoffe werden dann unter Schutzgasatmosphäre bei Temperaturen um 1100 °C über ein Zinnbad gezogen. Aufgrund der geringeren Dichte schwimmt das geschmolzene Glas auf der Zinnbadoberfläche, bildet eine gleichmäßig dicke, glatte, ebene Schicht und kühlt langsam ab. Bei Erreichen der Transformationstemperatur von ca. 525 °C erstarrt das Glas, wird abgezogen und dann im Kühlbereich auf Rollen kontrolliert auf ca. 100 °C abgekühlt [24].

Durch die Breite der Floatanlage bzw. der Zinnbadwanne wird die maximal lieferbare Breite von Floatglas bestimmt. Sie beträgt standardmäßig 3,21 m. Bei der Länge sind aufgrund des Prozesses keine Beschränkungen vorhanden. Aus logistischen Gründen wird das Floatglas zu Tafeln mit einer Länge von 6 m geschnitten. Die Dicke der Floatglasscheiben wird über die Geschwindigkeit, mit der die Glasschmelze vom Zinnbad abgezogen wird, eingestellt. Rollen am Rand regeln die Geschwindigkeit. Herstellungsbedingt können so Scheiben mit Dicken zwischen 2 mm und 35 mm produziert werden [24].

Wird das Floatglas zu schnell abgekühlt, entstehen Spannungen im Glas. Durch ein langsames und kontrolliertes Abkühlen wird dies möglichst minimiert. Üblicherweise betragen die verbleibenden Spannungen im Floatglas ca. -10 MPa bis -2 MPa (Druck) auf der Oberfläche und ca. 1 MPa bis 5 MPa (Zug) im Kern.

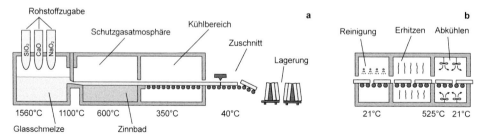

Abbildung 2.13 Schematische Darstellung der Floatglasherstellung (a) und des thermischen Vorspannprozesses (b)

2.3.4 Veredelung durch thermisches Vorspannen

Das Basisglas (Floatglas) kann durch Erhitzen bis zur Transformationstemperatur und anschließendes rasches Abkühlen, d.h. starkes Anblasen mit Luft, veredelt werden (siehe Abbildung 2.13(b)).

Durch diesen Prozess werden Eigenspannungen im Glas gespeichert. Da die Scheibe zunächst außen erstarrt und der Kern sich erst verzögert abkühlt, wird die Oberfläche unter Druck gesetzt. Im Kern resultieren Zugspannungen, die im Gleichgewicht mit den Oberflächendruckspannungen stehen. Die Oberflächendruckspannungen sind etwa doppelt so groß wie die Zugspannungen im Kern. Der Verlauf der eingeprägten Spannungen in Dickenrichtung ist parabelförmig. Er kann mit Gl. (2.9) berechnet werden und ist exemplarisch in Abbildung 2.9 dargestellt. Hierbei ist $-\sigma_r$ die Oberflächendruckspannung und d die Glasdicke.

2.3.5 Übersicht der wichtigsten Glasarten

Das im Floatverfahren hergestellte Kalk-Natron-Silikatglas wird dem Herstellverfahren nach als Floatglas bezeichnet. Neben Floatglas sind Einscheibensicherheitsglas (ESG) und teilvorgespanntes Glas (TVG) die wichtigsten und am meisten verwendeten Glassorten im Bauwesen.

ESG und TVG werden durch einen thermischen Vorspannprozess (siehe 2.3.4) aus Floatglas, dem Basisglas, hergestellt. Der Prozess bei der ESG- und der TVG-Herstellung ist der gleiche. ESG wird lediglich schneller abgekühlt, woraus eine höhere Eigenspannung im Glas resultiert. Üblicherweise weist ESG Oberflächendruckspannungen von 80 MPa bis 120 MPa auf. Beim TVG liegen diese bei etwa 30 MPa bis 70 MPa. Aufgrund der Eigenspannungen ändern sich vor allem die Festigkeit und das Bruchbild im Vergleich zum Basisglas. In Tabelle 2.2 sind die typischen Bruchbilder und die charakteristische Festigkeit der Glasorten, nach denen sich der Einsatz der Gläser ableitet, zusammengestellt.

Floatglas hat nach DIN EN 572-1 [23] eine Biegefestigkeit von 45 MPa. Es bricht in scharfkantige große Bruchstücke. Durch die Eigenspannung im ESG, die üblicherweise zwischen 80 MPa und 120 MPa (Druck) an der Oberfläche beträgt, wird für ESG eine charakteristische Biegefestigkeit von 120 MPa nach DIN EN 12150-1 [25] erreicht. Beim Bruch entlädt sich die beim Vorspannen eingespeicherte Energie. Hierdurch entsteht ein gänzlich anderes Bruchbild als beim Floatglas. ESG bricht in kleine, stumpfkantige würfelförmige Bruchstücke, von denen ein geringeres Verletzungsrisiko ausgeht. Entsprechend wird ESG vornehmlich als Bauteil in Bereichen mit hoher Beanspruchung und in Bereichen, bei denen ein Bruchstück nach oder beim Bruch eine Gefährdung für Personen darstellen kann, eingesetzt. TVG wird dem gleichen thermischen Vorspannprozess unterzogen. Die Abkühlgeschwindigkeit ist jedoch geringer als beim ESG. Hierdurch ergibt sich ein Glas, dessen charakteristische Biegefestigkeit mit 70 MPa zwischen der von Floatglas und ESG liegt. Das Bruchbild ist ähnlich dem Bruchbild von Floatglas. Es bricht in mittelgroße scharfkantige Bruchstücke.

Durch einen Laminationsprozess können Scheiben aus Floatglas, ESG und TVG mit einer Zwischenschicht aus Polyvinylbutyral (PVB) verbunden und damit zu Verbundsicherheitsglas (VSG) weiterverarbeitet werden. Bei Bruch einer VSG-Scheibe bleiben die Bruchstücke an der Folie haften. Hierdurch wird das Risiko von Schnitt- oder Stichverletzungen vermindert. Zudem weist die gebrochene Scheibe noch eine gewisse Resttragfähigkeit auf und verhindert, dass die Scheibe beim Bruch sofort aus der Konstruktion fällt. Bei VSG aus TVG ist die Resttragfähigkeit aufgrund der gröberen Bruchstruktur deutlich höher als bei VSG aus ESG. Deshalb wird VSG aus TVG besonders in Bereichen eingesetzt, die hohe Beanspruchungen aufweisen und gleichzeitig hohe Anforderungen an die Tragfähigkeit nach einem Bruch haben. Hierzu gehören zum Beispiel Überkopf- und absturzsichernde Verglasungen.

Tabelle 2.2 Vergleich der im Bauwesen eingesetzten Gläser Floatglas, TVG und ESG

Floatglas (Float)	Teilvorgespanntes Glas (TVG)	Einscheibensicherheitsglas (ESG)
thermisch entspannt	thermisch vorgespannt	thermisch vorgespannt
Char. Biegefestigkeit: 45 MPa	70 MPa	120 MPa
Oberflächendruckspannung: 2 bis 10 MPa	30 bis 70 MPa	80 bis 120 MPa
Bruchbild: große, scharfkantige Bruchstücke	mittelgroße, scharfkantige Bruchstücke	kleine, stumpfkantige, würfelförmige Bruchstücke

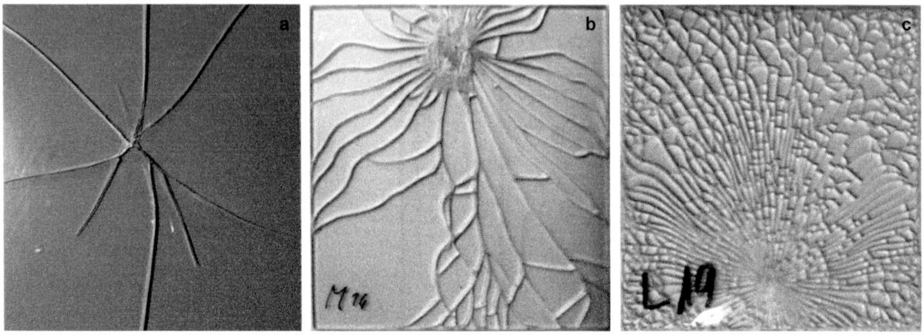

Abbildung 2.14 Bruchbilder von Floatglas (a), TVG (b) und ESG (c)

2.4 Festigkeit und Ermüdung von Glas

2.4.1 Allgemeines

Aufgrund des spröden Materialverhaltens des Werkstoffes Glas und der daraus resultierenden Kerbempfindlichkeit wird die Zug- und Biegefestigkeit hauptsächlich durch Oberflächendefekte bestimmt. Unterhalb solcher Defekte entstehen unter Belastung Spannungsspitzen, rechnerische Spannungssingularitäten, deren Beanspruchungsgröße mit der klassischen, linear elastischen Bruchmechanik beschrieben wird. Die Beanspruchungsgröße ist wie in Abschnitt 2.2 erläutert sowohl von der Geometrie des Risses, der Geometrie des Bauteils, der Lage des Risses im Bauteil und der Belastung abhängig.

Die Defekte entstehen bei der Herstellung, der Verarbeitung, dem Gebrauch und der Reinigung. Dies führt wiederum dazu, dass ingenieurmäßige Untersuchungen der Festigkeit von üblichen Baugläsern nur den Momentanzustand feststellen.

2.4.2 Bruchzähigkeit

Die Bruchspannung bzw. die Festigkeit von Bauteilen aus Glas hängt sowohl von der Geometrie und der Tiefe des kritischen Oberflächendefekts (Y, a_c), als auch von der Bruchzähigkeit K_{Ic} ab:

$$\sigma_f = \frac{Y\sqrt{\pi\,a_c}}{K_{Ic}} \qquad (2.11)$$

Die Bruchzähigkeit (engl.: *fracture toughness*) beschreibt in der Bruchmechanik (siehe Abschnitt 2.2.3) den Widerstand eines Materials gegen instabilen Rissfortschritt. Instabiler Rissfortschritt setzt ein, wenn der materialspezifische Spannungsintensitätsfaktor überschritten wird.

Die Bruchzähigkeit K_{Ic} wird durch Versuche an speziellen Proben mit bekannter Risslänge und bekannter Rissgeometrie bestimmt. Für Kalk-Natron-Silikatglas sind in der Literatur Werte zwischen 0,72 und 0,85 MPa·m$^{1/2}$ zu finden [20, 26–33] (siehe Tabelle 8.2 im Anhang A.2). Die Bruchzähigkeit ist abhängig von der Glaszusammensetzung. Beim Vergleich der Bruchzähigkeit von Kalk-Natron-Silikatglas mit der von anderen Silikatgläsern fällt jedoch auf, dass der Einfluss bei geringen Abweichungen in der Zusammensetzung nicht sehr groß ist. Mencik [34] nennt für Borosilikatglas einen Bereich von K_{Ic} = 0,75 MPa·m$^{1/2}$ bis 0,82 MPa·m$^{1/2}$ und für Quarzglas einen Bereich von K_{Ic} = 0,74 MP·m$^{1/2}$ bis 0,81 MP·m$^{1/2}$. Selbst für Borosilikat- und reines Quarzglas weicht die Bruchzähigkeit damit kaum von der von Kalk-Natron-Silikatglas ab. Die Variation lässt sich vielmehr durch die statistische Streuung bei der Ermittlung des Kennwerts erklären [31].

2.4.3 Flächeneinfluss

Die Festigkeit von Glas ist von der unter Zugspannungen stehenden Oberfläche abhängig. Führt man Doppelring-Biegeversuche mit zwei verschiedenen Lastringdurchmessern durch, kann der Mittelwert der Bruchspannungen mit dem kleineren Lastringdurchmesser um ein Vielfaches kleiner sein, da die Auftrittswahrscheinlichkeit von größeren Oberflächendefekten mit abnehmender Fläche sinkt. Gleichzeitig nimmt die Streuung der Bruchspannung mit abnehmender Fläche zu.

Entsprechend [35] wird die statistische Verteilungsfunktion der Versagenswahrscheinlichkeit von Glasscheiben unter konstanten Zugspannungen mit Gl. (2.12) beschrieben. Hierbei sind α und β die Weibull-Parameter (vgl. Kapitel 2.6.4.2), die die Verteilung der Oberflächenfehler beschreiben, und A_0 die unter Zug stehende Fläche.

$$P_\mathrm{f} = 1 - e^{-\alpha\,(\sigma_\mathrm{f})^\beta\,A_0} \tag{2.12}$$

Hieraus lässt sich eine Gleichung ableiten, die zur Abschätzung der mittleren Bruchspannung in Abhängigkeit der unter Zug stehenden Fläche verwendet werden kann:

$$\sigma_\mathrm{f,i} = \sigma_\mathrm{f,0} \left(\frac{A_0}{A_\mathrm{i}}\right)^{\frac{1}{\beta}} \tag{2.13}$$

In Tabelle 2.3 sind einige bei Biegefestigkeitsprüfungen empirisch ermittelte Weibull-Parameter zusammengestellt.

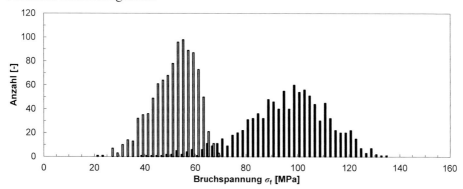

Abbildung 2.15 Exemplarischer Vergleich zwischen Biegeversuchen mit kleiner Prüffläche (2 cm²) und Biegeversuchen mit mittlerer Prüffläche (200 cm²); Monte-Carlo-Simulation mit Weibull-Parametern nach [35]

Tabelle 2.3 Empirisch ermittelte Weibull-Parameter von neuem und gebrauchtem Glas
(Daten entnommen aus [36])

Jahr	Quelle	β	α
[-]	[-]	[-]	$[1/(m^2 \cdot Pa^\beta)]$
neues Glas			
1974	Brown	7,3	$5,10 \cdot 10^{-57}$
1984	Beason	9,0	$1,32 \cdot 10^{-69}$
1995	Sedlacek (CEN 1997)	25	$2,35 \cdot 10^{-188}$
gebrauchtes Glas			
1980	Beason	6,0	$7,19 \cdot 10^{-45}$
1989	CAN-CGSB, ASTM	7,0	$2,86 \cdot 10^{-53}$

Bei der Bemessung von Glasbauteilen ist die Oberflächenspannung in Scheibenebene anders als bei Biegeprüfungen (Doppelring-Biegeversuch, Vierpunkt-Biegeversuch) üblicherweise nicht konstant. Die maximalen Spannungen sind zumeist auf einen kleinen Bereich beschränkt. Der Bruchursprung liegt nicht unbedingt an der Stelle mit maximaler Hauptspannung, sondern an der Stelle, an der sich die größte Spannungsintensität (siehe Abschnitt 2.2.4) einstellt. Entsprechend befindet er sich an einer Stelle, die eine relativ hohe Hauptzugspannung und gleichzeitig einen relativ großen Oberflächendefekt aufweist. Die Verteilungsfunktion der Versagenswahrscheinlichkeit P_f kann dann durch die Einführung einer auf die Gesamtfläche bezogenen äquivalenten Spannung berechnet werden, die sich aus dem Flächenintegral über die Hauptspannungsverteilung $\sigma_1\,(x, y)$ ergibt [35]:

$$P_f = 1 - e^{-\alpha \left(c\,(x,y)\,\cdot\,\sigma_1(x,y)\right)^\beta A_0} \qquad (2.14)$$

Die Orientierung der Oberflächendefekte in der Glasscheibe (siehe Abbildung 2.16) wird hierbei durch die Korrekturfunktion $c(x, y)$ mit dem Verhältnis aus den Beträgen der Hautspannungen σ_2/σ_1 durch Gl. (2.15) berücksichtigt.

$$c(x,y) = \left[\frac{\pi}{2} \int_0^\gamma \left(\cos^2\theta + \frac{\sigma_1}{\sigma_2}\sin^2\theta\right)^\beta d\theta\right]^{\frac{1}{\beta}} \qquad (2.15)$$

Hierbei ist $\gamma = \pi/2$, wenn σ_2/σ_1 positiv ist und $\gamma = \arctan(\sigma_2/\sigma_1)^{1/2}$, wenn σ_2/σ_1 negativ ist. Für einen zweiachsigen Spannungszustand mit $\sigma_1 = \sigma_2$ ergibt sich ein Korrekturfaktor von $c = 1$. Für andere Verhältnisse ist c vom Formparameter der Weibullverteilung abhängig und nimmt Werte zwischen 0 und 1 an.

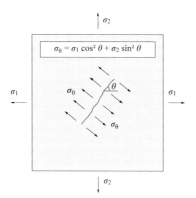

$$\sigma_\theta = \sigma_1 \cos^2 \theta + \sigma_2 \sin^2 \theta$$

Abbildung 2.16 Zusammenhang zwischen σ_θ, σ_1 und σ_2

2.4.4 Gebrauchtes Glas

Die Festigkeit des Werkstoffs Glas hängt wie schon mehrfach beschrieben hauptsächlich von der Größe der Oberflächendefekte in der Glasscheibe ab. Diese Defekte entstehen bei der Herstellung, der Verarbeitung, dem Gebrauch und der Reinigung. Dies bedeutet, dass ingenieurmäßige Untersuchungen der Festigkeit von üblichen Baugläsern nur den Momentanzustand feststellen. Das Glas wird üblicherweise direkt von den Glasproduzenten und Glasveredlern bezogen. Bei Produktion, Verarbeitung und Transport wird stets darauf geachtet, dass die Glasscheiben sachgerecht behandelt werden. Folglich sind die Schädigungen der Oberfläche relativ klein.

Beim Einbau und beim Gebrauch können weitaus größere mechanische Beschädigungen entstehen, die dann die Festigkeit des gesamten Bauteils bestimmen können. Die Schädigungen haben vielfältige Ursachen und können auch bei sachgerechter Behandlung entstehen. Üblicherweise entstehen sie jedoch, wenn es zu einem Kontakt mit einem härteren Material kommt. Beim Reinigen von Fassadenscheiben können Kratzer durch kleine Sandkörner auf der Scheibe oder im Putzlappen entstehen. Auch bei begehbaren oder betretbaren Verglasungen führt Sand zu Kratzern in der Oberfläche, aber auch spitze Schuhe oder Gegenstände, die fallen gelassen werden, führen zu Schädigungen. Dies hat zur Folge, dass bei gebrauchtem Glas größere Defekte auftreten als bei neuen Gläsern und die Festigkeit weitaus geringere Werte annehmen kann. In Abbildung 2.17 sind die Ergebnisse von Biegefestigkeitsuntersuchung von gebrauchten Gläsern dargestellt. Bei den Gläsern handelt es sich um 20 bis 25 Jahre alte Fassadenscheiben aus Floatglas, die bei Erneuerungs- oder Abbrucharbeiten an der Fassade, entnommen wurden.

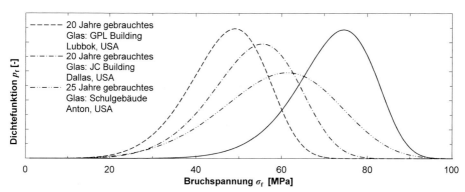

Abbildung 2.17 Vergleich der Biegefestigkeit von gebrauchtem und neuem Floatglas anhand von Weibull-Parametern aus [35] für eine Prüffläche A_0 von 100cm^2

Abbildung 2.18 Typischer Reinigungskratzer auf einer gebrauchten Fassadenscheibe [37]

2.4.5 Statische Ermüdung

Wird Glas in normaler Luft bei Raumtemperatur einer Dauerlast ausgesetzt, dann tritt das Versagen oft erst auf, wenn einige Zeit vergangen ist. Die mittlere Bruchspannung liegt dann weit unterhalb der mittleren Bruchspannung von schnell belasteten Proben. Dieses Phänomen wird als statische Ermüdung (engl.: *static fatigue*) bezeichnet [38, 39]. Die Ursache der statischen und dynamischen Ermüdung (siehe Abschnitt 2.4.6) ist die gleiche. Eine chemische Reaktion der H_2O-Moleküle aus der Umgebung mit unter Spannung stehenden Si-O-Si-Verbindungen an der Rissspitze des Glases führt zum subkritischen Risswachstum [40].

Um die statische Ermüdung experimentell zu bestimmen, wird die Zeit bis zum Bruch (Lebensdauer) in Abhängigkeit der aufgebrachten Last gemessen. Werden die Experimente mit verschieden Lasten durchgeführt, nimmt die Lebensdauer mit abnehmender Last ab.

$$\left(\frac{\sigma_1}{\sigma_2} \right)^n = \frac{t_2}{t_1} \tag{2.16}$$

Eine entscheidende Rolle bei der statischen Ermüdung spielt Wasser. Der Effekt wurde bereits früh erkannt [38], das Prinzip jedoch noch nicht verstanden. Folglich wurde daraufhin die statische Ermüdung in verschiedenen Umgebungsmedien wie auch in

Luft mit unterschiedlicher relativen Feuchte untersucht [41]. Diese führten zu dem Ergebnis, dass die Zeit bis zum Bruch bei gleicher Belastung mit zunehmender Luftfeuchte abnimmt und in Wasser am kürzesten ist. Zudem wurde entdeckt, dass der Einfluss durch das Wasser mit flüssigem Stickstoff als Umgebungsmedium beseitigt werden kann und die Ergebnisse solcher Versuche als „quasi" frei von statischer Ermüdung anerkannt werden können.

Bei anderen Experimenten wurde festgestellt, dass die mittlere Bruchspannung steigt, wenn die Proben zuvor in Wasser gelagert werden [42]. Zudem nimmt die Geschwindigkeit der Festigkeitssteigerung mit einer geringen Belastung sogar noch zu. Diese Ergebnisse scheinen im Konflikt zur statischen Ermüdung zu stehen. Der Unterschied ist jedoch, dass die Proben bei den Versuchen ohne Belastung bzw. mit nur geringer Belastung gelagert wurden. Eine ausführlichere Beschreibung des Effekts ist Abschnitt 2.4.9 zu entnehmen.

Charles und Hillig [43] stellten ein Konzept vor, das die Effekte der statischen Ermüdung durch Spannungskorrosion an der Rissspitze beschreibt. Die Grundidee des Konzepts wird bis heute mit Modifikationen verwendet. Zugspannungen an der Rissspitze erhöhen die Rate der Reaktionen von Wasser mit dem Glas. Als Konsequenz der Theorie nach Charles und Hillig wird die Rissspitze schärfer und der Riss länger; sie folgerten, dass das Schärferwerden der Rissspitze der wichtigere bzw. größere Effekt sei. Heute weiß man hingegen, dass das subkritische Risswachstum die Ursache der statischen Ermüdung ist. Die Spannungskonzentration bzw. der Spannungsintensitätsfaktor K (siehe Gl. (2.5), (2.6)) nimmt mit dem Risswachstum zu. Wird hierbei der kritische Spannungsintensitätsfaktor K_{Ic} überschritten, bricht die Scheibe.

Die Effekte des Wassers bei der statischen Ermüdung bzw. dem subkritischen Risswachstum lassen sich nach [40] und durch eine chemische Reaktion an der Rissspitze erklären. Das Schema der dreistufigen Reaktion ist in Abbildung 2.19 dargestellt. Im 1. Schritt (a) kommt ein H_2O-Molekül in die Nähe einer Si-O-Si-Verbindung unter Spannung. Es richtet sich dabei so aus, dass ein Elektronenpaar des Sauerstoffs des H_2O-Moleküls in Richtung des Si-Atoms zeigt. Gleichzeitig bildet sich eine Wasserstoffbrückenbindung zwischen einem H-Atom des H_2O-Moleküls und dem O-Atom der Si-O-Si-Verbindung aus. Im 2. Schritt (b) entsteht durch einen Elektronentransfer eine Verbindung zwischen dem benachbarten Si-Atom und dem O-Atom des H_2O-Moleküls. Wiederum gleichzeitig geht das Proton des Wasserstoffs vom O-Atom des H_2O-Moleküls zum Sauerstoffatom der Si-O-Si-Verbindung über. Noch sind die Moleküle durch eine Wasserstoffbrückenbindung verbunden. Im 3. Schritt (c) bricht diese, und es entstehen zwei neue Si-OH-Verbindungen.

Auch andere Gase können analoge Reaktionen an der Rissspitze verursachen, wenn Sie ähnliche Eigenschaften wie das H_2O-Molekül aufweisen [44].

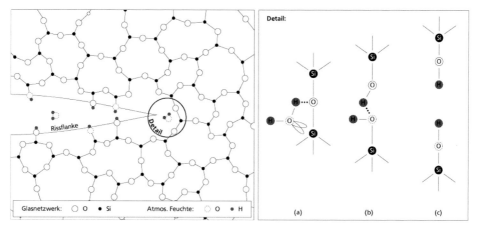

Abbildung 2.19 Schematische Darstellung der zum subkritischen Risswachstum führenden, dreistufigen chemischen Reaktion zwischen H_2O und einer Si-O-Si-Verbindung an der Rissspitze (nach [40])

2.4.6 Dynamische Ermüdung

Bereits 1899 stellte Grenet [45] fest, dass die mittlere Bruchspannung von Glas bei Prüfungen mit stetig gesteigerter Belastung von der Höhe der Belastungsrate (Spannung/Zeit) abhängt. Versuche, bei denen die Last langsam gesteigert wird, erreichen einen höheren Mittelwert als Versuche, bei denen die Last schnell gesteigert wird. Dieser Effekt der dynamischen Ermüdung [39] (engl.: *dynamic fatigue*) verhält sich analog zur statischen Ermüdung: Bei geringeren Belastungsraten bleibt mehr Zeit, in der Risswachstum stattfinden kann, als bei Versuchen mit höheren Belastungsraten, wodurch die resultierende Bruchspannung letztendlich niedriger ausfällt. Bei Versuchen mit extrem hohen Belastungsraten bleibt quasi keine Zeit für ein ausgeprägtes subkritisches Risswachstum, bevor die kritische Spannungsintensität erreicht wird und der Bruch eintritt.

Im Gegensatz zu den statischen Ermüdungsversuchen, bei denen Scheiben über extrem lange Zeiten belastet werden müssen und eine sehr hohe Anzahl an Probekörpern benötigt wird, kann mit dynamischen Ermüdungsversuchen die Ermittlung der Ermüdungsparameter vereinfacht werden. Trägt man die Bruchspannung gegen die Belastungsgeschwindigkeit doppellogarithmisch auf, ordnen sich die Daten entlang einer Geraden mit der Steigung $1/(n+1)$ an. Mittels linearer Regression kann aus der Steigung der Geraden der Ermüdungsparameter n bestimmt werden. Der Zusammenhang wurde nach [46] mit folgender Gleichung beschrieben:

$$\sigma_\mathrm{f} = c \, \dot{\sigma}^{\frac{1}{n+1}} \qquad\qquad\qquad (2.17)$$

Hierbei ist c eine Konstante und $\dot\sigma$ die Spannungsrate. In Abbildung 2.20 ist der Zusammenhang beispielhaft dargestellt.

Eine andere Methode – in den Materialwissenschaften heute die am weitesten verbreitete Methode – zur Untersuchung der Ermüdung bzw. des subkritischen Risswachstums, ist die direkte Messung des Rissfortschritts. Hierzu werden definierte makroskopische Risse in Probekörper eingebracht und der Rissfortschritt in Abhängigkeit der Belastung bzw. der Spannungsintensität an der Rissspitze mikroskopisch gemessen. In Abbildung 2.21 ist der schematische Aufbau eines sogenannten v-K-Experiments dargestellt.

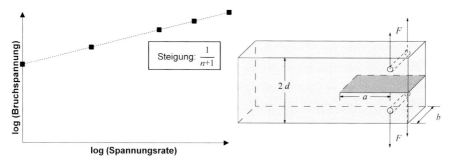

Abbildung 2.20 Zusammenhang zwischen Bruchspannung und Spannungsrate bei Biegeversuchen

Abbildung 2.21 Schematische Darstellung der direkten Risswachstumsmessung (v-K-Messungen)

Die wichtigsten Experimente dieser Art wurden von Wiederhorn [26, 47–50] in den 60er und 70er Jahren angefertigt. Bei der Durchführung der Versuche mit verschiedenen Luftfeuchten [26] konnte gezeigt werden, dass die Risswachstumsgeschwindigkeit v für eine gegebene Spannungsintensität K_I mit steigender Luftfeuchte bzw. im Wasser zunimmt (siehe Abbildung 2.22(a)). Anhand der Messwerte ist der typische Verlauf der sogenannten v-K-Kurven von Silikatgläsern zu erkennen. Mit logarithmisch aufgetragener Risswachstumsgeschwindigkeit v lässt sich die Kurve in verschiedene Bereiche, deren schematische Abbildung 2.22(b) zu entnehmen ist, einteilen:

Bereich I   Die v-K-Kurve steigt zunächst nahezu linear an. Die zum Rissfortschritt führenden Reaktionen an der Rissspitze laufen mit höher werdender Spannungsintensität schneller ab. Der Bereich I ist für Lebensdauerprognosen und die Ermittlung der Ermüdungsfestigkeit besonders wichtig, da das subkritische Risswachstum für die meisten Beanspruchungen zeitlich betrachtet überwiegend innerhalb dieses Bereichs stattfindet.

Die Gerade im Bereich I kann mit dem Wiederhorn-Gesetz nach Gl. (2.18) angepasst werden [26].

$$v = A \left(\frac{p_{H_2O}}{p_0} \right)^m e^{-\frac{\Delta E_\mathrm{a} - bK}{R \cdot T}} \tag{2.18}$$

Hierbei sind p_{H2O} der Dampfdruck des Wassers in der Atmosphäre, p_0 der Gesamtdruck in der Atmosphäre, T die Temperatur, R die allgemeine Gaskonstante und A, m, ΔE_a sowie b vier anpassbare Parameter, über die das Risswachstumsverhalten entsprechend der Glaszusammensetzung angepasst werden muss. Das Wiederhorn-Gesetz gibt damit den chemischen Hintergrund des Risswachstums und der Abhängigkeit von der Luftfeuchte und der Temperatur wieder. Für Lebensdauer- und Risswachstumsprognosen wird zur Anpassung der Geraden jedoch meist ein empirisch hergeleitetes Potenzgesetz, Gl. (2.34), nach Maugis [51] verwendet.

$$v = \frac{da}{dt} = v_0 \left(\frac{K_I}{K_{Ic}} \right)^n \tag{2.19}$$

Dieses vereinfachte Gesetz ist nur von den zwei Risswachstumsparametern v_0 und n abhängig, kann aber aufgrund der starken Steigung und des kleinen Bereichs der Spannungsintensität die Geraden im Bereich I hinreichend genau anpassen. Eine detaillierte Beschreibung des Potenzgesetzten und der Risswachstumsparameter ist Abschnitt 2.4.8.2 zu entnehmen.

Bereich II Das Wachsen des Risses führt zu einer höheren Spannungsintensität und damit zu einer zunehmenden Risswachstumsgeschwindigkeit. Mit steigender Risswachstumsgeschwindigkeit gelangt immer weniger Wasser ausreichend schnell an die Rissspitze; die Messkurve beginnt abzuknicken. Sie bildet je nach Umgebungsfeuchte einen kleinen Bereich mit einer nahezu horizontalen Geraden. Hier ist das Maximum des Wassertransports erreicht. Dieser Bereich wird auch Übergangsbereich genannt.

Bereich III Im Bereich III wächst der Riss so schnell, dass die Wassermoleküle die Rissspitze gar nicht mehr erreichen können. Hierdurch ist der Zusammenhang zwischen dem Spannungsintensitätsfaktor und der Risswachstumsgeschwindigkeit unabhängig von der Umgebungsfeuchte und entspricht dem v-K-Zusammenhang im Vakuum [50]. Auch dieser Bereich kann bei semilogarithmischer Darstellung in guter Näherung als Gerade beschrieben werden. Überschreitet die Spannungsintensität die Bruchzähigkeit K_{Ic}, kommt es zur instabilen Rissausbreitung.

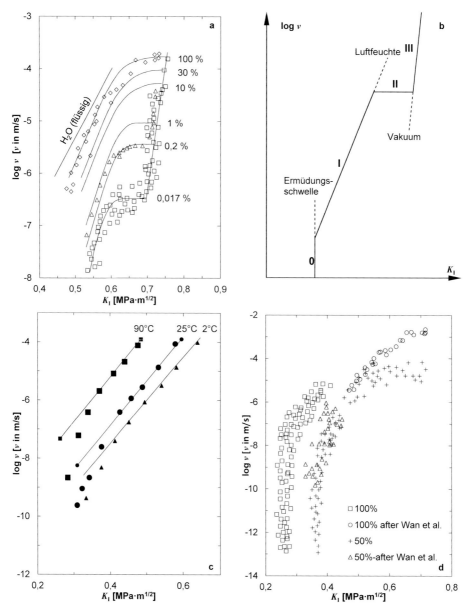

Abbildung 2.22 *v-K*-Messkurven aus Versuchen mit Kalk-Natron-Silikatglas: (a) für verschiedene relative Luftfeuchten nach [26], (b) Bereiche der v-K-Kurve, (c) für verschiedene Temperaturen nach [48] und (d) Messkurven im Schwellenbereich nach [52]

Bereich 0   Unterhalb einer gewissen Spannungsintensitätsschwelle fällt die Risswachstumsgeschwindigkeit schneller ab, als es nach einer linearen Verlängerung des Bereichs I zu erwarten wäre. Die Kurve knickt ab und bildet nahezu eine vertikale Gerade. Dieser Bereich hat einen großen Einfluss auf die Ermüdungsfestigkeit und Lebensdauerprognosen von Glasbauteilen, da unterhalb dieser sogenannten Ermüdungsschwelle K_0 (auch Schwellenspannungsintensitätsfaktor K_{TH} oder K_S genannt; engl.: *fatigue limit* oder *threshold stress intensity factor*) kein Risswachstum zu erwarten ist. Die Ermüdungsschwelle beträgt zwischen $0{,}15\,\mathrm{MPa\cdot m}^{1/2}$ und $0{,}28\,\mathrm{MPa\cdot m}^{1/2}$ (in H_2O) [41, 52–55]. Der tatsächliche Wert ist jedoch von der genauen Glaszusammensetzung, dem pH-Wert und insbesondere der Umgebungsfeuchtigkeit abhängig. Weitere Werte sind im Anhang A.2 zusammengestellt. Abbildung 2.22(d) zeigt die Ergebnisse einer Versuchsserie [52] zum Risswachstum im Schwellenbereich von Kalk-Natron-Silikatglas in Luft und in Wasser. Die Risswachstumsgeschwindigkeiten sind so gering und die Abhängigkeit vom vorliegenden Spannungsintensitätsfaktor so fein, dass sie nur sehr schwierig messbar sind. Zudem tritt nach Belastungen unterhalb der Ermüdungsgrenze eine Verzögerung des Rissfortschritts bei Wiederbelastung oberhalb der Ermüdungsgrenze auf. Aus diesen Gründen ist der Schwellenbereich und dessen Ursache in der Materialwissenschaft bis heute nicht zweifelsfrei geklärt: Anders, als zunächst angenommen, geht der Effekt nach Gehrke [56] und Fett [57] auf einen Ionenaustausch von Alkali-Ionen des Glases und Wassermolekülen an der Rissoberfläche und der Rissspitze zurück und nicht auf eine Ausrundung der Rissspitze. Prinzipiell sind die Ermüdungsschwelle und die Rissheilungseffekte auf dieselbe Ursache zurückzuführen. Eine detailliertere Beschreibung dieser Mechanismen ist Abschnitt 2.4.9 zu entnehmen.

2.4.7 Zyklische Ermüdung

2.4.7.1 Bisherige Untersuchungen mit Kalk-Natron-Silikatglas

Die Ermüdung von Kalk-Natron-Silikatglas unter zyklischer Beanspruchung (engl.: *cyclic fatigue*) ist bisher nur ansatzweise untersucht worden [4, 6–8, 58–60]. Für thermisch entspanntes Kalk-Natron-Silikatglas existieren einzelne Veröffentlichungen, bei denen Versuche auf verschiedenen Lastniveaus vorgenommen wurden. Für thermisch vorgespannte Gläser wurden bisher hingegen noch gar keine Wöhler-Versuche mit variierender Oberspannung durchgeführt. In Tabelle 2.4 sind die bisherigen Untersuchungen, die in der Literatur zu finden sind, zusammengestellt. Veröffentlichungen, die im Rahmen dieser Dissertation und des damit verbundenen Forschungsvorhabens angefertigt wurden, sind hier nicht berücksichtigt.

Die ersten experimentellen Untersuchungen von Kalk-Natron-Silikatglas bei schwingender Belastung wurden von Gurney und Pearson [6] bereits 1948 vorgenommen. Hierbei wurden zylindrische Glasstäbe mit einer Länge von $l = 254$ mm in einem 3-Punkt-Biegeversuch (3PBV) auf fünf Laststufen mit 14 Umdrehungen pro Minute und 10.000 Umdrehung pro Minute (entspricht 0,23 Hz und 166,67 Hz) rotiert. Entsprechend der Rotation betrug das Spannungsverhältnis $R = \sigma_{min} / \sigma_{max} = -1$. Zum Vergleich wurden Versuche durchgeführt, bei denen die gleichen Glasstäbe statisch belastet und nicht rotiert wurden. Sie konnten keinen Unterschied in der Lebensdauer bei statischer und zyklischer Belastung feststellen. Hieraus schlossen Gurney und Pearson, dass die Ermüdung von Kalk-Natron-Silikatglas nicht von der Schwingspielzahl abhängig ist und die zyklische Ermüdung von Gläsern andere Ursachen hat als bei Metallen.

In [7] wurde eine Versuchsserie mit Probekörpern mit Abmessungen von 90 mm x 20 mm x 5 mm in einem 3PBV in einer servo-hydraulischen Prüfmaschine durchgeführt. Die Frequenz betrug hierbei $f = 10$ Hz und das Spannungsverhältnis $R = 0,1$. Die Prüfungen wurden auf vier Lastniveaus mit einer maximalen Schwingspielzahl von 10^6 vorgenommen. Da die Ergebnisse fast ausschließlich innerhalb eines prognostizierten Streubands lagen, dessen Grenzwerte und Aussagewahrscheinlichkeiten allerdings nicht angegeben werden, geht Lü davon aus, dass die zyklische Ermüdung auf eine kumulierte statische Ermüdung zurückzuführen ist und die Streuung mit der Normal-, log-Normal- oder Weibull-Verteilung beschriebene werden kann.

Auch in [8] hat Sglavo festgestellt, dass die Anzahl der Schwingspiele bis zum Bruch in Näherung mit theoretischen Vorhersagen anhand von subkritischen Risswachstumsgesetzen übereinstimmt. Hierzu wurden mit Vickers-Eindringversuchen vorgeschädigte Proben (50 mm x 5 mm x 2 mm) in einem 4-Punkt-Biegeversuch (4PBV) mit einer Frequenz von $f = 1$ Hz und einem Spannungsverhältnis von $R \approx 0$ zyklisch belastet. Der letzte gemessene Bruch wurde nach etwa $3 \cdot 10^4$ Schwingspielen festgestellt. Ob dies der Grenzschwingspielzahl entspricht oder ob bei höheren Schwingspielzahlen keine weiteren Brüche mehr festgestellt werden konnten, ist dem Artikel nicht zu entnehmen.

Wie erwähnt existieren in der Literatur für thermisch vorgespanntes Glas bisher keine Wöhler-Versuche. Es finden sich jedoch zwei Artikel, in denen zumindest Versuche an Gläsern bzw. Glasbauteilen bei schwingender Belastung vorgenommen wurden. In [59] wurden Bauteilversuche an thermisch vorgespannten Gläsern mit Abmessungen von 700 mm x 700 mm x 12 mm vorgenommen und dabei eine Steifigkeitsabnahme festgestellt, die mit der Begründung erklärt wurde, dass die Steifigkeitsabnahme aufgrund des Wachstums von Mikrodefekten auftritt. Weitere Dauerschwingversuche finden sich in [4]. Bei einzelnen Bauteilversuchen mit einer Grenzschwingspielzahl von maximal $5 \cdot 10^6$

bei einer Frequenz von 10 Hz konnten hier keine Glasbrüche festgestellt werden. Allerdings lag die Oberspannung mit $\sigma_{max} = 60$ MPa bei den Versuchen auch weit unter der thermischen Eigenspannung von $\sigma_r \approx 100$ MPa.

Tabelle 2.4 Übersicht experimenteller Untersuchungen zur Ermüdung von thermisch entspanntem und thermisch vorgespanntem Kalk-Natron-Silikatglas bei schwingender Belastung

Jahr	Autor	Versuch	Ergebnis	
			thermisch entspanntes Kalk-Natron-Silikatglas	thermisch vorgespanntes Kalk-Natron-Silikatglas
1948	Gurney, C. Pearson, S. [6]	Floatglas (bzw. thermisch entspanntes Glas) Stangen $l = 254$ mm 3PBV, rotierend $f = 0,23$ Hz und 166,67 Hz, $R = -1$ $RH = 38$ und 60 %	kein Unterschied in der Lebensdauer bei statischer oder zyklischer Belastung, Ursache der zyklischen Ermüdung anders als bei Metallen	
1997	Lü, B.T. [7]	Floatglas (bzw. thermisch entspanntes Glas) 90 mm x 20 mm x 5 mm 3PBV Sinus, $f = 10$ Hz, $R = 0,1$ 10^6 Schwingspiele	zyklische Ermüdung geht annähernd auf eine kumulierte statische Ermüdung zurück, Streuung kann mit Normal, log-Normal, Weibullverteilung beschrieben werden	
2007	Sglavo, V. M. Gadotti, M. Micheletti, T. [8]	Floatglas (bzw. thermisch entspanntes Glas) 50 mm x 5 mm x 2 mm 4PBV Sinus, $f = 1$ Hz, $R = 0$	Anzahl der Schwingspiele bis zum Bruch stimmt in Näherung mit theoretischen Vorhersagen anhand von subkritischen Risswachstumsgesetzen überein	
2010	Shu G. P. Li H.-Y. Lu R.-H. [59]	ESG (bzw. thermisch vorgespanntes Glas) 700 mm x 700 mm x 12 mm flächiger Stempel $R = 0.1$		Steifigkeit nimmt aufgrund von Risswachstum von Defekten ab
2013	Bucak, Ö. [4]	VSG aus ESG 1100 mm x 360 mm 4PBV, Sinus, $f = 10$ Hz $R = 0,1$, $\sigma_{max} \approx 0,6\ \sigma_r$ max. $5 \cdot 10^6$ Schwingspiele		alle Scheiben überstehen den Dauerschwingversuch

2.4.7.2 Zyklische Ermüdungseffekte

Entsprechend den Untersuchungen in [7, 8] kann angenommen werden, dass keine oder nur geringe zyklische Ermüdungseffekte für thermisch entspanntes Kalk-Natron-Silikatglas existieren. Dies bedeutet nicht, dass die Festigkeit bei zyklischer Belastung nicht abnimmt, sondern nur, dass der Mechanismus der Festigkeitsabnahme bei konstanter, statischer Belastung und bei zyklischer Belastung der gleiche ist.

Bei Materialien mit ausgeprägten zyklischen Ermüdungseffekten ist die Risswachstumsgeschwindigkeit bei zyklischer Belastung üblicherweise größer als bei statischer Beanspruchung, und der Bruch tritt unter zyklischer Belastung früher auf. Dies ist beispielsweise bei Metallen [10], aber auch bei einigen keramischen Materialien [61] der Fall. Der Rissfortschritt bei zyklischer Belastung ist bei diesen Materialien ein schwingspiel-abhängiger Prozess (da/dN), der üblicherweise mit dem Gesetz von Paris [62] beschrieben wird:

$$\frac{\mathrm{d}a}{\mathrm{d}N} = C \, (\Delta K)^{m} \qquad\qquad\qquad (2.20)$$

Anders als das empirische Potenzgesetz (Gl. (2.19)) ist das Gesetz von Paris (Gl. (2.20)) zudem von der Schwingbreite $\Delta K = K_{max} - K_{min}$ (K_{max} ist die Spannungsintensität am oberen Umkehrpunkt eines Schwingspiels, K_{min} am unteren Umkehrpunkt) und nicht von der zeitabhängigen Spannungsintensität $K(t)$ abhängig. Sollte Kalk-Natron-Silikatglas keine zyklischen Ermüdungseffekte aufweisen, kann die Lebensdauer mit dem Potenzgesetz mit den Parametern bei statischer Belastung prognostiziert werden (siehe Abschnitt 2.4.8).

Um zu überprüfen, ob ein Material zyklische Ermüdungseffekte aufweist, können verschiedene Tests vorgenommen werden [61, 63]. Nachfolgend werden einige Methoden beschrieben:

Die einfachste Methode ist die experimentelle Ermittlung der Lebensdauer bei zyklischer Belastung mit verschiedenen Frequenzen, aber identischer Ober- und Unterspannung. Sollte das Material keine zyklischen Ermüdungseffekte aufweisen, ist die Lebensdauer unabhängig von der Frequenz. Dies beruht darauf, dass das Integral über ein Schwingspiel einer Schwingfunktion bezogen auf die Periodendauer unabhängig von der Frequenz den gleichen Betrag liefert (siehe Abschnitt 2.4.8). Sollte ein zyklischer Ermüdungseffekt vorliegen, so ist nach Gl. (2.20) zu erwarten, dass die Lebensdauer mit steigender Frequenz (größere Schwingspielzahl pro Zeiteinheit) abnimmt.

Ein weiterer Nachweis kann durch den Vergleich der Lebensdauer von Dauerschwingversuchen mit Rechteckschwingungen (siehe Abbildung 2.26) verschiedener Belastungstypen aber gleicher Oberspannung erfolgen. Gl. (2.20) ist von der Schwingbreite ΔK und damit von $R = K_{min} / K_{max}$ abhängig. Sollte kein zyklischer Ermüdungseffekt vorliegen, wird sich entsprechend dem Potenzgesetz kein Unterschied in der Lebensdauer für $R = 0$ und $R < 0$ einstellen. Zudem sollte die Lebensdauer für $R = 0$ der doppelten Lebensdauer bei statische Belastung ($R = 1$) entsprechen.

Die Lebensdauer bei zyklischer Belastung lässt sich nach Gl. (2.36) mit dem Potenzgesetz prognostizieren. Durch den direkten Vergleich von Ergebnissen aus Versuchen mit schwingender Beanspruchung und der Prognose können zyklische Ermüdungseffekte quantifiziert werden. Wenn größere Abweichungen vorhanden sind, müssen zyklische Ermüdungseffekte vorliegen. Für die Prognose sind zuvor die statischen Risswachstumsparameter n und v_0 zu bestimmen. Für eine gesicherte Aussage sind jedoch mindestens zwei zyklische Versuchsserien mit verschiedenen Belastungstypen oder Belastungsfunktionen durchzuführen. Für eine Versuchsserie lassen sich die Daten genauso mit Gl. (2.20) anpassen. Bei zwei Versuchsserien mit geänderten Randbedingungen werden sich unterschiedliche Parameter einstellen bzw. bei Ansatz der gleichen Parameter eine der beiden eine deutliche Abweichung zu Gl. (2.20) zeigen.

2.4.8 Lebensdauerprognose mit dem Potenzgesetz

2.4.8.1 Allgemeines

Zur Prognose der Lebensdauer von Glasbauteilen wird wie bereits beschrieben zumeist das empirisch hergeleitete Potenzgesetz nach Maugis [51] (siehe Gl. (2.34)) verwendet. Im Folgenden werden zunächst die Parameter des Potenzgesetzes näher beschrieben und anschließend verschiedene Gleichungen zur Prognose der Lebensdauer, der Bruchspannung und der bruchauslösenden Initialrisstiefe bei statischer, quasi-statischer (dynamischer) und zyklischer Belastung hergeleitet. Sie werden im weiteren Verlauf der Arbeit zum Vergleich mit den experimentellen Ergebnissen genutzt. Zudem wird unter anderem anhand dieser Gleichungen überprüft, ob Kalk-Natron-Silikatglas zyklische Ermüdungseffekte aufweist.

Zur Herleitung der Gleichungen wird über das empirische Potenzgesetz integriert. Dies ist eine allgemein übliche Vorgehensweise – insbesondere bei der Herleitung von Gleichungen zur Lebensdauerprognose bei konstanter und gleichmäßig gesteigerter Beanspruchung. Ausführliche Beschreibungen und ähnliche Gleichungen sind beispielsweise [34, 61, 63, 64] zu entnehmen.

2.4.8.2 Risswachstumsparameter v_0 und n

Das Potenzgesetz ist von den zwei Risswachstumsparametern v_0 und n abhängig. Für $K_I = K_{Ic}$ wird $v = v_0$. v_0 stellt damit die fiktive Risswachstumsgeschwindigkeit dar, die bei einer Verlängerung der Geraden (Bereich I) beim Erreichen des kritischen Spannungsintensitätsfaktors erreicht wird. Aus einer Änderung von v_0 resultiert damit eine nahezu parallele Verschiebung der Geraden in vertikaler Richtung (siehe Abbildung 2.23). Der Risswachstumsexponent n kann hingegen als ein Maß für die Steigung der Geraden angesehen werden. Eine Änderung von n führt zu einer Drehung um den Punkt (K_{Ic}; v_0). Die Geraden der v-K-Kurven im Bereich I verlaufen für verschiedene Luftfeuchten (siehe Abbildung 2.22(a)) sowie verschiedene Temperaturen (siehe Abbildung 2.22(c)) nahezu parallel. Dies bedeutet, dass der Risswachstumsparameter n, der zu einer Änderung der Steigung führt, relativ unabhängig von der Umgebungsfeuchte und der Temperatur ist und diese beiden Faktoren hauptsächlich eine Änderung des Risswachstumsparameters v_0 hervorrufen. Der Risswachstumsexponent ist hingegen von der genauen Zusammensetzung des Glases und dem pH-Wert abhängig [49].

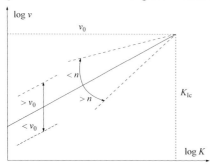

Abbildung 2.23 Einfluss der Risswachstumsparameter v_0 und n auf die v-K-Kurve

Üblicherweise nimmt n für Kalk-Natron-Silikatglas bei Versuchen in feuchter Luft oder im Wasser Werte zwischen 10 und 20 an. Bei Versuchen im Vakuum liegt n hingegen im Bereich von 70 bis 100. Eine Zusammenstellung der in der Literatur für Kalk-Natron-Silikatglas zu findenden Werte ist der Tabelle A.1 im Anhang A.1 zu entnehmen. Anhand dieser Daten ist auch ein Trend zu erkennen, dass n mit steigender Umgebungsfeuchte, wenn auch nur geringfügig, kleiner ausfällt.

2.4.8.3 Konstante Beanspruchung

Durch Einsetzten von Gl. (2.5) in Gl. (2.19) ergibt sich:

$$\frac{\mathrm{d}a}{\mathrm{d}t} = v_0 \left(\frac{\sigma\, Y \sqrt{\pi a}}{K_{\mathrm{Ic}}} \right)^n \tag{2.21}$$

Nach der Separation der Variablen folgt zunächst

$$\int_0^t \sigma^n \, \mathrm{d}t = \int_{a_i}^a \frac{K_{\mathrm{Ic}}{}^n}{v_0 \cdot \left(Y\sqrt{\pi}\right)^n \cdot a^{n/2}} \, \mathrm{d}a \tag{2.22}$$

und dann durch Integration der rechten Seite von der Initialrisslänge a_i bis zur Risslänge a zum Zeitpunkt t

$$\int_0^t \sigma^n \, \mathrm{d}t = \frac{2\,K_{\mathrm{Ic}}{}^n}{(n-2)\,v_0 \cdot \left(Y\sqrt{\pi}\right)^n \cdot a_i{}^{(n-2)/2}} \left[1 - \left(\frac{a_i}{a}\right)^{(n-2)/2} \right] \tag{2.23}$$

Mit dieser Gleichung kann bereits die Risslänge in Abhängigkeit der Zeit, des Geometriefaktors, der Risswachstumsparameter und des Spannungszeitverlaufs $\sigma(t)$ berechnet werden. Für eine Prognose bis zum Bruch ($t = t_f$ und $a = a_c$) ist üblicherweise $a_c \gg a_i$ und $n > 10$, sodass der Klammerausdruck zu

$$\left[1 - \left(\frac{a_i}{a}\right)^{(n-2)/2} \right] \cong 1 \tag{2.24}$$

wird. Gl. (2.23) vereinfacht sich damit zu

$$\int_0^{t_f} \sigma^n \, \mathrm{d}t = \frac{2\,K_{\mathrm{Ic}}{}^n}{(n-2)\,v_0 \cdot \left(Y\sqrt{\pi}\right)^n \cdot a_i{}^{(n-2)/2}} \tag{2.25}$$

Für sehr hohe Spannungen σ bzw. für eine sehr geringe Lebensdauer t_f geht der Klammerausdruck Gl. (2.24) nicht mehr gegen eins. Dies führt dazu, dass die Funktion $\sigma(t)$ für t gegen Null eine horizontale Asymptote aufweist. In [65] wird vorgeschlagen Gl. (2.23) durch einen zusätzlichen Klammerausdruck zur Berücksichtigung der Ermüdungsschwelle zu erweitern:

$$\int_0^t \sigma^n \, \mathrm{d}t = \frac{2\,K_{\mathrm{Ic}}{}^n}{(n-2)\,v_0 \cdot \left(Y\sqrt{\pi}\right)^n \cdot a_i{}^{(n-2)/2}} \frac{\left[1 - \left(\frac{a_i}{a}\right)^{(n-2)/2} \right]}{\left[1 - \left(\frac{a_{\mathrm{TH}}}{a_i}\right)^{(n-2)/2} \right]} \tag{2.26}$$

wobei a_{TH} die Risslänge ist, unterhalb der bei einer gegebenen Belastung kein Bruch mehr auftritt. Diese Erweiterung führt dazu, dass die Funktion $\sigma(t)$ für eine sehr geringe Spannung bzw. eine sehr hohe Lebensdauer (t gegen unendlich) eine horizontale

Asymptote aufweist und Belastungen unterhalb der Ermüdungsschwelle nicht zum Bruch führen (siehe Abbildung 2.24).

Für eine statische Belastung $\sigma(t) = \sigma_0$ ergibt sich durch Integration von Gl. (2.25) die Lebensdauer t_f zu

$$t_f = \frac{2\,K_{Ic}^{\,n}}{(n-2)\,v_0 \cdot \sigma_0^{\,n}\left(Y\sqrt{\pi}\right)^n \cdot a_i^{\,(n-2)/2}} \tag{2.27}$$

und die Bruchspannung bei statischer Belastung $\sigma_{fs} = \sigma_0$ bei gegebener Initialrisslänge a_i. zu:

$$\sigma_{fs} = \left(\frac{2\,K_{Ic}^{\,n}}{(n-2)\,v_0 \cdot t_f \left(Y\sqrt{\pi}\right)^n \cdot a_i^{\,(n-2)/2}}\right)^{1/n} \tag{2.28}$$

Die bruchauslösende Risslänge ergibt sich durch Umformung nach:

$$a_i = \left(\frac{2\,K_{Ic}^{\,n}}{(n-2)\,v_0 \cdot t_f \left(Y\sqrt{\pi}\right)^n \cdot \sigma_{fs}^{\,n}}\right)^{2/(n-2)} \tag{2.29}$$

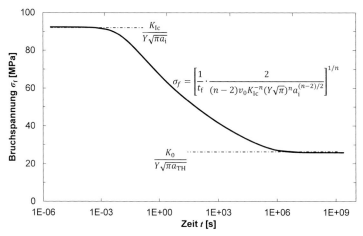

Abbildung 2.24 Bruchspannungs-Zeit-Verlauf bei statischer Belastung ($a_i = 2 \cdot 10^{-5}$, $K_{Ic} = 0{,}82$, $n = 14{,}3$, $v_0 = 2{,}9 \cdot 10^{-4}$, $Y = 1{,}12$, $K_0 = 0{,}23$) nach [65]

2.4.8.4 Konstante Belastungsrate

Für eine konstant gesteigerte Spannung $\sigma(t) = \dot{\sigma} \cdot t$, wie es beispielsweise bei Festigkeitsprüfungen üblich ist, ergibt sich mit dem Integral

$$\int_0^{t_f} (\dot{\sigma} \cdot t)^n \, \mathrm{d}t = \frac{1}{n+1} \dot{\sigma}^n \, t_f^{n+1} \tag{2.30}$$

und Gl. (2.25) die Lebensdauer t_{fqs} bei konstant gesteigerter Belastung zu

$$t_{fqs} = \left(\frac{2\,(n+1)\,K_{Ic}^{\ n}}{(n-2)\,v_0 \cdot \dot{\sigma}^n \left(Y\sqrt{\pi} \right)^n \cdot a_i^{(n-2)/2}} \right)^{\frac{1}{n+1}} \tag{2.31}$$

Durch Einsetzen von $\sigma_{fqs} = \dot{\sigma} \cdot t_{fqs}$ in Gl. (2.31) lässt sich die Bruchspannung bei konstant gesteigerter Belastung mit

$$\sigma_{fqs} = \left(\frac{2\,(n+1)\,K_{Ic}^{\ n}}{(n-2)\,v_0 \cdot t_{fqs} \left(Y\sqrt{\pi} \right)^n \cdot a_i^{(n-2)/2}} \right)^{\frac{1}{n}} \tag{2.32}$$

und durch weitere Umformung nach

$$a_i = \left(\frac{2\,(n+1)\,K_{Ic}^{\ n}}{(n-2)\,v_0 \cdot t_{fqs} \left(Y\sqrt{\pi} \right)^n \cdot \sigma_{fqs}^{\ n}} \right)^{\frac{2}{n-2}} \tag{2.33}$$

die bruchauslösende Risstiefe berechnen.

2.4.8.5 Zyklische Beanspruchung

Unter der Annahme, dass es zwischen dem Risswachstum bei statischer und bei zyklischer Belastung keinen Unterschied gibt [7, 8], kann die Lebensdauer durch Akkumulation des statischen Rissfortschritts bei jedem Schwingspiel berechnet werden. Damit nimmt die Bruchspannung bei zyklischer Belastung ab, ohne dass zyklische Ermüdungseffekte auftreten. Die Lebensdauer bei statischer Belastung fällt in diesem Fall geringer aus als bei zyklischer Beanspruchung. Die Lebensdauer bei zyklischer Belastung t_{fc} kann dann wie zur Prognose der Lebensdauer bei statischer Belastung durch Integration über den Spannungs-Zeit-Verlauf nach der Zeit von der Initialrisstiefe a_i zur kritischen Risslänge a_c prognostiziert werden:

$$\int_0^t \sigma(t)^{n_c} \, \mathrm{d}t = \int_{a_i}^{a_c} \frac{K_{Ic}^{\ n_c}}{v_0 \left(Y\sqrt{\pi a} \right)^{n_c}} \, \mathrm{d}a \tag{2.34}$$

Hierbei ist n_c der Risswachstumsexponent bei zyklischer Beanspruchung. Durch die Einführung dieses Parameters lässt sich die statische mit der zyklischen Ermüdung vergleichen. Sollten keine zyklischen Ermüdungseffekte vorhanden sein, ist $n = n_c$.

Wie bei konstanter Beanspruchung kann Gl. (2.23) unter der Voraussetzung, dass $a_c \gg a_i$ ist, durch Integration nach der Risstiefe zu

$$\int_0^{t_{fc}} \sigma(t)^{n_c}\, dt = \frac{2\, K_{Ic}{}^{n_c}}{(n_c - 2)\, v_0\, Y^{n_c}\, a_i{}^{(n_c - 2)/2}} \tag{2.35}$$

umgeformt werden. Um bei der Prognose nicht für jede beliebige Lebensdauer t_{fc} eine Integration über die zyklische Beanspruchungsfunktion vornehmen zu müssen, kann durch die Einführung eines Beanspruchungskoeffizienten ζ eine analytische Lösung zur Prognose der Lebensdauer bei zyklischer Beanspruchung bestimmt werden:

$$t_{fc} = \frac{2\, K_{Ic}{}^{n_c}}{(n_c - 2)\, v_0\, \left(\zeta\, \sigma_{max} Y \sqrt{\pi}\right)^{n_c} a_i{}^{(n_c - 2)/2}} \tag{2.36}$$

Die Oberspannung, die bei einer vorgegebenen Lebensdauer zum Bruch führt, ergibt sich entsprechend durch:

$$\sigma_{max} = \left(\frac{2\, K_{Ic}{}^{n_c}}{t_{fc}\,(n_c - 2)\, v_0\, \left(\zeta\, Y \sqrt{\pi}\right)^{n_c} a_i{}^{(n_c - 2)/2}} \right)^{1/n_c} \tag{2.37}$$

Der Beanspruchungskoeffizient ζ beschreibt hierbei das Verhältnis zwischen dem Integral über die effektive Spannungsfunktion der zyklischen Belastung und dem Integral über die Spannungsfunktion der statischen Belastung der Größe σ_{max} über die Dauer eines Schwingspiels T:

$$\zeta = \left(\frac{\int_0^T \sigma(t)^{n_c}\, dt}{\int_0^T \sigma_{max}{}^{n_c}\, dt} \right)^{1/n_c} \tag{2.38}$$

$\zeta \cdot \sigma_{max}$ stellt folglich eine äquivalente statische Spannung dar, für die bei einer zyklischen Beanspruchung mit der Oberspannung σ_{max} der gleiche Rissfortschritt in gleicher Zeit resultiert. Dies ist dann der Fall, wenn das Integral über die effektive Spannungsfunktion der zyklischen Spannungsfunktion den gleichen Flächeninhalt liefert, wie das Integral über die äquivalente statische Spannung (Gl. (2.39), siehe Abbildung 2.25).

$$\int_0^T \left(\zeta \cdot \sigma_{max} \right)^{n_c}\, dt = \int_0^T \sigma(t)^{n_c}\, dt \tag{2.39}$$

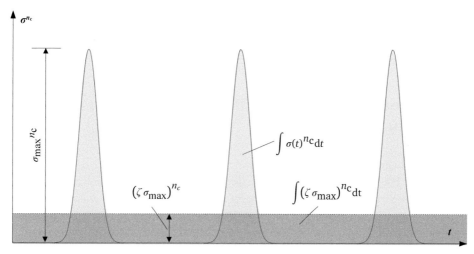

Abbildung 2.25 Integration der effektiven Spannungsfunktion zur Ermittlung des Beanspruchungs-koeffizienten ζ

Da die Lebensdauerprognose bei zyklischer Beanspruchung mit Gl. (2.36) auf dem empirischen Potenzgesetz beruht, welches wiederum nur den Bereich I der v-K-Kurve beschreibt, bleiben bei Berechnungen die Bereiche II und III sowie die Ermüdungs-schwelle K_0 unberücksichtigt.

Streng genommen gelten die oben genannten Gleichungen (2.34), (2.35), (2.38) und (2.39) nur für Zugschwellbeanspruchungen. Da bei negativer Spannung kein negativer Rissfortschritt auftritt, ist die Integration für Spannungszeitverläufe, bei denen negative Spannungen auftreten, nur abschnittsweise für Bereiche B mit positiver Spannung durchzuführen. Für Wechselbeanspruchungen ist zur Berechnung des Beanspruchungs-koeffizienten ζ richtigerweise Gl. (2.40) anstelle von Gl. (2.38) zu verwenden.

$$\zeta = \left(\frac{\int_B \sigma(t)^{n_c} \, dt}{\int_0^T \sigma_{max}^{n_c} \, dt} \right)^{1/n_c} \quad ; \quad B = \{t \in [0, T] : \sigma(t) \geq 0\} \qquad (2.40)$$

Zur Berücksichtigung der Eigenspannung σ_r bei der Berechnung des Beanspru-chungskoeffizienten ist die Integration über die um die Eigenspannung reduzierte effek-tive Spannungsfunktion durchzuführen:

$$\zeta = \left(\frac{\int_B (\sigma(t) + \sigma_r)^{n_c} \, dt}{\int_0^T (\sigma_{max} + \sigma_r)^{n_c} \, dt} \right)^{1/n_c} \quad ; \quad B = \{t \in [0, T] : (\sigma(t) + \sigma_r) \geq 0\} \qquad (2.41)$$

Wie für Wechselbeanspruchungen ist die Integration abschnittsweise durchzuführen, da bei der Berücksichtigung der Eigenspannung bereits bei reiner Zugschwellbeanspru-chung negative Spannungen entstehen. Bei einer im Vergleich zur Beanspruchung ge-

ringen Eigenspannung hat die Eigenspannung keinen großen Einfluss auf den Beanspruchungskoeffizienten. Für thermisch vorgespanntes Glas ist die Eigenspannung, aufgrund
des hohen Eigenspannungsanteils, jedoch nicht zu vernachlässigen.

2.4.8.6 Beanspruchungskoeffizienten ζ für verschiedene Schwingungsfunktionen

Der Beanspruchungskoeffizient nimmt mit zunehmender Fläche unter der Spannungsfunktion zu. Hieraus folgt, dass Zugschwellbeanspruchungen im Vergleich zu Wechselbeanspruchungen bei gleicher Oberspannung einen höheren Beanspruchungskoeffizienten aufweisen und damit zu einer geringeren mittleren Lebensdauer der Bauteile führen
würden. Genauso folgt, dass die Lebensdauer mit steigendem Spannungsverhältnis R
abnehmen würde.

Im Folgenden werden die Beanspruchungskoeffizienten verschiedener Schwingfunktionen untersucht:

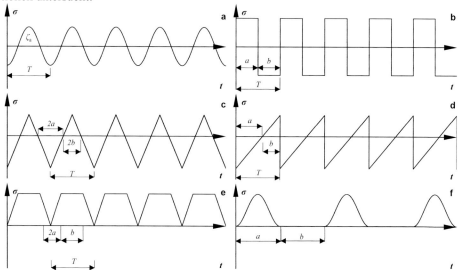

Abbildung 2.26 Ausgewählte zyklische Beanspruchungsfunktionen: (a) Sinusschwingung,
(b) Rechteckschwingung, (c) Dreieckschwingung, (d) Sägezahnfunktion, (e) Trapezschwingung,
(f) Belastungspause

Sinusschwingung

Die Sinusschwingung wird durch folgende Funktion definiert:

$$\sigma(t) = \frac{\sigma_{max}}{2} \left((1 + R) + \sin\left(2\pi\frac{t}{T}\right) \cdot (1 - R) \right) \tag{2.42}$$

Für das Integral dieser Funktion ($[a + b \sin t]^n$) existiert keine analytische Lösung. Aus diesem Grund wurden die Beanspruchungskoeffizienten für die Sinusschwingung durch numerische Integration berechnet. Die bei den Berechnungen in Abhängigkeit von n und R für Zugschwell- und Wechselbeanspruchungen ermittelten Beanspruchungskoeffizienten wurden anschließend jeweils an eine Polynomfunktion 3. Grades mittels der Methode der kleinsten Quadrate (siehe Abschnitt 2.6.2.1) angepasst. In Tabelle 2.5, Zeile 1 bis 4 sind beispielhaft bei der Berechnung ermittelte Beanspruchungskoeffizienten und die daraus abgeleiteten Funktionen zusammengestellt.

Dreieckschwingung

Die Dreieckschwingung (siehe Abbildung 2.26) ist eine bereichsweise definierte Funktion:

$$\sigma(t) := \begin{cases} \left(R + (1 - R)\frac{t}{T}\right)\sigma_{max} & : \text{ für } t \le \frac{T}{2} \\ \left(2 - R - (1 - R)\frac{2t}{T}\right)\sigma_{max} & : \text{ für } \frac{T}{2} < t \le T \end{cases} \tag{2.43}$$

Da das Integral von 0 bis $T/2$ gleich dem Integral von $T/2$ bis T ist, ergibt sich der Beanspruchungskoeffizient für die Zeitfunktion bei *Zugschwellbeanspruchung* durch Einsetzten von Gl. (2.43) in Gl. (2.38) aus:

$$\zeta = \left(\frac{2\int_0^{T/2} \left(R + (1 - R)\frac{t}{T}\right)\sigma_{max}\, dt}{\int_0^T \sigma_{max}{}^{n_c}\, dt} \right)^{1/n_c} \tag{2.44}$$

und schließlich durch Integration und Umformung

$$\zeta = \left(\frac{R^{n_c + 1} - 1}{(R - 1)(n_c + 1)} \right)^{1/n_c} \tag{2.45}$$

Für eine *reine Zugschwellbeanspruchung* vereinfacht sich Gl. (2.45) zu:

$$\zeta = \left(\frac{1}{n_c + 1} \right)^{1/n_c} \tag{2.46}$$

Für *Wechselbeanspruchungen* ($R < 0$) ist die untere Integrationsgrenze in Gl. (2.44) durch den Schnittpunkt der Dreieckschwingung mit der Abszisse a nach Gl. (2.47) zu ersetzen.

$$a = \frac{T \cdot R}{2\,(R-1)} \tag{2.47}$$

Durch Einsetzen von Gl. (2.46) und Gl. (2.47) in Gl. (2.44) kann mit $b = T/2 - a$ der Beanspruchungskoeffizient für eine Wechselbeanspruchung wie folgt bestimmt werden:

$$\zeta = \left(\left(1 - \frac{R}{(R-1)} \right) \frac{1}{(n_c+1)} \right)^{1/n_c} \tag{2.48}$$

Für die *Sägezahnfunktion* (siehe Abbildung 2.26) ergeben sich die gleichen Beanspruchungskoeffizienten wie für die Dreieckschwingung (Zeltfunktion).

Trapezfunktion

Die symmetrische Trapezfunktion, reine Zugschwellbeanspruchung (siehe Abbildung 2.26), wird durch Gl. (2.49) definiert.

$$\sigma(t) := \begin{cases} \dfrac{t}{a}\,\sigma_{max} & : \text{ für } t \leq a \\ \sigma_{max} & : \text{ für } a < t \leq T-a \\ 2 + \dfrac{1}{a}\,(b-t)\,\sigma_{max} & : \text{ für } T-a < t \leq T \end{cases} \tag{2.49}$$

Bei der Integration ist zwischen den linearen Bereichen und dem konstanten Bereich zu unterscheiden. Entsprechend ergibt sich der Beanspruchungskoeffizient durch die bereichsweise Integration nach Gl. (2.50).

$$\zeta = \left(\frac{2 \int_0^a \left(\frac{t}{a}\,\sigma_{max} \right)^{n_c} dt + \int_a^{T-a} \sigma_{max}{}^{n_c}\, dt}{\int_0^T \sigma_{max}{}^{n_c}\, dt} \right)^{1/n_c} \tag{2.50}$$

Durch Integration, Einsetzen von $b = T - a$ und Umformen ergibt sich daraus:

$$\zeta = \left(\frac{2\,a + b\,(n_c+1)}{(n_c+1)\,(2\,a+b)} \right)^{\frac{1}{n_c}} \tag{2.51}$$

Tabelle 2.5 Beanspruchungskoeffizient ausgewählter Schwingfunktionen

	Beanspruchungsfunktion	Beanspruchungskoeffizient ζ		
1	Sinus, reine Wechselbeanspruchung, $R = -1$	$\zeta = 0{,}00002\,n^3 - 0{,}0015\,n^2 + 0{,}035\,n + 0{,}58$		
		n	10	14	18
		ζ	0,811	0,851	0,876
2	Sinus, reine Zugschwellbeanspruchung, $R = 0$	$\zeta = 0{,}00002\,n^3 - 0{,}0011\,n^2 + 0{,}027\,n + 0{,}66$		
		n	10	14	18
		ζ	0,846	0,884	0,915
3	Sinus, Wechselbeanspruchung, $-9 < R < 0{,}1$, $n = 14$	$\zeta = 0{,}0052\,R^3 - 0{,}0384\,R^2 - 0{,}0862\,R + 0{,}8004$		
		$R(n = 14)$	-0,25	-1	-4
		ζ	0,823	0,851	0,866
4	Sinus, Zugschwellbeanspruchung, $R > 0{,}1$, $n = 14$	$\zeta = 0{,}3075\,R^3 - 0{,}3169\,R^2 + 0{,}144\,R + 0{,}58$		
		$R(n = 14)$	0,2	0,5	0,8
		ζ	0,880	0,896	0,932
5	Dreieck, reine Zugschwellbeanspruchung, $R = 0$	$\zeta = \left(\dfrac{1}{n+1}\right)^{\frac{1}{n}}$		
		n	10	14	18
		ζ	0,787	0,824	0,849
6	Dreieck, Zugschwellbeanspruchung, $R > 0$	$\zeta = \left(\dfrac{R^{n+1}-1}{(R-1)(n+1)}\right)^{\frac{1}{n}}$		
		$R(n = 14)$	0,2	0,5	0,8
		ζ	0,837	0,866	0,922
7	Dreieck, Wechselbeanspruchung, $R < 0$	$\zeta = \left(\left(1-\dfrac{R}{(R-1)}\right)\dfrac{1}{(n_c+1)}\right)^{1/n_c}$		
		$R(n = 14)$	-0,25	-1	-4
		ζ	0,811	0,784	0,735
8	Trapez, reine Zugschwellbeanspruchung, $R = 0$	$\zeta = \left(\dfrac{2a+b(n+1)}{(n+1)(2a+b)}\right)^{\frac{1}{n}}$		
		$n(2a = b)$	10	14	18
		ζ	0,941	0,956	0,965
9	Rechteckschwingung	$\zeta = \left(\dfrac{a}{T}\right)^{\frac{1}{n_c}}$		
		$a/T(n = 14)$	0,2	0,5	0,8
		ζ	0,891	0,952	0,984
10	Belastungspause	$\zeta = \left(\dfrac{a\,\zeta_a^{\,n}}{a+b}\right)^{\frac{1}{n}}$		
		$a/b(n = 14, \zeta_a = 1)$	0,2	0,5	0,8
		ζ	0,987	0,952	0,880

Rechteckschwingung

Die einfachste zyklische Belastungsfunktion ist die Rechteckschwingung (siehe Abbildung 2.26).

$$\sigma(t) := \left\{ \begin{array}{ll} \sigma_{max} & : \text{ für } t \leq a \\ 0 & : \text{ für } a < t \leq T \end{array} \right. \tag{2.52}$$

Der Beanspruchungskoeffizient ergibt sich für diese Funktion direkt aus der gewichteten Belastungszeit und belastungsfreien Zeit:

$$\zeta = \left(\frac{a}{T} \right)^{\frac{1}{n_c}} \tag{2.53}$$

Prinzipiell kann zur Berechnung der Lebensdauer bei Rechteckschwingung auch die tatsächliche Belastungszeit aus der Summe der Periodendauern der einzelnen Schwingspiele ermittelt werden und die Lebensdauer dann mit Gl. (2.27) für eine statische Belastung prognostiziert werden.

Belastungspause

Wie für die Rechteckfunktion kann für periodische Beanspruchungen, bei denen zwischen den einzelnen Schwingspielen regelmäßige belastungsfreie Zeiten b vorhanden sind, ein Beanspruchungskoeffizient ζ, der die belastungsfreie Zeit berücksichtigt, durch eine Wichtung des Beanspruchungskoeffizienten ζ_a der Schwingfunktion über die Belastungszeit a berechnet werden:

$$\zeta = \left(\frac{a \, \zeta_a{}^n}{a + b} \right)^{\frac{1}{n}} \tag{2.54}$$

2.4.9 Rissheilungseffekte

Unter dem Begriff der Rissheilung (engl.: *crack healing*) wird das Phänomen verstanden, dass nach Alterung, d.h. einer spannungsfreien Lagerung oder einer Belastung unterhalb der Ermüdungsschwelle K_0, wiederbelasteter Glasproben eine Festigkeitssteigerung auftritt. Des Weiteren existiert ein sogenannter Hysteresen-Effekt: Ein Riss, der an der Ermüdungsschwelle zum Stillstand kommt, beginnt nach der Wiederbelastung erst verzögert zu wachsen. Zur Ursache des Rissheilungs- und Hysteresen-Effekts existieren bisher noch verschiedene Theorien. Einen Überblick über den Stand der Forschung kann z.B. [66] und [33] entnommen werden.

Ursprünglich wurde die Rissheilung und damit auch die Ermüdungsschwelle mit einer Ausrundung der Rissspitze (siehe Abbildung 2.27), dem sogenannten *blunting* (*engl.*), bei niedrigen Risswachstumsgeschwindigkeiten erklärt [43, 67]. Die Ausrundung führt zu einer niedrigeren Spannungsintensität an der Rissspitze und muss bei der Wiederbelastung durch ein Schärfen des Risses überwunden werden. Diese These wird heute nur noch für reine Silikatgläser (Quarzglas) verfolgt. Sie wird durch Beobachtungen mit einem Transmissionselektronenmikroskop (TEM) bei Rissen von in Wasser gealterten Proben aus Quarzglas gestützt [68].

Dem gegenüber steht die Theorie für alkalihaltige Gläser wie Kalk-Natron-Silikatglas, dass die Rissheilungseffekte auf einem Auslaugungsprozess (siehe Abbildung 2.27) an der Rissspitze beruhen [56]: Alkali-Ionen werden unter Spannungen an der Rissspitze durch einen Austausch mit Wasserstoffionen ausgelaugt [69]. Hierdurch verändert sich die chemische Zusammensetzung insbesondere an der unter Zugspannung stehenden Rissspitze. Die Rissspitze weist dann eine gegenüber der Glasmatrix erhöhte Bruchzähigkeit auf. Diese Theorie wird zudem durch das Auffinden von Natrium enthaltenden Kristallen an der Glasoberfläche in der Nähe der Rissspitze gestützt [66].

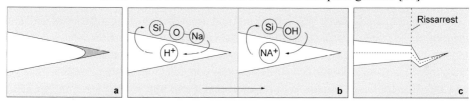

Abbildung 2.27 Schematische Darstellung verschiedener Rissheilungstheorien: (a) Ausrundung der Rissspitze, (b) Auslaugungsprozess an der Rissspitze und (c) Änderung der Rissausbreitungsrichtung

Die heute gängigste Theorie zur Beschreibung des Hysteresen-Effekts geht auf Untersuchungen in [70–72] zurück. Hierin wurde das Risswachstumsverhalten nach einer Lagerung unterhalb der Ermüdungsschwelle mit einem hochauflösenden Rasterkraftmikroskop (AFM; engl.: *atomic force microscope*) untersucht. In den Untersuchungen konnte festgestellt werden, dass sich der Riss nach einem Rissarrest bei Wiederbelastung zunächst in einer anderen Richtung ausbreitet, um sich kurz darauf wieder in der ursprünglichen Richtung weiter auszubreiten (siehe Abbildung 2.27). Während die Winkelabweichung in [70] etwa $\delta = 45°$ beträgt, wird in [71, 72] eine Abweichung von $\delta = 3° - 5°$ angegeben. Diese Beobachtung steht im Widerspruch zur Theorie der Ausrundung der Rissspitze. Sie stützt hingegen die These des Auslaugungsprozesses an der Rissspitze. Durch die aus dem Auslaugungsprozess resultierende Erhöhung der Bruchzähigkeit an der Rissspitze muss der Riss dieser Zone quasi ausweichen.

Schädigt man Glas durch Eindringversuche oder Kratzen, kann eine Festigkeitszunahme mit steigender Lagerungszeit beobachtet werden. Nach [30] beträgt diese etwa 30 % bis 50 %; nach [42] sind etwa 20 % bis 30 % zu erwarten, wobei die Festigkeit nach einigen Tagen einen Grenzwert erreicht. In [42] wurde zudem festgestellt, dass der Effekt durch eine Lagerung in Wasser erhöht werden kann und er von der Risslänge der eingebrachten Schädigung abhängig ist. Für tiefere Risse dauert die Steigerung länger. Bemerkenswert ist auch, dass die Geschwindigkeit mit der die Festigkeitssteigerung auftritt mit einer zunehmenden Belastung bis zur Ermüdungsschwelle ansteigt. Wird der Riss getempert, ist anschließend kein festigkeitssteigernder Effekt mehr feststellbar. Diese Alterungseffekte gehen neben den oben beschriebenen Mechanismen auch auf einen zeitabhängigen Abbau der Eigenspannungen an der Rissspitze zurück [66, 73, 74].

2.5 Fraktographie von Glas

2.5.1 Allgemeines

Mit der Fraktographie wird die makroskopische und mikroskopische Untersuchung der Bruchstruktur und der Bruchflächen von Bauteilen und Materialien bezeichnet. Sie wird verwendet, um die Ursache des Versagens von Bauteilen zu diagnostizieren und um theoretische Modelle des Risswachstumsverhaltens anhand von quantitativen und qualitativen Techniken zu überprüfen und zu entwickeln. Für das Verständnis dieser Arbeit werden im Folgenden die für den Bruchvorgang von Glas wichtigsten Zusammenhänge und Begriffe der Fraktographie kurz erläutert und damit gleichzeitig der Bruchvorgang von Glas näher beschrieben. Einen detaillierten Überblick über den Stand der Technik fraktographischer Untersuchungen von Gläsern kann beispielsweise [15] entnommen werden.

2.5.2 Bruchvorgang

Wird ein Riss einer konstanten Spannung ausgesetzt, die die Ermüdungsschwelle überschreitet, beginnt der Riss zunächst subkritisch zu wachsen, mit der Folge, dass die Spannungsintensität an der Rissspitze zunimmt und damit auch die Risswachstumsgeschwindigkeit größer wird. Da die Spannungsintensität am Rissufer nicht überall gleich groß ist (siehe Abschnitt 2.2.4), verändert sich die Form des Risses beim Wachstum (siehe Abbildung 2.28). Überschreitet die Spannungsintensität die Bruchzähigkeit, kommt es zum instabilen Risswachstum. Um den Riss entsteht zunächst eine Rauhzone, die dann durch eine Zone mit sogenannten Lanzettbrüchen abgelöst wird. Beim weiteren Wachstum bilden sich auf der Bruchkante sogenannte Wallner-Linien [75], an denen unter anderem die Laufrichtung des Risses erkennbar ist. Bleibt die anliegende Spannung weiter konstant, nehmen die Risswachstumsgeschwindigkeit und die kinetische Energie des Risses weiter zu. Wird die Grenzgeschwindigkeit erreicht, die für Kalk-Natron-Silikatglas etwa 1400 m/s bis 1500 m/s beträgt [76–78], verzweigt sich der Riss in zwei Risse. Die Energie teilt sich auf, wodurch sich die Risse mit verminderter Geschwindigkeit ausbreiten. Berechnen lässt sich dies auch unter der Annahme, dass beide

Rissspitzen sich nach der Verzweigung unter lokalen Modus I-Bedingungen fortpflanzen
[12].

In thermisch entspannten Gläsern oder nur gering vorgespannten Gläsern kann es bei
Abnahme der Spannung an der Rissspitze zu einem Rissarrest, dem Stoppen eines lau-
fenden Risses, kommen, obwohl der kritische Spannungsintensitätsfaktor zuvor überschritten wurde. Das tritt ein, wenn die Bruchbedingung nicht mehr erfüllt ist und die
kinetische Energie des Risses durch die Schaffung neuer Oberflächen abgebaut wurde.

In thermisch vorgespannten Gläsern wiederholt sich dieser Verzweigungsvorgang
durch die in der Scheibe gespeicherte Energie, bis alle Risse auf eine Bruchkante getroffen sind: Der Riss beschleunigt sich, bis die Grenzgeschwindigkeit erreicht ist, verzweigt
sich unter Geschwindigkeitsabnahme und beschleunigt sich wieder.

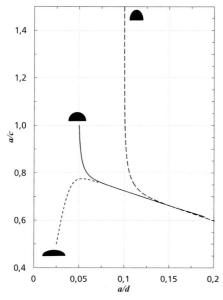

Abbildung 2.28 Änderung der Rissgeometrie beim Risswachstum: längliche Risse werden kreis-
förmiger; kreisförmige Risse werden länglicher (nach [15])

2.5.3 Bruchspiegel

Um den Initialriss bildet sich in der Bruchfläche eine nahezu glatte Fläche, der sogenannte Bruchspiegel, aus. Der Bruchspiegel (engl.: *fracture mirror*) wird von der feinen
Rauzone (engl.: *mist*) abgelöst, die wiederum von einer Zone gröberer Rauigkeit (engl.:
hackle) mit Lanzettbrüchen abgelöst wird. Der Bruchspiegelradius r_m bzw. r_h steht im

Verhältnis zur Bruchspannung σ_f und wird meist mit der folgenden empirischen Beziehung ausgewertet:

$$\sigma_\mathrm{f} = \frac{A_\mathrm{m}}{\sqrt{r_\mathrm{m}}}\,; \qquad \sigma_\mathrm{f} = \frac{A_\mathrm{h}}{\sqrt{r_\mathrm{h}}} \tag{2.55}$$

Hierbei sind A_m und A_h die Bruchspiegelkonstanten. Für Kalk-Natron-Silikatglas kann $A_\mathrm{m} = 1{,}8$ bis $1{,}9$ MPa·m$^{1/2}$ und $A_\mathrm{h} = 2{,}0$ bis $2{,}1$ MPa·m$^{1/2}$ [79, 80] angenommen werden.

Bei der Auswertung mit Gleichung (2.55) werden weder der Spannungsgradient, die Rissgeometrie noch die Lage des Risses berücksichtigt. Eine weitaus grundlegendere Beschreibung des Verhältnisses zwischen Bruchspannung und Bruchspiegelradius wird durch die Einführung eines Spannungsintensitätsfaktors K_Im erreicht, bei Überschreiten dessen sich die Rauigkeitszone ausbildet. In [81–83] konnte gezeigt werden, dass diese Methode oftmals präzisere Ergebnisse liefert.

$$K_\mathrm{Im} = \sigma_\mathrm{f}\, Y \sqrt{\pi\, r_\mathrm{m}} \tag{2.56}$$

Auch die Form des Bruchspiegels ist vom Spannungsgradienten und der Geometrie des Risses sowie der Lage abhängig [15]. Der ideal runde Bruchspiegel stellt sich quasi nur für sehr kleine Defekte unter Zugspannung ein. Für größere Oberflächenrisse unter Biegezugbelastung stellen sich die Rauigkeitszonen nur zu den Rändern ein, während sie in Dickenrichtung verschwinden; durch die thermische Eigenspannung wird der Bruchspiegel wiederum flacher bzw. elliptischer.

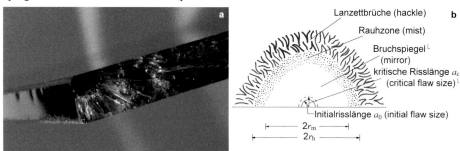

Abbildung 2.29 Aufnahme eines Bruchspiegels eines von der Glaskante ausgehenden Risses (a) und schematische Darstellung der sich beim Bruch um den Initialriss ausbildenden Zonen (b)

2.5.4 Wallner-Linien

Der laufende Riss erzeugt feine Linien auf der Bruchfläche (siehe Abbildung 2.30). Sie entstehen, wenn die Rissfront auf Inhomogenitäten in der Glasstruktur, meist Oberflächendefekte, trifft. Hierbei entsteht eine elastische Welle, die sich in alle Richtungen schneller ausbreitet als die Rissfront. Beim Zusammentreffen mit der Rissfront bilden sich die sogenannte Wallner-Linie [75], durch ein kurzes Heraustreten der Bruchfront aus der Ebene, aus. Anhand der Wallner-Linien sind die Laufrichtung, der Spannungs- gradient und die Ausbreitungsgeschwindigkeit der Rissfront zu erkennen.

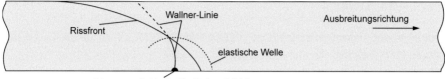

Abbildung 2.30 Schematische Darstellung der sich auf den Bruchflächen ausbildenden Wallner- Linien

2.5.5 Bruchbild

Bei der fraktographischen Untersuchung gebrochener Gläser kann das Gesamtmuster der Rissbilder, das sogenannte Bruchbild (siehe Abbildung 2.31), wichtiger sein als die Untersuchung eines Einzelrisses oder der Bruchflanke. Anhand der Quelle der Risse lässt sich meist schon der Bruchursprung ableiten. Da die Rissausbreitung und die Riss- verzweigung vom Spannungszustand in der Scheibe abhängen, ergeben sich in Abhän- gigkeit von der Belastung, der Lagerung und der thermischen Eigenspannung unter- schiedliche Bruchbilder, sodass die Bruchursache ermittelt werden kann.

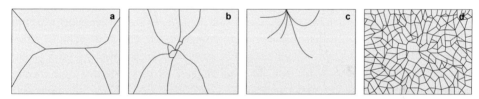

Abbildung 2.31 Vergleich von Bruchbildern mit unterschiedlicher Bruchursache: (a) Biegeversagen von Floatglas, (b) Bruch durch Stoßeinwirkung, (c) Bruch aufgrund von Zwang, (d) NiS-induzierter Spontanbruch bei ESG

Über die Anzahl der Bruchstücke pro Fläche kann auf die Spannungen rückgeschlos- sen werden. Durch ein gezieltes Anschlagen und Zählen der Bruchstücke in einer be- stimmten Fläche kann die thermisch eingeprägte Eigenspannung von thermisch vorge- spannten Scheiben bestimmt werden. In [84] wurden hierzu an 10 x 10 cm^2 großen Pro- bekörpern verschiedener Dicke nach Anschlagen mit einem scharfen Gegenstand die Bruchstücke in einer Fläche von 5 x 5 cm^2 gezählt. In Abbildung 2.32 sind die hierbei ermittelten Ausgleichsgeraden der Versuche dargestellt. Wie zu erkennen ist die Bruch- stückanzahl pro Fläche sowohl von der thermischen Eigenspannung als auch von der Dicke der verwendeten Probekörper abhängig. In [85] konnte anhand ähnlicher Versuche gezeigt werden, dass das mittlere Gewicht eines Bruchstücks mit der thermischen Eigenspannung korreliert und folgendem Zusammenhang gehorcht:

$$\sigma_{rc}\left(\frac{m}{d}\right)^{1/4} = \text{const.} \qquad (2.57)$$

Hierbei ist σ_{rc} die thermisch eingeprägte Eigenspannung im Kern, m die durchschnittliche Masse eines Bruchstücks und d die Glasdicke.

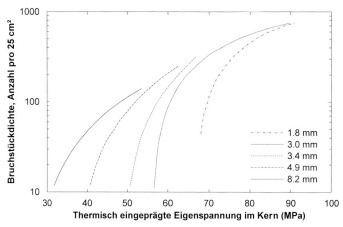

Abbildung 2.32 Bruchstückdichte in Abhängigkeit der thermischen Eigenspannungen (Zugspannungen im Kern) nach Akeyoshi et al. [84]

Auch in den technischen Regelungen wird eine ähnliche Prüfung verwendet, um eine Klassifizierung der verschiedenen Bauprodukte vorzunehmen. Die Bewertung ist allerdings lediglich qualitativ, da mit ihr festgelegt wird, ob die Bruchstücke groß genug sind, um als VSG eine ausreichende Resttragfähigkeit zu gewährleisten oder ob die Bruchstücke hinsichtlich des Verletzungsrisikos klein genug sind, um als ESG eingestuft zu werden.

2.5.6 Verzweigungslänge und Verzweigungswinkel

Eine weitere Methode, um die Spannung beim Bruch zu bestimmen, ist das Auswerten der Verzweigungslänge (engl.: *branching distance*) am Bruchursprung (siehe Abbildung 2.33(a)). Zwischen der Bruchspannung σ_f und der Verzweigungslänge r_b besteht der folgende empirische Zusammenhang:

$$\sigma_f = \frac{A_b}{\sqrt{r_b}} \qquad (2.58)$$

A_b ist eine Materialkonstante, die von den Materialeigenschaften, aber auch vom Spannungszustand und geometrischen Randbedingungen abhängig sein kann. Die Verzweigungskonstante A_b ist in jedem Fall größer als die Bruchspiegelkonstante A_m. Für Kalk-Natron-Silikatglas beträgt sie etwa 2,3 MPa·m$^{1/2}$ [79, 80].

Durch eine Erweiterung von Gleichung (2.58) nach [86] kann bei bekannter Bruchspannung σ_f die Eigenspannung des Glases σ_r bestimmt werden:

$$\sigma_f = \frac{A_b}{\sqrt{r_b}} + \sigma_r \tag{2.59}$$

Eine weitere interessante Methode zur Bestimmung der Eigenspannung bei thermisch vorgespannten Gläsern wird in [87] vorgeschlagen. Hierbei wird neben der ersten Verzweigungslänge am Bruchursprung auch die zweite Verzweigung korreliert.

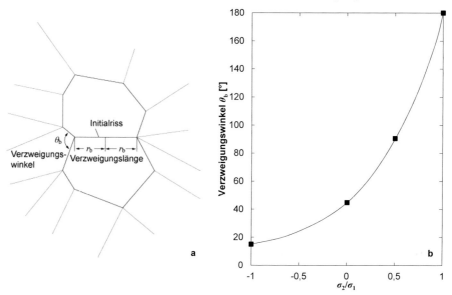

Abbildung 2.33 Verzweigungslänge r_b und -winkel θ_b: (a) Schematische Darstellung des Bruchzentrums einer thermisch vorgespannten Scheibe; (b) Verzweigungswinkel θ_b in Abhängigkeit des Hauptspannungsverhältnisses σ_2/σ_1 nach [15, 88]

Neben der Verzweigungslänge kann auch aus dem Verzweigungswinkel θ_b (engl.: *branching angle*) eine wichtige Information über den Bruch gewonnen werden, da dieser vom Spannungszustand σ_2/σ_1 abhängig ist. Für einachsig beanspruchte Risse (z.B. im 3- oder 4-Punkt-Biegeversuch) beträgt der Winkel etwa 45°, während er bei zweiachsigem Spannungszustand (z.B. im Doppelring-Biegeversuch) etwa 120° bis 180° beträgt. In Abbildung 2.33(b) sind die Verzweigungswinkel gegen das Verhältnis aus σ_2/σ_1 nach [88] aufgetragen. Aufgrund der Streuung ist die Auswertung des Verzweigungswinkels mehr ein qualitatives als ein quantitatives Werkzeug der Fraktographie.

2.6 Statistische Methoden

2.6.1 Allgemeines

Die Statistik dient dazu, gewonnene Daten zahlenmäßig zu erfassen, um sie zu untersuchen, auszuwerten und zu analysieren. Mit Hilfe von statistischen Methoden lassen sich Annahmen bewerten und Behauptungen überprüfen. Sie basieren oftmals auf Modellen der Wahrscheinlichkeitsrechnung. Im Folgenden werden Verfahren beschrieben, die im experimentellen Teil der Arbeit genutzt werden und die über die grundlegenden Kenntnisse der Bildung von Mittelwert und Standardabweichung hinausgehen.

2.6.2 Schätzverfahren

2.6.2.1 Methode der kleinsten Quadrate

Die Methode der kleinsten Quadrate (engl.: *Ordinary Least Squares*, kurz: *OLS*) ist ein mathematisches Standardverfahren der Regressionsanalyse [89]. Sie geht auf Laplace und Gauß [90] zurück und wird sowohl bei der Schätzung von Parametern in linearen und nichtlinearen Modellen angewendet. Mit der OLS wird die Stichprobe als Summe einer Funktion f eines oder mehrerer unbekannter Parameter ϑ und eines Fehlers aufgefasst. Der Parameter wird aus der Stichprobe x_i so geschätzt, dass die Summe der Fehlerquadrate S minimiert wird (siehe Abbildung 2.34).

$$S(\vartheta) = \sum_{i=1}^{n} [\, x_i - f(\vartheta) \,]^2 \tag{2.60}$$

Zur analytischen Lösung wird die Ableitung nach dem Parameter bzw. werden die partiellen Ableitungen nach den Parametern gleich null gesetzt. Ein Beispiel hierfür ist die Schätzung der beiden Regressionsparameter bei der linearen Regression (vgl. Abschnitt 2.6.2.2). In der Regel ist die Lösung der entstehenden Gleichungssysteme hierbei nicht trivial, sodass meist auf eine numerische Lösung der OLS zurückgegriffen wird. Hierzu werden die unbekannten Parameter iterativ so variiert, dass die Summe der Fehlerquadrate minimal wird. Mit der numerischen Regressionsanalyse lassen sich nicht nur die Parameter einer Funktion f schätzen, sondern die Funktion f kann selber variiert werden (siehe Abbildung 2.34). Die Güte der Schätzung lässt sich direkt über die Summe der Fehlerquadrate S oder über den mittleren quadratischen Fehler MSE vergleichen.

$$MSE = \frac{S}{n} \tag{2.61}$$

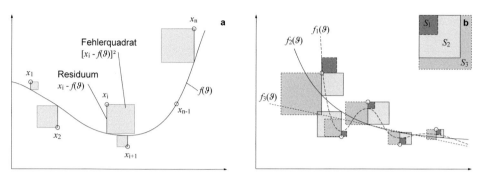

Abbildung 2.34 Schematische Darstellung der OLS, der Residuen und der Fehlerquadrate (a) sowie ein Beispiel der Regressionsanalyse mit verschiedenen Anpassungsfunktionen (b)

Die OLS wird üblicherweise für Probleme mit normalverteilten Fehlern angewendet, andernfalls kann zum Beispiel auf die Maximum-Likelihood-Methode [37] zurückgegriffen werden.

2.6.2.2 Lineare Regression

Bei der linearen Regression wird eine lineare Funktion (Regressionsgerade) an die Messwerte (x_i, y_i) angepasst [89]:

$$y_i = \alpha + \beta x_i + \varepsilon_i \tag{2.62}$$

Hierbei ist α der Schätzwert des Achsenabschnitts und β der Schätzwert der Steigung. Die Abweichungen zur Regressionsgeraden werden Residuen genannt und mit ε gekennzeichnet. Die Schätzung der Parameter α und β erfolgt üblicherweise mit der OLS, kann aber auch durch andere Methoden erfolgen. Beispielsweise kann die robustere Methode der absoluten Abweichungen (engl.: *Leat Absolute Deviations,* kurz: *LAD*) angewendet werden [89].

Im Rahmen dieser Arbeit wird zur Auswertung die OLS angewandt, da diese bei der linearen Regression immer eine eindeutige Lösung aufweist und zumindest stabil gegenüber kleineren Abweichungen ist.

Die Regressionsparameter der linearen Regression mit der OLS lassen sich wie folgt berechnen:

$$S(\alpha, \beta) = \sum_{i=1}^{n} \left[y_i - (\alpha + \beta x_i) \right]^2 \tag{2.63}$$

$$\frac{\partial S}{\partial \alpha} = -2 \sum_{i=1}^{n} \left(y_i - \alpha - \beta\, x_i \right) = 0 \tag{2.64}$$

$$\frac{\partial S}{\partial \beta} = -2 \sum_{i=1}^{n} \left(y_i - \alpha - \beta\, x_i \right) x_i = 0 \tag{2.65}$$

$$\Rightarrow \beta = \frac{\sum_{i=1}^{n} (x_i - \bar{x})(y_i - \bar{y})}{\sum_{i=1}^{n} (x_i - \bar{x})^2} \tag{2.66}$$

$$\Rightarrow \alpha = \bar{y} - \beta x \tag{2.67}$$

Die Güte der Anpassung der Geraden an die Messwerte kann sowohl grafisch durch die Darstellung der Residuen als auch rechnerisch durch den Korrelationskoeffizienten R bewertet werden. Er wird durch folgenden Zusammenhang berechnet:

$$R = \frac{\sum_{i=1}^{n} (x_i - \bar{x})(y_i - \bar{y})}{\sqrt{\sum_{i=1}^{n} (x_i - \bar{x})^2\ \sum_{i=1}^{n} (y_i - \bar{y})^2}} \tag{2.68}$$

Der Korrelationskoeffizient beschreibt die Streuung der Messwerte in der y-Variablen. Mit steigendem Betrag $|R|$ nimmt die Korrelation der Anpassung zu. Für den maximalen Wert von $|R| = 1$ fallen alle Messwerte mit der Regressionsgeraden zusammen. Oft wird zur Bestimmung der Güte auch das Quadrat des Korrelationskoeffizienten R^2, das als Bestimmtheitsmaß B bezeichnet wird, verwendet. Eine feste Größe zur Einordnung des Korrelationskoeffizienten existiert nicht. Eine deutliche Korrelation ist etwa ab Werten von $|R| = 0{,}7$ erkennbar und eine gute Korrelation wird bei physikalischen Messungen etwa ab Werten von 0,9 erreicht. Der Korrelationskoeffizient ist jedoch immer im Kontext der Messung zu interpretieren und ist ohne eine grafische Bewertung der Anpassung relativ nutzlos.

2.6.3 Konfidenzintervalle

2.6.3.1 Allgemein

Bei der Abschätzung von physikalischen Parametern oder der Anpassung von Messwerten mit Wahrscheinlichkeitsverteilungsfunktionen erfolgt die Analyse auf Basis einer Stichprobe. Die Anpassung ist somit von der speziellen Stichprobe, der Anzahl der Werte und der individuellen Streuung der Einzelwerte abhängig. Soll eine Aussage nicht nur für die vorliegende Stichprobe getroffen werden, sondern darüber hinaus für die Grundgesamtheit Gültigkeit besitzen, kann ein Konfidenzintervall bestimmt werden, in dem der Parameter mit einer bestimmten Aussagewahrscheinlichkeit P liegt.

Da viele Parameter mithilfe der linearen Regression abgeschätzt werden und auch die Bemessungswerte im Bauwesen üblicherweise aus Verteilungsfunktionen hergeleitet werden, die mittels linearer Regression aus den Messwerten ermittelt werden, ist im Folgenden die Bestimmung des Konfidenzintervalls der Regressionsgeraden beschrieben.

Die Aussagewahrscheinlichkeit der anhand einer Stichprobe bestimmten Regressionsgeraden beträgt $P = 0,5$. Die Wahrscheinlichkeit, dass die Regressionsgerade der Grundgesamtheit über der aus der Stichprobe bestimmten Regressionsgeraden liegt, beträgt 50 %, genauso die Wahrscheinlichkeit, dass sie darunter liegt. Nach DIN EN 1990 sind charakteristische Festigkeitswerte mit einer Aussagewahrscheinlichkeit von 95 % zu ermitteln.

2.6.3.2 Konfidenzintervall für eine Regressionsgerade

Der Verlauf der Geraden über den Bereich der Grundgesamtheit wird mit dem Konfidenzintervall für eine vorgegebene Aussagewahrscheinlichkeit P abgeschätzt. Das Konfidenzintervall für die Regressionsgerade wird durch Gl. (2.69) für die obere und Gl. (2.70) für die untere Grenze bestimmt:

$$y_{\text{KI,u}} = \alpha + \beta x + t_{\text{n-2, 1-}\alpha} \cdot s_{\text{y.x}} \sqrt{\frac{1}{n} + \frac{(x - \bar{x})^2}{\sum_{i=1}^{n} (x_i - \bar{x})^2}} \qquad (2.69)$$

$$y_{\text{KI,u}} = \alpha + \beta x - t_{\text{n-2, 1-}\alpha} \cdot s_{\text{y.x}} \sqrt{\frac{1}{n} + \frac{(x - \bar{x})^2}{\sum_{i=1}^{n} (x_i - \bar{x})^2}} \qquad (2.70)$$

Die Standardabweichung der Einzelwerte von der Regressionsgeraden ist durch Gl. (2.71) gegeben:

$$s_{\text{y.x}} = \sqrt{\frac{\sum_{i=1}^{n} \left(y_i - \alpha - \beta x_i\right)^2}{n - 2}} \qquad (2.71)$$

Hierbei drückt sich die Variabilität des Achsenabschnitts α durch eine Parallelverschiebung nach oben oder unten und die Variabilität der Steigung β durch eine Rotation der Geraden um ihren Mittelpunkt $(\bar{x}, \bar{y})$ aus. Zur Abschätzung der Konfidenzintervalle wird die t-Verteilung verwendet, wobei $t_{\text{n-2, 1-}\alpha}$ das entsprechende Quantil der t-Verteilung mit der Anzahl der Freiheitsgrade $n - 2$ (n: Probenumfang) und der Aussagewahrscheinlichkeit von $P = 1 - \alpha$ ist.

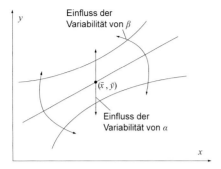

Abbildung 2.35 Konfidenzintervall für die lineare Regression nach [89]

2.6.3.3 Prädiktionsintervall für eine Regressionsgerade

Das Konfidenzintervall für eine zukünftige Beobachtung Y eines Einzelwerts an der Stelle $X = x$ (Prädiktionsintervall) kann mit Gl. (2.72) bestimmt werden. Das Prädiktionsintervalls mit den Grenzen y_{PI} ist stets breiter als das Konfidenzintervall für den Verlauf der Regressionsgeraden.

$$y_{PI} = \alpha + \beta x \pm t_{n\text{-}2,\,1\text{-}\alpha} \cdot s_{y.x} \sqrt{1 + \frac{1}{n} + \frac{(x - \bar{x})^2}{\sum_{i=1}^{n} (x_i - \bar{x})^2}} \qquad (2.72)$$

2.6.3.4 Konfidenzintervall für den Erwartungswert

Der anhand einer Stichprobe bestimmte Mittelwert $\bar{x}$ ist nur eine Schätzung des Erwartungswerts μ. Die Konfidenzintervalle für den Erwartungswert können mit Gl. (2.73) ermittelt werden.

$$\mu = \bar{x} \pm t_{n\text{-}2,\,1\text{-}\alpha} \cdot \frac{s}{\sqrt{n}} \qquad (2.73)$$

2.6.4 Verteilungsfunktionen

2.6.4.1 Normal- und Lognormalverteilung

Die Normalverteilung (siehe Abbildung 2.36(a)) ist die gängigste stetige Wahrschein-lichkeitsverteilung. Oft wird sie auch nach Gauß [91] als Gauß-Verteilung oder entspre-chend der Form der Wahrscheinlichkeitsdichte als Glockenkurve bezeichnet. Die Wahr-scheinlichkeitsdichte der Standardnormalverteilung ist durch Gl. (2.74) gegeben.

$$f_N(x) = \frac{1}{s \cdot \sqrt{2\,\pi}}\, e^{-\frac{1}{2}\left[\frac{x-\mu}{s}\right]^2} \tag{2.74}$$

Die Verteilungsfunktion der Normalverteilung ist durch Gl. (2.75) gegeben.

$$P_N(x) = \frac{1}{\sqrt{2\,\pi}} \int_{-\infty}^{x} e^{-\frac{1}{2}\left[\frac{t-\mu}{s}\right]^2}\, dt \tag{2.75}$$

Die Normalverteilung ist entsprechend durch den Erwartungswert μ und die Stan-dardabweichung s vollständig charakterisiert. Der Erwartungswert bestimmt die Lage der Verteilung, die Standardabweichung die Form der Kurve. An der Stelle $x = \mu \pm s$ befinden sich die Wendestellen der Wahrscheinlichkeitsdichte. Innerhalb dieses Inter-valls liegen 68,27 % der Gesamtfläche. Im Intervall $x = \mu \pm 1{,}65 \cdot s$ befinden sich 90 %, im Intervall von $x = \mu \pm 1{,}96 \cdot s$ 95 % und im Intervall von $x = \mu \pm 2{,}58 \cdot s$ 99 % der Ge-samtfläche.

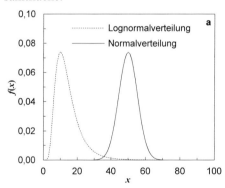 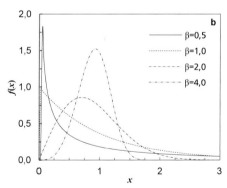

Abbildung 2.36 Vergleich der Wahrscheinlichkeitsdichte der Normal- und Lognormalverteilung (a) sowie der Weibull-Verteilung mit verschiedenen Formparametern (b)

Physikalische, biologische oder wirtschaftliche Zusammenhänge können häufig kei-ne negativen Werte annehmen und laufen als linkssteile Funktionen rechts flach aus. In diesen Fällen kann die logarithmische Normalverteilung (*kurz: Lognormalverteilung*, siehe Abbildung 2.36(a)) oftmals die Zusammenhänge besser anpassen. Die Lognormalverteilung beschreibt die Verteilung einer Zufallsvariablen X, wenn $\ln(X)$ normalverteilt ist. Die Wahrscheinlichkeitsdichte der Lognormalverteilung Gl. (2.76) und die Verteilungsfunktion Gl. (2.77) sind entsprechend:

$$f_{\mathrm{LN}}(x) = \frac{1}{s\,x\,\sqrt{2\,\pi}}\; e^{-\frac{(\ln x - \mu)^2}{2s^2}} \tag{2.76}$$

$$P_{LN}(x) = \frac{1}{s\,\sqrt{2\,\pi}} \int_{-\infty}^{x} \frac{1}{t}\; e^{-\frac{(\ln t - \mu)^2}{2s^2}}\; \mathrm{d}t \tag{2.77}$$

2.6.4.2 Weibull-Verteilung

Eine speziell für die Beurteilung von Lebensdauern, Ausfallhäufigkeiten und Materialfestigkeiten entwickelte Verteilungsfunktion ist die nach Weibull [92] benannte Weibull-Verteilung. Die Wahrscheinlichkeitsdichte ist durch Gl. (2.78) und die Verteilungsfunktion durch Gl. (2.79) gegeben. Hierbei sind α der Skalenparameter und β der Formfaktor.

$$f_{\mathrm{WB}}(x) = \left(\frac{\beta}{\alpha}\right)\left(\frac{x}{\alpha}\right)^{\beta-1} e^{-\left(\frac{x}{\alpha}\right)^{\beta}} \tag{2.78}$$

$$P_{\mathrm{WB}}(x) = 1 - e^{-\left(\frac{x}{\alpha}\right)^{\beta}} \tag{2.79}$$

Die Weibull-Verteilung zeichnet sich durch ihre besondere Anpassungsfähigkeit aus und kann sowohl steigende, konstante als auch fallende Ausfallraten beschreiben. Durch die variable Anpassung der Ausfallrate β hat die Weibull-Verteilung große Ähnlichkeit zu verschiedenen Verteilungsfunktionen (siehe Abbildung 2.36(b)). Für eine konstante Ausfallrate $\beta = 1$ nimmt die Weibullverteilung die Form einer Exponentialverteilung an. Für eine linear steigende Ausfallrate $\beta = 2$ hat sie die Form einer Rayleigh-Verteilung und für einen Wert von $\beta = 3{,}6$ ergibt sich eine Verteilung mit verschwindender Schiefe ähnlich der Normalverteilung.

2.6.4.3 Bestimmen der Parameter der Verteilungsfunktionen

Die Bestimmung der Parameter der beschriebenen Verteilungsfunktionen kann durch Anpassung der Verteilungsfunktion an die Daten einer Stichprobe im Wahrscheinlichkeitsnetz erfolgen. Hierzu werden die Daten in aufsteigender Reihenfolge sortiert und jedem Wert über eine Näherungsgleichung eine Wahrscheinlichkeit $P(x_i)$ zugeordnet. Vorgeschlagen werden in [89] für normalverteilte Daten Gl. (2.80) nach [93],

$$P(x_i) = \frac{i - 0,375}{n + 0,25} \qquad (2.80)$$

für Weibull-verteilte Daten mit $n < 50$ Werten Gl. (2.81)

$$P(x_i) = \frac{i - 0,3}{n + 0,4} \qquad (2.81)$$

und für Weibull-verteilte Daten mit $n \geq 50$ Werten Gl. (2.82) nach [94].

$$P(x_i) = \frac{i}{n + 1} \qquad (2.82)$$

Die Wahl der Näherungsgleichung kann einen erheblichen Einfluss auf das Ergebnis haben, weswegen sie immer wieder im Diskurs der Wissenschaft steht [95].

Die Daten werden anschließend im Wahrscheinlichkeitsnetz gegen die Umkehrfunktion der jeweiligen Verteilungsfunktion aufgetragen und mittels linearer Regression angepasst. Aus den Regressionsgeraden können sowohl die Parameter der Funktion bestimmt werden als auch eine qualitative (optische) und quantitative Aussage (Bestimmtheitsmaß) über die Qualität der Anpassung an die Funktion gemacht werden.

3 Experimentelle Untersuchungen zur definierten Vorschädigung

3.1 Versuchskonzept

Ein Großteil der zyklischen Versuche im Rahmen dieser Arbeit wurde mit definiert vorgeschädigten Probekörpern vorgenommen, um die Streuung der Festigkeit bei den Versuche zu reduzieren und hierdurch die Versuche in überschaubarer Zeit mit überschaubaren Umfängen an Probekörpern durchzuführen. Da die definierte Vorschädigung von Gläsern in der Materialprüfung im Bauwesen kein Standardverfahren ist, wurde in einer Reihe von Voruntersuchungen zunächst eine geeignete Methode zur Schädigung bestimmt. Ziel war, dass die Methode möglichst reproduzierbar und einfach einzubringen ist sowie den im Bauwesen üblichen Oberflächendefekten auf konstruktiven Glasbauteilen entspricht. Ein Überblick über das Versuchsprogramm der experimentellen Untersuchung zur definierten Vorschädigung ist Abbildung 3.1 zu entnehmen.

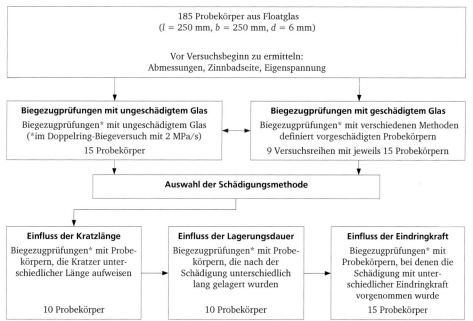

Abbildung 3.1 Versuchsprogramm der Untersuchungen zur definierten Vorschädigung

Tabelle 3.1 Übersicht der Versuchsreihen zur Bestimmung einer möglichst reproduzierbaren Schädigungsmethode

1	Floatglas ohne Vorschädigung

2	Floatglas mit händischer Vorschädigung durch Glasschneider

Abbildung 3.2 Glasschneider

Abbildung 3.3 Mit einem Glasschneider erzeugte Kratzspur

3	Floatglas mit Vorschädigung durch Berieselung mit Korund der Körnung P16 (1 kg) aus 1 m Höhe

Abbildung 3.4 Korund

Abbildung 3.5 Oberflächendefekte nach einer Berieselung mit Korund

4	Floatglas mit händischer Vorschädigung durch Sandpapier der Körnung P90

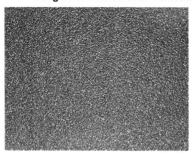 

Abbildung 3.6 Sandpapier P90

Abbildung 3.7 Kratzer auf der Oberfläche nach der Schädigung mit Sandpapier P90

Fortsetzung von voriger Seite

| 5 | **Floatglas mit Vorschädigung durch Kratztest am UST (konischer 60 °-Diamant, Last 1 N)** |

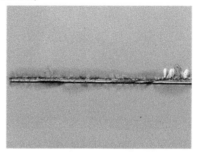

Abbildung 3.8 Konischer 60°-Diamant

Abbildung 3.9 Mit einem konischen 60°-Diamant eingebrachter Kratzer

| 6 | **Floatglas mit Vorschädigung durch Kratztest am UST (Ritzdiamant, Last 1 N)** |

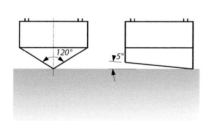

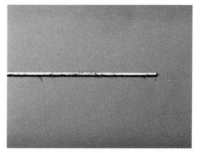

Abbildung 3.10 Ritzdiamant in Vorderansicht (links) und Seitenansicht (rechts)

Abbildung 3.11 Mit einem Ritzdiamant eingebrachter Kratzer

| 7 | **Floatglas mit Vorschädigung durch Kratztest am UST (konischer 120°-Diamant, Last 1 N)** |

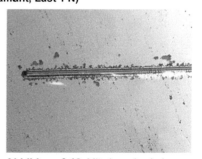

Abbildung 3.12 Konischer 120°-Diamant

Abbildung 3.13 Mit einem konischen 120°-Diamant eingebrachter Kratzer

Fortsetzung von voriger Seite

| 8 | **Floatglas mit maschineller Vorschädigung durch Penett®-Schneidrad** |

Penett®-Schneidrad der Firma
MDI Advanced Processing GmbH

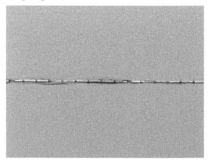

Abbildung 3.14 Schädigung mit einem Penett®-Schneidrad*

| 9 | **Floatglas mit Vorschädigung durch Grünen Laser (Wellenlänge 532 nm)** |

Abbildung 3.15 Grüner Laser (Bildnachweis: Bryan Tong Minh)

Abbildung 3.16 Schädigung durch einen grünen Laser*

| 10 | **Floatglas mit Vorschädigung durch CO_2-Laser** |

Abbildung 3.17 CO_2-Laser (Bildnachweis: Evan P. Cordes)

kein Riss erkennbar

Abbildung 3.18 Glas nach der Vorschädigung mit dem CO_2-Laser*

*Schädigung durch Firma MDI Advanced Processing GmbH

3.2 Reproduzierbarkeit

Um die Reproduzierbarkeit der Risseinbringung zu untersuchen wurden Probekörper aus Kalk-Natron-Silikatglas, thermisch entspanntem Floatglas, mit verschiedenen Methoden und Werkzeugen möglichst gleichmäßig vorgeschädigt. Um einen aussagekräftigen Vergleich zu bekommen, der zu einer möglichst reproduzierbaren Methode als Grundlage für die weiteren Versuche führt, wurde ein breites Spektrum an Methoden verglichen: Vermeintlich nicht reproduzierbare händische Methoden, maschinelle Methoden der Glasbearbeitung und neue, vermeintlich präzise Methoden – Schädigung durch Laserbestrahlung. Die eingebrachte Vorschädigung wurde nach dem Einbringen mikroskopisch untersucht (siehe Tabelle 3.1) und mit einem Universal Surface Tester (UST) mechanisch abgetastet (siehe Abbildung 3.22), um sie im Anschluss mit Schädigungen von gebrauchten Gläsern zu vergleichen. Eine detaillierte Beschreibung des UST ist Abschnitt 5.5.4 zu entnehmen. Die Reproduzierbarkeit der Schädigung wurde anhand des Variationskoeffizienten der Bruchspannung von Biegeversuchen beurteilt. In folgender Tabelle ist eine Übersicht der Versuchsreihen, Methoden und der eingebrachten Oberflächendefekte gegeben:

Nach der Untersuchung der Risse wurden die Probekörper in einem Doppelring-Biegeversuch bis zum Bruch belastet (siehe Abbildung 3.19). Eine detaillierte Beschreibung des Doppelring-Biegeversuchs ist Abschnitt 5.3 zu entnehmen. Die Prüfungen wurden mit einer Spannungsrate von $2 \pm 0{,}2$ MPa/s bei einer Luftfeuchte von $54{,}1 \pm 2$ % und einer Temperatur von $27{,}3 \pm 0{,}3$ °C durchgeführt. Die Bruchspannungen der einzelnen Serien (jeweils 15 Probekörper) wurden im Anschluss mittels linearer Regression an die logarithmische Normalverteilung angepasst (siehe Abbildung 3.20) und die Reproduzierbarkeit der eingebrachten Vorschädigungen anhand des auf den Mittelwert bezogenen Variationskoeffizienten bewertet.

Abbildung 3.19 Versuchsaufbau des Doppelring-Biegeversuchs mit gebrochener Scheibe

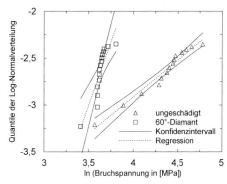

Abbildung 3.20 Anpassung der Messwerte an die logarithmische Normalverteilung

In Abbildung 3.21 sind die Variationskoeffizienten der einzelnen Versuchsserien der Höhe entsprechend in einem Balkendiagramm dargestellt. Es ist zu erkennen, dass die Versuchsserie ohne eingebrachte Vorschädigung den größten Variationskoeffizienten aufweist. Mit 27 % liegt sie zudem in einem zu erwartenden Bereich. Für die Oberflächenfestigkeit von Floatglas ist bei vergleichbaren Bruchuntersuchungen üblicherweise ein Variationskoeffizient zwischen 20 % und 30 % zu erwarten; für die Kantenfestigkeit sind Werte zwischen 10 % und 20 % zu erwarten, da die Kante durch den Schneid- und Bearbeitungsprozess bereits recht gleichmäßig geschädigt wurde.

Wie zu erwarten fielen die Variationskoeffizienten der händischen Methoden (Schleifen mit Sandpapier P90 und Berieseln mit Korund) vergleichsweise hoch aus. Bezogen auf die ungeschädigten Gläser ist aber eine deutliche Streuungsminderung erkennbar. Die Variationskoeffizienten der mit Lasern eingebrachten Risse fielen hingegen, anders als erwartet, recht hoch aus und lagen noch über dem Variationskoeffizienten für die händisch mit einem gewöhnlichen Glasschneider eingebrachten Risse.

Die geringsten Variationskoeffizienten – die beste Reproduzierbarkeit – konnten für die mit den konischen Diamanten am Universal Surface Tester (UST) eingebrachten und die mit dem Pennet®-Schneidrad eingebrachten Schädigungen ermittelt werden. Die mit dem Pennet®-Schneidrad eingebrachten Schädigungen entsprechen allerdings nicht den im Bauwesen üblichen Oberflächendefekten auf Glasscheiben. Obwohl im Mikroskop eine deutliche Schädigung erkennbar ist (siehe Abbildung 3.14) und bei den Bruchuntersuchungen eine deutliche Festigkeitsminderung festgestellt wurde, konnte bei der mechanischen Abtastung keine Schädigung bzw. kein Riss in der Oberfläche gemessen werden. Dies entspricht dem vom Hersteller angegebenen Prinzip, dass bei der Schädigung große Tiefenrisse und nur kleine Lateralrisse, die nicht zu Abplatzungen führen, entstehen. Tiefenrisse sind sehr spitze, mechanisch nicht messbare Risse, die senkrecht zur Oberfläche verlaufen. Lateralrisse verlaufen hingegen parallel zur Oberfläche [37].

Beim Risseinbringen mit dem UST mit einem 120°-Diamant entsteht hingegen eine Kratzfurche, unter der im Vergleich zur Tiefe und Breite der Kratzfurche weitaus größere Tiefenrisse und Lateralrisse entstehen [37]. Da sich bei Vergleichen in [37, 96–98] mit realen Oberflächenschäden von verwendeten Fassadenscheiben gezeigt hat, dass die mit einem 120°-Diamant eingebrachten Kratzer gut mit realen Kratzern vergleichbar sind und die eingebrachten Risse zudem entsprechend den vorgestellten Ergebnissen gut reproduzierbar sind, wurde diese Methode zur gezielten Vorschädigung der Probekörper für die zyklischen Versuche ausgewählt und in weiteren Versuchsreihen (Abschnitte 3.3 bis 3.5) wurden die genauen Parameter festgelegt. Eine weiterführende Beschreibung der Versuche und der Ergebnisse ist [99] zu entnehmen.

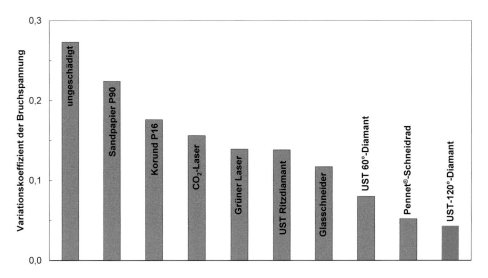

Abbildung 3.21 Reproduzierbarkeit der untersuchten Methoden zur gezielten Vorschädigung gemessen am Variationskoeffizient von Biegezugfestigkeitsuntersuchungen

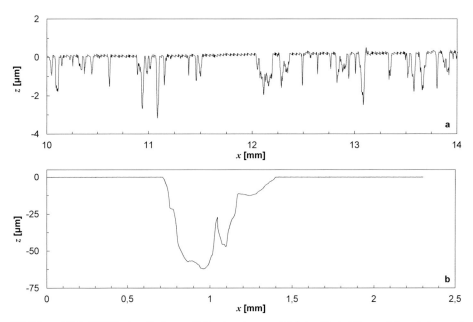

Abbildung 3.22 UST-Tastprofil eines mit Sandpapier geschädigten Probekörpers (a) und eines mit einem Glasschneider geschädigten Probekörpers (b)

3.3 Kratzlänge

In den Versuchen zur Reproduzierbarkeit wurden Kratzer mit einer Länge von 10 mm eingebracht. Damit bei der Schädigung der Probekörper für die zyklischen Probekörper der Zeitaufwand und der Verschleiß der Diamantspitze reduziert wird, wurde in einer Versuchsserie der Einfluss der Kratzlänge auf die Bruchspannung untersucht. In Abbildung 3.23(a) ist die mittlere Bruchspannung den untersuchten Kratzlängen gegenübergestellt. Es ist zu erkennen, dass die Bruchspannung mit zunehmender Kratzlänge abnimmt.

Anhand dieser Ergebnisse wurde die Länge der Kratzer auf 2 mm festgelegt, da der Zusammenhang zwischen Bruchspannung und Kratzerlänge oberhalb dieses Werts nicht mehr signifikant steigt.

3.4 Lagerungsdauer

Rissheilungseffekte (siehe Abschnitt 2.4.9) führen nach der Schädigung der Probekörper zu einer Zunahme der Bruchspannung. Um festzulegen, wie lange die Probekörper nach der Risseinbringung bis zum Versuchsbeginn gelagert werden, wurde eine Serie mit verschiedenen Lagerungsdauern vorgenommen. Die Ergebnisse sind in Abbildung 3.23(b) dargestellt. Insgesamt konnte über einen Zeitraum von 14 Tagen (= 20160 Minuten) eine Zunahme der Bruchspannung von etwa 20 % beobachtet werden. Es ist zu erkennen, dass zwischen der Lagerungsdauer und der Bruchspannung ein logarithmischer Zusammenhang besteht. Anhand der Ergebnisse wurde die Lagerungszeit auf 7 Tage (= 10080 Minuten) festgelegt, da der Anstieg für größere Lagerungsdauern vernachlässigbar klein wird.

3.5 Eindringkraft

Neben der Kratzlänge und der Lagerungsdauer hat die Kraft, mit der der Diamant beim Kratzvorgang in die Glasoberfläche eingedrückt wird, einen großen Einfluss auf die Bruchspannung bzw. auf die Risstiefe der eingebrachten Kratzer. Um den Einfluss zu quantifizieren, wurde in einer Versuchsreihe die Bruchspannung in Abhängigkeit von der Eindringkraft F_{ind} untersucht. In Abbildung 3.23(c) sind die Ergebnisse der Versuchsreihe dargestellt. Der Zusammenhang ist im überprüften Kraftbereich annähernd linear. Für eine Eindringkraft von $F_{ind} = 200$ mN liegt die Bruchspannung bei etwa 60 MPa; bei einer Eindringkraft von $F_{ind} = 1000$ mN fällt die Bruchspannung auf etwa

35 MPa ab. Im untersuchten Kraftbereich können die Messwerte gut mit einer Geraden angepasst werden.

Die Kraft, mit der die Rissinitiierung bei den Probekörpern zur zyklischen Prüfung vorgenommen wird, wurde anhand der Ergebnisse auf $F_{ind} = 500$ mN festgelegt, da die Bruchspannung für diese Eindringkraft etwa dem 5 %-Quantilwert der Bruchspannung von Floatglas (45 MPa) entspricht. Hierdurch wird gewährleistet, dass die Risstiefe der eingebrachten Kratzer der Risstiefe von im Bauwesen üblichen Schädigungen entspricht.

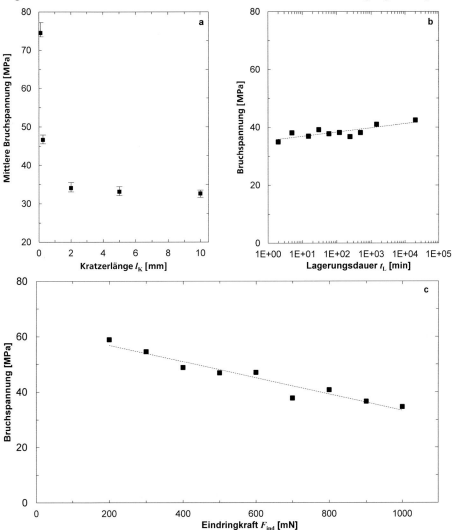

Abbildung 3.23 Bruchspannung in Abhängigkeit von der Kratzlänge (a), der Lagerungsdauer (b) und der Eindringkraft (c)

3.6 Zusammenfassung

Anhand von experimentellen Untersuchungen wurde eine Methode bestimmt, mit der möglichst reproduzierbare Schädigungen in Gläser eingebracht werden können, um die Streuung der später durchgeführten zyklischen Versuche reduzieren zu können. Hierzu wurden verschiedenste Schädigungsverfahren verglichen. Als geeignetste Methode hat sich das Einbringen von Kratzern mit einem Oberflächenprüfgerät, das mit einem konischen Diamanten mit einem Öffnungswinkel von 120° bestückt ist, ergeben. In weiteren Untersuchungen wurden die genauen Parameter der Schädigung – Kratzerlänge $l_K = 2$ mm, Lagerungsdauer $t_L = 7$ d zwischen Schädigung und Biegeprüfung sowie Eindringkraft $F_{ind} = 500$ mN – so festgelegt, dass die Ergebnisse möglichst stabil sind und die Bruchspannung der geschädigten Probekörper mit dem 5 %-Quantilwert der Bruchspannung von Floatglas übereinstimmt. Damit ist gewährleistet, dass die Risstiefe der eingebrachten Kratzer der Risstiefe von im Bauwesen üblichen Schädigungen entspricht.

4 Mechanische Eigenschaften der Probekörper

4.1 Allgemeines

Die für die experimentellen Untersuchungen verwendet Probekörper wurden in drei Chargen von zwei Herstellern produziert. Um auf eine mehrmalige Darstellung der experimentellen Methoden zur Bestimmung der mechanischen Eigenschaften, der Durchführung und der Ergebnisse zu verzichten, wird in diesem Kapitel eine Beschreibung für alle folgenden Versuchsreihen vorgenommen.

4.2 Beschreibung der Probekörper

Tabelle 4.1 Übersicht der in den Versuchsreihen verwendeten Probekörper

Charge	Glassorte	Versuchsreihe	Hersteller	Nennabmessungen			Anzahl
				l	b	d	
	[-]			[mm]	[mm]	[mm]	[-]
1	Float	Zyklische Ermüdung I (Kap.5),	Interpane	250	250	6	320
	TVG	Dauerschwingfestigkeit (Kap. 8),					30
	ESG	Risswachstumsparameter (Abschn. 4.6 u. 4.7)					226
2	Float	Rissheilungseffekte (Kap. 9)	Interpane	250	250	6	154
	ESG						154
3	ESG	Zyklische Ermüdung II (Kap. 6)	Christalux	500	100	8	100

Für die Versuche wurden insgesamt 984 Probekörper aus thermisch entspanntem (Floatglas) und thermisch vorgespanntem Kalk-Natron-Silikatglas (ESG, TVG) verwendet. Bei der Beschreibung werden sie in drei Chargen eingeteilt. Charge 1 und 2 haben die gleichen Nennabmessungen und stammen von der Firma *Interpane*. Sie wurden jedoch zu unterschiedlichen Zeitpunkten bestellt und produziert. Die Probekörper aus diesen Chargen wurden für die Versuche im Doppelring-Biegeversuch (DRBV) eingesetzt. Charge 3 hat andere Nennabmessungen und wurde von der Firma *CHRISTALUX* bezogen. Die Probekörper wurden für die Versuche im 3-Punkt-Biegeversuch (3PBV) verwendet. Eine Übersicht über die Probekörper der Chargen und deren Verwendung in den Versuchen ist in Tabelle 4.1 zusammengestellt.

Charge 1 und Charge 2

Die Probekörper der Chargen 1 und Charge 2 hatten Nennabmessungen von 250 mm x 250 mm und eine Nenndicke von 6 mm (siehe Abbildung 4.1).

Die Probekörper aus Floatglas hatten eine geschnittene, unbearbeitete Kante (KG). Die Kanten der Probekörper aus ESG und TVG wurden gesäumt (KGS), d.h. die Ränder wurden mit einem Schleifwerkzeug gefast und anschließend thermisch vorgespannt. Zur Produktion der thermisch vorgespannten Probekörper wurde das gleiche Basisglas wie für die Probekörper aus Floatglas verwendet, damit die Glaseigenschaften aller Probekörper möglichst homogen sind.

Charge 3

Die Probekörper der Charge 3 sind aus ESG, hatten Nennabmessungen von 500 mm x 100 mm und eine Nenndicke von 8 mm (siehe Abbildung 4.1). Sie wurden gesäumt und hatten polierte Kanten (KPO).

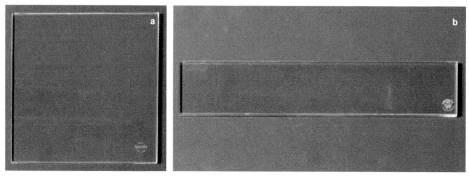

Abbildung 4.1 Probekörper der Charge 1 (a) und der Charge 3 (b)

4.3 Abmessungen

Durchführung

Nach Erhalt der Probekörper wurden alle Probekörper auf einen einwandfreien optischen Zustand kontrolliert und nummeriert. Anschließend wurde die exakte Dicke der einzelnen Probekörper mit einem Messschieber mit einer Messgenauigkeit von 10^{-2} mm bestimmt und die weiteren Nennabmessungen stichprobenartig überprüft.

Tabelle 4.2 Ermittelte Abmessungen der Probekörper

Charge	Glasart	Länge	Breite	Dicke
		$l\ (\overline{x}\ /\ s)$	$b\ (\overline{x}\ /\ s)$	$d\ (\overline{x}\ /\ s)$
[-]	[-]	[mm]	[mm]	[mm]
	Floatglas	250*	250*	5,93 / 0,01
1	TVG	250*	250*	5,92 / 0,02
	ESG	250*	250*	5,93 / 0,02
2	Floatglas	250*	250*	5,89 / 0,03
	ESG	250*	250*	5,90 / 0,02
3	ESG	500*	99,21 / 0,36	7,79 / 0,03

*Das Maß wurde stichprobenartig überprüft.

Ergebnisse und Auswertung

Die gemittelten Abmessungen der einzelnen Chargen und Glasarten sind in Tabelle 4.2 zusammengestellt. Bei weiteren Auswertungen und Berechnungen wird aufgrund der geringen Abweichung (Standardabweichung 0,01 mm bis 0,03 mm) auf den Chargen-Mittelwert zurückgegriffen.

4.4 Thermische Eigenspannungen

Allgemeines

Durch den thermischen Vorspannprozess wird im ESG und TVG ein Eigenspannungszustand erzeugt (siehe Abschnitt 2.3.4). Das Floatglas wird im Kühlbereich der Produktionsanlage möglichst langsam heruntergekühlt, um Eigenspannungen in den Gläsern zu vermeiden. Trotzdem bleiben thermisch eingeprägte Resteigenspannungen im Glas zurück. Diese betragen üblicherweise 2 MPa bis 10 MPa. Um den Einfluss der thermischen Eigenspannung bei der Auswertung zu berücksichtigen und einen Einfluss durch nicht gleichmäßig vorgespannte Probekörper auszuschließen, wurden sowohl die Eigenspannungen der thermisch vorgespannten als auch der thermisch entspannten Probekörper vor den Versuchen gemessen.

Die Messung wurde mit einem Scattered Light Polariscope (SCALP-03) der Firma GlassStress bestimmt und einem Grazing Angle Surface Polarimeter (GASP) der Firma Strainoptics verifiziert.

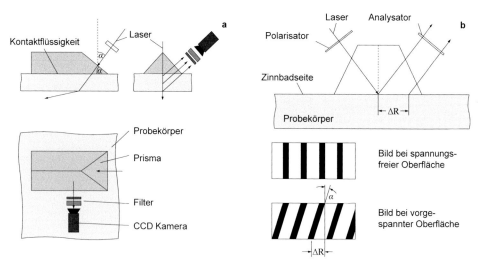

Abbildung 4.2 Optische Messaufbauten (a) des SCALP-03 nach [100] und (b) des GASP nach [101]

Die Messung mit dem SCALP basiert auf dem Streulicht-Verfahren (siehe Abbildung 4.2). Bei diesem Verfahren wird ausgenutzt, dass ein polarisierter Laserstrahl bei der Durchstrahlung von Glas Streulicht aussendet, dieses entsprechend der Hauptspannungsdifferenz die Polarisationsebene ändert und eine Intensitätsverteilung mit einem Minimum in Polarisationsrichtung und einem Maximum senkrecht zur Polarisationsrichtung aufweist. Aus der Messung der Intensität des abgestrahlten Streulichts lässt sich so die Hauptspannungsdifferenz und daraus die thermische Eigenspannung in einem Punkt bestimmen.

Das GASP, ein Epibiaskop (siehe Abbildung 4.2), nutzt das Interferenzmuster von auf der Zinnbadseite in die Oberfläche eingeleitetem Licht. Die Zinn-Ionen an der Glasoberfläche ändern den Brechungsindex des Glases lokal. Hierdurch wird einfallendes Licht zum Teil an der Grenzschicht (Zinn-Glas) in Richtung der Oberfläche abgelenkt. Das abgelenkte Licht wird anschließend entweder ausgekoppelt oder wieder an der Glasoberfläche ins Innere reflektiert, um dann in Teilen erneut an der Grenzschicht (Zinn-Glas) abgelenkt zu werden. Hierdurch entsteht ein Interferenzmuster (siehe Abbildung 4.2), anhand dessen Neigungswinkel α die Oberflächendruckspannung des Glases berechnet werden kann. Eine detailliertere Beschreibung dieser Verfahren ist beispielsweise [102] zu entnehmen.

Durchführung

Zur Messung der thermischen Eigenspannung wurden zunächst die Oberfläche der Probekörper gereinigt und die Messstellen (Scheibenmittelpunkt) eingemessen. Danach wurde ein Tropfen Isopropanol als Kontaktflüssigkeit auf die zu messende Stelle getropft und das SCALP-03 auf die Messstelle aufgesetzt. Die Positionierung des SCALP-03 wurde anhand der hierzu auf dem Gehäuse vorgesehenen Kerben vorgenommen. Um Störeinflüsse aus dem Umgebungslicht auszuschließen, wurden der Probekörper und das SCALP-03 nach der Positionierung mit einem Gehäuse abgedeckt.

Für die Messung wird das SCALP-03 mit einem PC verbunden. Die eigentliche Messung erfolgt automatisch. Eine Kalibrierung des Geräts bzw. die Wahl des Auswertverfahrens wurde vor den eigentlichen Messungen an Proben mit bekannten Eigenspannungen durchgeführt.

Die Eigenspannungen wurden in der Mitte der Probekörper, in die später auch die definierte Vorschädigung eingebracht wurde, gemessen und jeweils aus drei Messungen gemittelt, um den Messfehler zu minimieren. Laut Herstellerangaben liegt der Messfehler bei ± 5 % bzw. bei ± 2 MPa bei Spannungen unter 20 MPa.

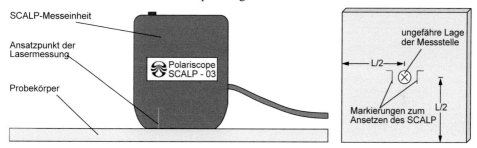

Abbildung 4.3 Messung der Eigenspannungen mit dem SCALP-03

Zur Verifikation der mit dem SCALP-03 gemessenen Werte wurde an ausgewählten Probekörpern eine Vergleichsmessung mit einem GASP vorgenommen. Auch hierzu wurden die Probekörper gereinigt und die Ankopplung des Geräts über eine spezielle Kontaktflüssigkeit vorgenommen. Die Messung selbst erfolgt beim GASP manuell, indem der Winkel eines Stellrads am Messgerät deckungsgleich zum beobachteten Interferenzmuster (Streifen) gebracht wird. Der abgelesene Winkel wird danach in eine Oberflächendruckspannung umgerechnet. Der Messfehler wird hauptsächlich durch die Ableseungenauigkeit bestimmt. Aufgrund des nichtlinearen Zusammenhangs zwischen Winkel und Oberflächendruckspannung ist der Fehler bei höherer Eigenspannung deutlich größer als bei geringerer Eigenspannung.

Ergebnisse und Auswertung

Die Ergebnisse der Messungen der Oberflächendruckspannungen sind den folgenden Bildern und Tabellen sowie dem Anhang zu entnehmen. Der Einzelwert in den Diagrammen gibt den Mittelwert der an einem Probekörper durchgeführten Messungen an (je drei Messungen pro Messstelle).

Die Mittelwerte, die Standardabweichungen und die Variationskoeffizienten der Oberflächendruckspannungen der Probekörper sind in Tabelle 4.3 getrennt nach Versuchsreihe und Glasart zusammengestellt. Als Maß zur Beurteilung der Streuung von Versuchsergebnissen wird oftmals der Variationskoeffizient verwendet. Da bei weiteren Auswertungen insbesondere nicht der relative Fehler, sondern die absolute Abweichung vom Mittelwert entscheidend ist, ist die Standardabweichung in diesem Fall ein besseres Maß zur Auswertung der Streuung.

Tabelle 4.3 Übersicht der Ergebnisse von den Messungen der Oberflächendruckspannungen

Charge	Versuchsreihe	Mittelwert	Standardabweichung	Variationskoeffizient	Anzahl
		$\bar{x}$	s	V	
	[-]	[MPa]	[MPa]	[-]	[-]
	Zyklische Ermüdung I (Kap. 5)				
	Float	-5,8	1,9	0,33	260
	TVG	-58,9	11,0	0,19	30
	ESG	-109,2	3,2	0,03	156
1	Dauerschwingfestigkeit (Kap. 8)				
	Float	-5,2	1,9	0,53	40
	ESG	-109,1	2,8	0,03	40
	Risswachstumsparameter (Abschn. 4.6 und 4.7)				
	Float	-5,4	1,5	0,28	20
	ESG	-109,1	4,0	0,08	20
2	Rissheilung (Kap. 9)				
	Float	-3,8	2,0	0,53	154
	ESG	-110,7	8,4	0,08	154
3	Zyklische Ermüdung II (Kap. 6))				
	ESG	-104,8	3,7	0,04	100

Eigenspannungen der Charge 1

Versuchsreihe zyklische Ermüdung I (Kapitel 5)

Die Oberflächendruckspannungen der Probekörper der zyklischen Versuche im DRBV sind in Abbildung 4.4 dargestellt. Für die Probekörper aus Floatglas ergab sich ein Mittelwert von 5,8 MPa; für die Probekörper aus TVG ein Mittelwert von 58,9 MPa und für die Probekörper aus ESG ein Mittelwert von 109,2 MPa. Die Werte liegen in für die Glasarten üblichen Bereichen. Für Floatglas ist ein Bereich von 0 bis 10 MPa üblich, für TVG von 30 MPa bis 70 MPa und für ESG von 90 MPa bis 130 MPa.

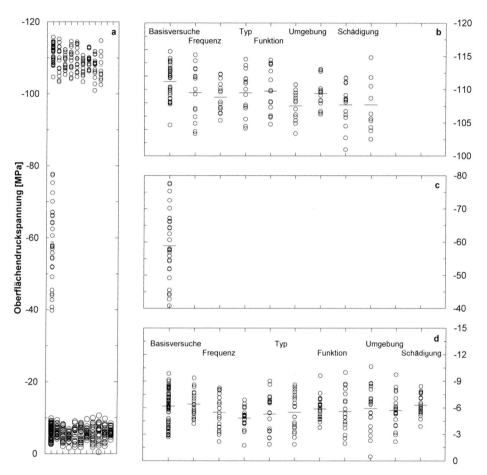

Abbildung 4.4 Ergebnisse der Messung der Oberflächendruckspannung der einzelnen Probekörper aus Charge 1 getrennt nach Unterserie: (a) Vergleich ESG, TVG und Floatglas; (b) detaillierte Darstellung ESG; (c) detaillierte Darstellung TVG; (d) detaillierte Darstellung Floatglas

Anhand der Standardabweichung ist zu erkennen, dass für die Versuchsserie mit TVG die durchschnittliche Abweichung der Oberflächendruckspannung vom Mittelwert deutlich höher ausfällt als für Floatglas und ESG. Bei Floatglas und ESG beträgt die Standardabweichung 1,9 bzw. 3,2 MP, während sie beim TVG 11 MPa beträgt. Für das Floatglas und das ESG lässt sich die Streuung der Oberflächendruckspannungen unter anderem anhand des Messfehlers des Messgeräts bei der Bestimmung der thermischen

Eigenspannungen erklären. Die Abweichungen vom Mittelwert liegen beim ESG ausschließlich innerhalb des Messfehlers von 5 % ($\approx$ 5,5 MPa) und beim Floatglas größtenteils innerhalb des Messfehlers von 2 MPa bei weniger als 20 MPa Eigenspannung. Beim TVG geht die Abweichung vom Mittelwert jedoch deutlich über den vom Hersteller angegebenen Messfehler von 5 % ($\approx$ 3 MPa) hinaus. Da sowohl die Messungen an verschiedenen Punkten auf einem Probekörper große Abweichungen aufweisen als auch stichprobenartige spannungsoptische Aufnahmen einen deutlich inhomogenen Spannungsunterschied gezeigt haben (siehe Abbildung 4.5), ist die Streuung der Messwerte hauptsächlich durch einen deutlich inhomogenen Eigenspannungszustand der einzelnen Gläser zu erklären, wobei durchaus auch Differenzen im Eigenspannungsniveau zwischen den einzelnen Probekörpern vorhanden sein können. Anhand der spannungsoptischen Aufnahmen in Abbildung 4.5 ist zu erkennen, dass die Probekörper aus Floatglas und ESG einen relativ homogenen Spannungszustand aufweisen.

Beim Vergleich der Mittelwerte der einzelnen Unterserien zeigt sich, dass diese nur geringfügig voneinander abweichen. Beim ESG beträgt die maximale Abweichung vom Mittelwert 1,9 MPa, beim Floatglas sind es sogar nur 1,0 MPa. Da diese Werte genau wie die Abweichung der Einzelwerte im Bereich des Messfehlers liegen, ist bei weiteren Auswertungen eine Verwendung der Mittelwerte für die jeweiligen Glasarten gerechtfertigt.

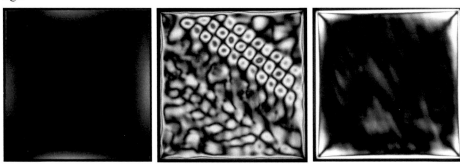

Abbildung 4.5 Beispielhafte spannungsoptische Aufnahmen jeweils eines Probekörpers aus (a) Floatglas, (b) TVG und (c) ESG

Versuchsreihe Risswachstumsparameter (Abschnitt 4.6 und 4.7)

Für die Versuche zu den Risswachstumsparametern bei statischer Belastung wurden die gleichen Probekörper wie für die zyklischen Versuche im DRBV verwendet. Entsprechend gelten prinzipiell die gleichen Schlussfolgerungen. Der Mittelwert der Oberflächendruckspannungen der für diese Serie verwendeten Probekörper aus Floatglas beträgt 5,4 MPa mit einer Standardabweichung von 1,5 MPa und 109,1 MPa mit einer Standardabweichung von 4,0 MPa für die Probekörper aus ESG.

Versuchsreihe Dauerschwingfestigkeit (Kapitel 6)

Auch für die Versuche zur Ermüdungsschwelle gelten die gleichen Schlussfolgerungen, da Probekörper der gleichen Charge eingesetzt wurden. Der Mittelwert der Oberflächendruckspannungen der für diese Serie verwendeten Probekörper aus Floatglas beträgt 5,2 MPa mit einer Standardabweichung von 1,9 MPa und 109,1 MPa mit einer Standardabweichung von 2,8 MPa für die Probekörper aus ESG.

Eigenspannungen der Charge 2

Versuchsreihe Rissheilungseffekte (Kapitel 9)

Die Oberflächendruckspannungen der Probekörper für die Versuche zu den Rissheilungseffekten sind Abbildung 4.6 zu entnehmen.

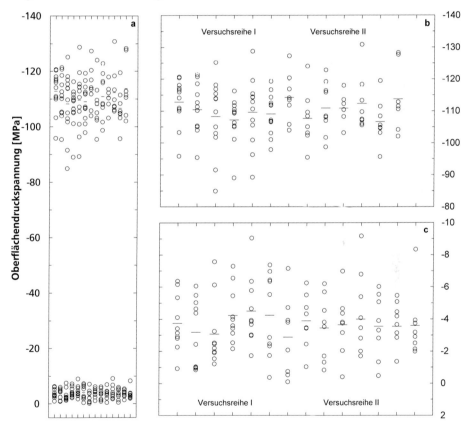

Abbildung 4.6 Ergebnisse der Messungen der Oberflächendruckspannung der einzelnen Probekörper aus Charge 2 getrennt nach Unterserie: (a) Vergleich ESG und Floatglas; (b) detaillierte Darstellung ESG; (c) detaillierte Darstellung Floatglas

Der Mittelwert der Oberflächendruckspannungen des Floatglases wurde zu -3,8 MPa mit einer Standardabweichung von 2,0 MPa bestimmt. Beim ESG ergab sich ein Mittelwert von -110,7 MPa mit einer Standardabweichung von 8,4 MPa. Die Eigenspannungen der Gläser liegen damit auf einem ähnlichen Niveau wie die Eigenspannungen der Probekörper für die zyklischen Versuche im DRBV und in einem für diese Gläser üblichen Bereich. Auffällig sind die hohen Variationskoeffizienten beim Floatglas und beim ESG. Der hohe Variationskoeffizient beim Floatglas kann jedoch mit der relativ hohen Streuung des Messgeräts in diesem Bereich und dem dazu relativ geringen Wert der Eigenspannung erklärt werden. Der gegenüber den Versuchen im DRBV deutlich höhere Variationskoeffizient von 0,08 gegenüber 0,03 zeigt jedoch, dass die Eigenspannungen bei den Probekörpern dieser Serie einer deutlich höheren Streuung unterworfen sind. Anhand der spannungsoptischen Aufnahmen (siehe Abbildung 4.7) ist dies nicht zu erkennen.

Abbildung 4.7 Beispielhafte spannungsoptische Aufnahmen eines Probekörpers aus (a) ESG und (b) Floatglas

Eigenspannungen der Charge 3

Versuchsreihe zyklische Ermüdung II – Zyklische Versuche im 3-Punkt-Biegeversuch (Kapitel 6)

Bei den Messungen der Oberflächendruckspannungen der Probekörper für die zyklischen Versuche im 3PBV wurde ein Mittelwertwert von σ_r = -104,8 MPa bestimmt. Sie liegen damit im für ESG üblichen Bereich. Die Mittelwerte der einzelnen Unterserien (siehe Abbildung 4.8) weichen nur geringfügig voneinander ab. Die Streuung mit einer Standardabweichung von 3,7 MPa ist mit den Probekörpern der Charge 1 vergleichbar.

Abbildung 4.9 zeigt die spannungsoptische Aufnahme eines Probekörpers im Vergleich mit einer Scheibe aus Floatglas mit gleichen Abmessungen desselben Herstellers.

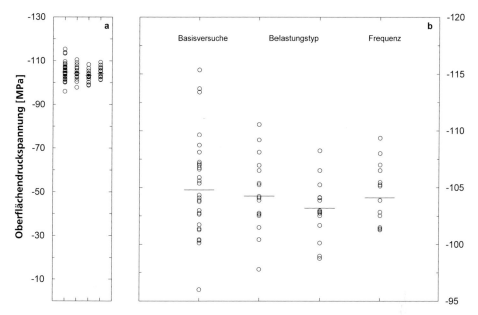

Abbildung 4.8 Ergebnisse der Messung der Oberflächendruckspannung der einzelnen Probekörper getrennt nach Unterserie: (a) ESG; (b) detaillierte Darstellung ESG

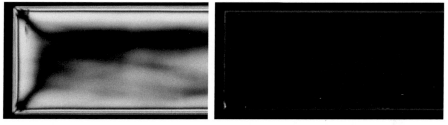

Abbildung 4.9 Beispielhafte spannungsoptische Aufnahmen eines Probekörpers aus ESG (a) und zum Vergleich eine Aufnahme einer Scheibe aus Floatglas (b)

4.5 Elastizitätsmodul

Allgemeines

Glas weist ein nahezu linear elastisches Materialverhalten auf. Nach Norm ist für die Bemessung ein Elastizitätsmodul (*E*-Modul) von $E = 70.000$ MPa zu verwenden [23]. Der *E*-Modul *E* ist allerdings unter anderem von der genauen chemischen Zusammensetzung abhängig [21]. Da die Kenntnis des tatsächlichen *E*-Moduls insbesondere zur präzisen Spannungsermittlung notwendig ist, wurde der *E*-Modul der verwendeten Probekörper durch Messungen ermittelt.

Zur Bestimmung des *E*-Moduls gibt es vielfältige Methoden. Prinzipiell wird bei der Messung zwischen statischen und dynamischen Methoden unterschieden. Bei den statischen Messungen wird der *E*-Modul entsprechend dem hookeschen Gesetz aus gemessenen Kraft- und Verschiebungsgrößen bei Zug-, Druck- oder Biegeversuchen zurückgerechnet. Bei dynamischen Methoden wird der *E*-Modul meist aus Dehnungs- oder Biegeschwingung der Probe ermittelt.

Durchführung

Die Messung des *E*-Moduls der Probekörper ist mittels statischer Messungen in den für die zyklischen Prüfungen vorgesehenen Versuchsaufbauten (DRBV, 3PBV) erfolgt. In Biegeversuchen mit konstant gesteigerter Belastung wurden Kraft, Verformung und Dehnung gemessen. Aus allen Chargen wurden hierzu jeweils drei zufällig ausgewählte Probekörper entnommen und mit linearen Dehnungsmessstreifen (DMS) versehen. Auf eine Messung mit einer Dehnungsmessstreifen-Rosette, mit der ein zweiachsiger Spannungszustand analysiert wird, wurde verzichtet, da beim DRBV ein rotationssymmetrischer (Hautspannungen gleich groß) und beim 3PBV ein einachsiger Spannungszustand (Spannung um die Biegeachse gleich null) vorliegt. Es wurden DMS des Typs FLA-2-8 der Firma TML mit einem dem Glas ähnlichen Temperaturausdehnungskoeffizienten von $8 \cdot 10^{-6}$ °C^{-1} und einem Messfehler von 1 % eingesetzt. Als Klebstoff wurde Ethyl-2-cyanoacrylat verwendet.

Charge 1 und Charge 2 (DRBV)

Im DRBV wurden die Probekörper der Charge 1 und 2 aus Floatglas mit einer Maximallast von 3000 N, die Probekörper aus TVG mit einer Maximallast von 6500 N und die Probekörper aus ESG mit einer Maximallast von 10.000 N belastet. Die Belastung wurde mit einer Lastrate von 160 N/s gesteigert. Für alle Gläser wurde derselbe DRBV mit einem Lastringradius von $r_1 = 30$ mm und einem Stützringradius von $r_2 = 60$ mm verwendet. Eine detaillierte Beschreibung des DRBV ist Abschnitt 5.3 zu entnehmen. Der DMS wurde in Scheibenmitte mit Messrichtung in Diagonalrichtung der Scheibe aufgebracht.

Charge 3 (3PBV)

Für die *E*-Modul-Bestimmung der Probekörper der Charge 3 wurde der Versuchsaufbau des 3PBV nach Abschnitt 6.3 verwendet. Die Maximallast, mit der die Probekörper belastet wurden, betrug 650 N. Die Belastung wurde mit einer konstanten Spannungsrate in 15 Sekunden aufgebracht. Der DMS wurde in Scheibenmitte mit der Messrichtung in Längsrichtung der Scheiben aufgeklebt. Der *E*-Modul wurde anschließend mittels linearer Regression aus den gemessenen Kraft-Verformungs- und Kraft Dehnungs-Kurven bestimmt.

Ergebnisse und Auswertung

Charge 1 und 2

Da für den DRBV mit Rechteckscheibe keine analytische Lösung existiert, wurden die im Versuch ermittelten Kraft-Dehnungskurven iterativ an Finite-Elemente-Berechnungen angepasst. Hierzu wurde das Modell nach Abschnitt 5.4 verwendet. Bei der Berechnung wurde der *E*-Modul in der numerischen Simulation so variiert, dass die gemessene Dehnung bei maximaler Kraft mit der berechneten Dehnung übereinstimmt. Die Geometrie der Probekörper wurde entsprechend der in Abschnitt 4.3 gemessenen Werte angenommen. Abbildung 4.10(a) zeigt beispielhaft die Anpassung der Messdaten eines Probekörpers.

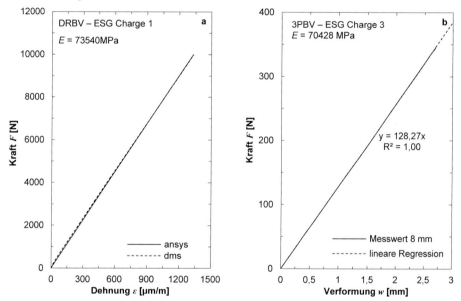

Abbildung 4.10 E-Modul-Bestimmung: (a) Vergleich der gemessenen und berechneten Kraft-Verformungs-Kurve eines Probekörpers der Charge 1; (b) mittels linearer Regression angepasster Kraft-Verformungs-Verlauf eines Probekörpers der Charge 3

Für jede Versuchsreihe wurden drei Probekörper untersucht. Die Mittelwerte der bei den Versuchen ermittelten *E*-Moduln sind in Tabelle 4.4 zusammengestellt. Für die Probekörper der ersten Charge haben sich *E*-Moduln um 73 GPa ergeben. Für die Probekörper aus Floatglas beträgt $E = 72{,}7$ GPa, für die Probekörper aus TVG beträgt $E = 73{,}1$ GPa und für die Probekörper aus ESG beträgt $E = 73{,}0$ GPa.

Die Werte liegen in einem für Kalk-Natron-Silikatglas üblichen Bereich, der etwa zwischen 67 – 75 GPa angenommen werden kann. Zur statischen Berechnung wird entsprechend der Bemessungs- und Produktnormen [5, 23, 25, 103–105] meist ein Wert von 70 GPa verwendet.

Für Charge 2 haben sich ähnliche, tendenziell etwas höhere Werte ergeben: für die Probekörper aus Floatglas ein Wert von $E = 73{,}7$ GPa und für das ESG ein Wert von $E = 73{,}4$ GPa. Bei beiden Chargen konnte entsprechend kein signifikanter Unterschied zwischen den einzelnen Glasarten festgestellt werden, obwohl nach [21] ein Abfall von etwa 3 GPa durch das schnelle Abkühlen beim thermischen Vorspannen des Glases zu erwarten wäre. Ein Anstieg des E-Moduls wäre hingegen durch ein Tempern knapp unterhalb der Transformationstemperatur der Gläser zu erwarten. In den Bemessungs- und Produktnormen wird hingegen keine Unterscheidung hinsichtlich des E-Moduls bei thermisch vorgespannten und thermisch entspannten Gläsern gemacht.

Charge 3

Um die E-Moduln aus den Biegeversuchen im 3PBV zu bestimmen, wurden die gemessenen Kraft-Verformungs- und Kraft-Dehnungs-Kurven mittels linearer Regression angepasst. Zur Auswertung der Kraft-Verformungs-Kurven wurde folgender Zusammenhang entsprechend der linearen Balkentheorie verwendet:

$$E = \frac{F\,l^3}{48\,w\,I_y}\;,\tag{4.1}$$

wobei I_y das Flächenträgheitsmoment, F die im 3PBV gemessene Kraft, l die Spannweite und w die Verformung ist.

Die Kraft-Dehnungskurven wurden an folgende Gleichung angepasst:

$$E = \frac{3\,F\,l}{2\,b\,d^2\varepsilon}\;,\tag{4.2}$$

wobei b die Querschnittsbreite und d die Querschnittshöhe ist. Bei der Anpassung wurde jeweils nur ein Ausschnitt der Messungen angepasst. Die Regressionsparameter der linearen Regression ergaben Werte von annähernd $R = 1$. In Abbildung 4.10(b) ist eine beispielhafte Korrelation der Messdaten eines Probekörpers dargestellt.

Für die Probekörper konnte so ein E-Modul von 70,4 GPa aus der Kraft-Verformungs-Messung und 67,1 GPa aus der Kraft-Dehnungsmessung ermittelt werden. Der Mittelwert entspricht 68,8 GPa. Der E-Modul der Probekörper der Charge 3 liegt damit deutlich unterhalb des E-Moduls der Probekörper für die Doppelring-Biegeversuche aus Charge 1 und 2. Das Glas der Charge 3 wurde jedoch auch von einem anderen Basisglashersteller produziert und einem anderen Glasveredler vorgespannt.

Die für die drei Chargen ermittelten E-Moduln sind in Tabelle 4.4 zusammengestellt. Für die weiteren Berechnungen in dieser Arbeit wird jeweils der zur Charge und Glasart zugehörige E-Modul verwendet.

Tabelle 4.4 Ergebnisse der E-Modul Messungen

Charge	Glasart	E-Modul (aus Kraft-Verformung)	E-Modul (aus Kraft-Dehnung)	Mittelwert
	[-]	[GPa]	[GPa]	[GPa]
	Float	-	72,7	72,7
1	TVG	-	73,1	73,1
	ESG	-	73,0	73,0
2	Float	-	73,7	73,7
	ESG	-	73,4	73,4
3	ESG	70,4	67,1	68,8

4.6 Rissfortschrittsexponent n

Allgemeines

Wie in Kapitel 2.4.8 beschrieben wird das subkritische Risswachstum üblicherweise mit dem empirisch hergeleiteten Potenzgesetz berechnet. Hierzu ist Kenntnis über die beiden materialspezifischen Risswachstumsparameter n und v_0 nötig (siehe Abschnitt 2.4.8.2). Der Risswachstumsexponent n von Kalk-Natron-Silikatglas hängt unter anderem von der genauen chemischen Zusammensetzung des Glases ab. Damit eine möglichst genaue Prognose der Bruchzeitpunkte der Probekörper vorgenommen werden kann, wurde der Risswachstumsexponent der Probekörper aus Floatglas und ESG der Charge 1 bestimmt.

Durchführung

Hierzu wurden Biegezugprüfungen (siehe Abbildung 4.11) in dem für die zyklischen Prüfungen vorgesehenen Versuchsaufbau (siehe Abschnitt 5.3) durchgeführt. Die Probekörper wurden wie in Abschnitt 5.5.4 beschrieben vorgeschädigt.

Für die Probekörper aus Floatglas wurden danach Biegezugprüfungen mit vier verschiedenen Belastungsgeschwindigkeiten beim Floatglas (20 MPa/s, 2 MPa/s, 0,2 MPa/s, 0,02 MPa/s) und fünf Belastungsgeschwindigkeiten beim ESG (20 MPa/s, 2 MPa/s, 0,2 MPa/s, 0,02 MPa/s, 0,002 MPa/s) durchgeführt. Je Belastungsgeschwindigkeit wurden drei Probekörper geprüft und anschließend gemittelt.

Die Prüfungen wurden bei einer Temperatur von 22,7 ± 1 °C und einer relativen Luftfeuchte von 50 % ± 3 % durchgeführt.

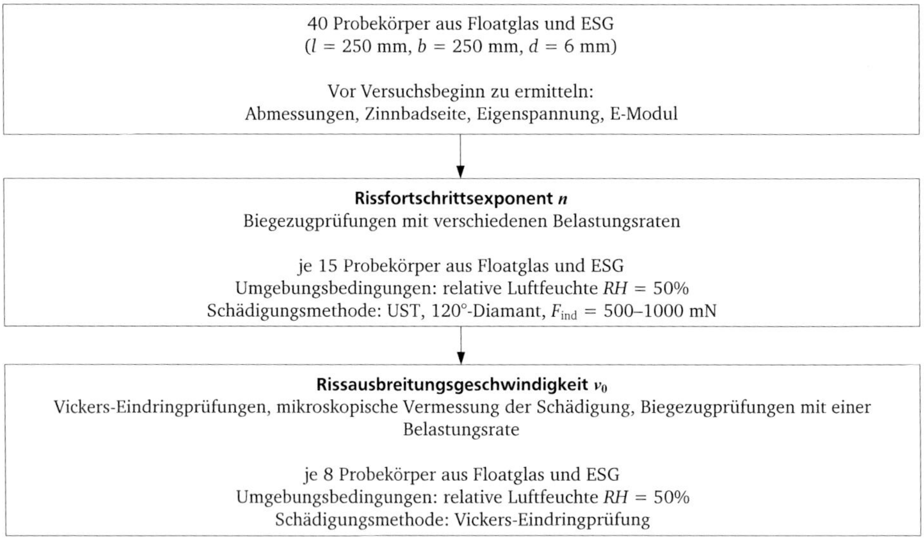

40 Probekörper aus Floatglas und ESG
(l = 250 mm, b = 250 mm, d = 6 mm)

Vor Versuchsbeginn zu ermitteln:
Abmessungen, Zinnbadseite, Eigenspannung, E-Modul

Rissfortschrittsexponent n
Biegezugprüfungen mit verschiedenen Belastungsraten

je 15 Probekörper aus Floatglas und ESG
Umgebungsbedingungen: relative Luftfeuchte RH = 50%
Schädigungsmethode: UST, 120°-Diamant, F_{ind} = 500–1000 mN

Rissausbreitungsgeschwindigkeit v_0
Vickers-Eindringprüfungen, mikroskopische Vermessung der Schädigung, Biegezugprüfungen mit einer
Belastungsrate

je 8 Probekörper aus Floatglas und ESG
Umgebungsbedingungen: relative Luftfeuchte RH = 50%
Schädigungsmethode: Vickers-Eindringprüfung

Abbildung 4.11 Versuchsprogramm zur Bestimmung der Risswachstumsparameter n und v_0

Ergebnisse und Auswertung

Bei den Biegezugprüfungen mit verschiedenen Belastungsraten konnten die in Abbildung 4.12 dargestellten Ergebnisse ermittelt werden. Die ermittelten Bruchspannungen sind doppellogarithmisch gegenüber der Spannungsrate aufgetragen. Es sind sowohl die Einzelwerte (nicht ausgefüllt) als auch die Mittelwerte je Belastungsrate dargestellt.

Aus diesen wurde mittels linearer Regression zunächst die Steigung der Regressionsgeraden zu β = 0,0657 für das Floatglas und β = 0,0673 für das ESG bestimmt, wobei die Korrelationskoeffizienten der Regression R = 0,98 und R = 0,99 betrugen. Anschließend wurde mit Gl. (2.17) der Risswachstumsparameter des Floatglases zu

$$n = \frac{1}{0,0657} - 1 = 14,22 \qquad (4.3)$$

und der Risswachstumsparameter des ESGs zu

$$n = \frac{1}{0,0673} - 1 = 13,86 \qquad (4.4)$$

berechnet.

Diese Risswachstumsparameter liegen im üblichen Bereich zwischen 12 und 20 für Kalk-Natron-Silikatglas und decken sich beispielsweise sehr gut mit den in [106] ermittelten Werten.

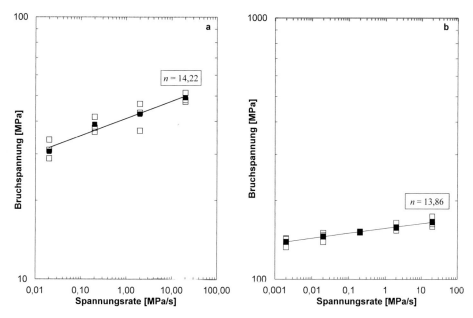

Abbildung 4.12 Bestimmung des quasi-statischen Risswachstumsparameters n anhand von Biegeversuchen mit verschiedenen Spannungsraten (Einzelwert: nicht ausgefüllt, Mittelwert: ausgefüllt): (a) Floatglas, Charge 1; (b) ESG, Charge 1

4.7 Risswachstumsparameter v_0

Allgemeines

Der Rissfortschrittsexponent n ist stets in Relation zum zugehörigen Risswachstumsparameter v_0 zu betrachten. Um v_0 zu bestimmen, werden Biegezugversuche an Probekörpern mit bekannter Rissgeometrie und bekannter Risstiefe benötigt (Y, a). Für die mit dem UST eingebrachten Kratzer kann mit zerstörungsfreien Messungen lediglich die Tiefe der oberflächennahen Kratzfurche messtechnisch ermittelt werden. Die Tiefe der scharfen Tiefenrisse kann zwar nach Gl. (2.33) rechnerisch bestimmt werden, hierzu ist allerdings die Kenntnis über n, v_0 und Y nötig. Aus diesem Grund wird zur Ermittlung des Risswachstumsparameters v_0 auf die Schädigung der Probekörper durch eine Vickers-Eindringprüfung, Vickers-Härteprüfung, zurückgegriffen. Diese Methode wird zur Prüfung der Härte von Materialien oder Schichten verwendet. Sie ist in der Materialwissenschaft aber auch eine gebräuchliche Methode zur Untersuchung von bruchmechanischen Kenngrößen [20]. Hierbei wird ein vierseitiger Diamant mit einer bestimmten Kraft F in eine Probe gedrückt. Im Glas entstehen hierbei zwei orthogonal aufeinander stehende, halbkreisförmige Risse. Aufgrund der halbkreisförmigen Geometrie der Risse ist Y definiert und die Tiefe des Risses kann durch die Bestimmung des Durchmessers auf der Oberfläche ermittelt werden (siehe Abbildung 4.13).

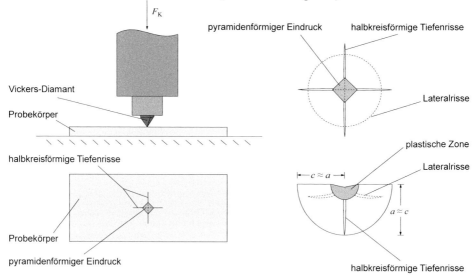

Abbildung 4.13 Aufbau und Risssystem bei der Vickers-Eindringprüfung

Durchführung

Die Versuche zur Bestimmung des Risswachstumsparameters wurden an 16 Probekörpern aus Floatglas und an 8 Probekörpern aus ESG der Charge 1 durchgeführt (siehe Abbildung 4.11). Die Probekörper wurden hierzu in einem Vickers-Härteprüfgerät mit einer Belastung von 30 N belastet. Anschließend wurden die hierbei eingebrachten Risse mikroskopisch vermessen. Nach einer Lagerungsdauer von 15 min wurden die Probekörper einer Biegezugfestigkeitsprüfung im Doppelring-Biegeversuch nach Abschnitt 5.3 mit einer Spannungsrate von 2 MPa/s unterzogen.

Die Schädigungen mittels Vickers-Eindringprüfungen und die Biegeversuche wurden bei einer Temperatur von 22,1 ± 1 °C und einer relativen Luftfeuchte von 50 % ± 3 % durchgeführt.

Abbildung 4.14 Mikroskopische Aufnahme eines durch eine Vickers-Eindringprüfung geschädigten Probekörpers aus Floatglas ($2a$ = 198,5 µm)

Ergebnisse und Auswertung

Abbildung 4.14 zeigt beispielhaft die mikroskopische Aufnahme eines geschädigten Probekörpers aus Floatglas. Hierbei sind die senkrecht aufeinander stehenden Risse zu erkennen. Es ist aber auch zu erkennen, dass sich oftmals kleine weitere Risse gebildet haben und das Risssystem nicht dem theoretischen Idealbild entspricht. Bei der weiteren Auswertung wurde dieser Effekt vernachlässigt. Die im Bild dargestellten Risse haben eine Länge von $2a$ = 198,5 µm; entsprechend beträgt die Risstiefe des halbkreisförmigen Risses a = 99,3 µm.

Die Tiefe der im Floatglas eingebrachten Risse beträgt durchschnittlich 138,6 µm mit einer Standardabweichung von 9,9 µm. Die Risse im ESG sind durchschnittlich 97,7 µm tief und weisen eine Standardabweichung von 13,0 µm auf. Die Risse, die bei den Eindringprüfungen erzeugt wurden, fallen damit im ESG bei gleicher Belastung und etwa gleich großer Standardabweichung deutlich kleiner aus. Dies lässt sich durch die Eigenspannung der Scheiben erklären, die den aus der Eindringprüfung resultierenden Zugspannungen entgegenwirken.

Die Ergebnisse der anschließend durchgeführten Biegefestigkeitsprüfungen im DRBV sind in Abbildung 4.15 dargestellt. Die mittlere Bruchspannung der Probekörper aus Floatglas betrug hierbei 43,1 MPa, die mittlere Bruchspannung der Probekörper aus ESG hat 150,8 MPa betragen.

Um aus den Messwerten den Risswachstumsparameter v_0 zu bestimmen, wurden die Messwerte mittels Fehlerquadratmethode an Gleichung Gl. (2.33) angepasst. Hierzu wurden die in Abschnitt 4.6 ermittelten Risswachstumsexponenten n verwendet. v_0 wurde so variiert, dass die Summe der Abstandsquadrate (Differenz zwischen gemessener und berechneter Bruchspannung) bei gegebener Risslänge (Messwerte) minimiert wurde.

Für das Floatglas konnte so ein Risswachstumsparameter von $v_0 = 2{,}2 \cdot 10^{-3}$ m/s und für das ESG von $v_0 = 1{,}9 \cdot 10^{-3}$ m/s abgeleitet werden. Die ermittelten Ausgleichskurven für das Floatglas und das ESG sind in Abbildung 4.15 den Messwerten gegenübergestellt. Zudem sind dem Diagramm weitere Kurven für andere Werte von v_0 hinzugefügt. Anhand dieser lassen sich die Sensitivität des Parameters v_0 und der Streubereich der Messwerte erkennen.

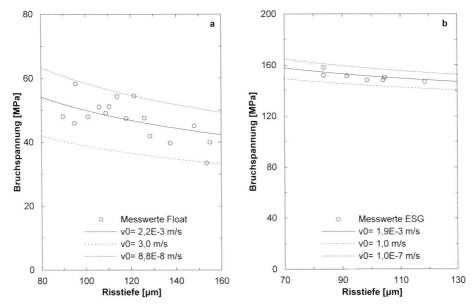

Abbildung 4.15 Bestimmung des quasi-statischen Risswachstumsparameters v_0 anhand von Biegeversuchen mit Vickers-Eindrücken vorgeschädigten Probekörper aus (a) Floatglas und (b) ESG der Charge 1

Tabelle 4.5 Ermittelte Risswachstumsparameter n und v_0

Glasart	Risswachstums-exponent n	Rissausbreitungs-geschwindigkeit v_0
[-]	[-]	[m/s]
Float	14,22	$2,2 \cdot 10^{-3}$
ESG	13,86	$1,9 \cdot 10^{-3}$

Die ermittelten Werte für v_0 fallen relativ niedrig aus, liegen aber immer noch in einem Bereich der in der Literatur zu findenden Werte. Diese reichen etwa von 10^{-5} m/s [26] bis 10^{-2} m/s [107]. Zusammen mit dem ermittelten Risswachstumsexponent von $n = 14{,}22$ für das verwendete Floatglas und $n = 13{,}86$ für das verwendete ESG decken sich die Parameter recht gut mit von Gehrke und Ullner in [106] gemessenen Werten (50 % relativer Luftfeuchte), aus denen sich ein $n = 14{,}3$ und ein $v_0 = 1{,}6 \cdot 10^{-4}$ m/s ableiten lässt.

4.8 Zusammenfassung

In diesem Kapitel wurden die Abmessungen und mechanischen Eigenschaften der für die zyklischen Prüfungen vorgesehenen Probekörper experimentell bestimmt. Unter anderem wurden die thermisch eingeprägten Oberflächendruckspannungen mit einem auf dem Streulichtverfahren basierenden Gerät (SCALP-03) bestimmt und anhand spannungsoptischer Aufnahmen die Homogenität der Eigenspannungen überprüft. Hierbei hat sich gezeigt, dass die gemessenen Oberflächendruckspannungen im üblichen Bereich für diese Glasarten liegen, die Probekörper aus TVG jedoch einen sehr inhomogenen Eigenspannungszustand aufweisen. Des Weiteren wurden der E-Modul mittels Kraft-Verformungs- bzw. Kraft-Dehnungsmessungen bestimmt und für spätere Lebensdauerprognosen die Risswachstumsparameter n und v_0 ermittelt. Der Risswachstumsparameter n wurde aus Biegezugprüfungen mit verschiedenen Spannungsraten abgeleitet und der Risswachstumsparameter v_0 aus Biegezugprüfungen an mit Vickers-Eindrücken versehenen Probekörpern zurückgerechnet.

Tabelle 4.6 zeigt eine Zusammenfassung der ermittelten Materialparameter der Probekörper. Angegeben ist jeweils der Mittelwert der Charge.

Tabelle 4.6 Zusammenfassung der mechanischen Eigenschaften der Probekörper

Materialparameter	Charge 1	Charge 2	Charge 3
	Float / TVG /ESG	Float/ ESG	ESG
Länge l [mm]	250	250	500
Breite b [mm]	250	250	100
Glasdicke d [mm]	5,93	5,93	7,79
Oberflächendruck-spannungen σ_r [MPa]	-5,7 / -58,9 / -109,2	-3,8 / -110,7	-104,8
E-Modul E [GPa]	72,7 / 73,1 / 73,0	73,7 / 73,4	68,8
Risswachstums-exponent n [-]	14,22 / - / 13,86	-	-
Risswachstums-parameter v_0 [m/s]	$2,2 \cdot 10^{-3}$ / - / $1,9 \cdot 10^{-3}$	-	-

5 Zyklische Ermüdung I

5.1 Versuchskonzept

Aus Abschnitt 2.4.7.1 geht hervor, dass zur zyklischen Ermüdung von thermisch entspanntem Kalk-Natron-Silikatglas bisher nur relativ wenige experimentelle Untersuchungen vorliegen und diese nur mit sinusförmigen Beanspruchungen bei einem Spannungsverhältnis R nahe null durchgeführt wurden. Versuche mit anderen Schwingfunktionen oder bei verschiedenen Umgebungsbedingungen, anhand derer die Gültigkeit der Risswachstumsgesetze bei zyklischer Beanspruchung im Detail überprüft werden könnte, sind in der Literatur nicht zu finden. Die Ergebnisse der bisherigen Versuche legen jedoch nah, dass die zyklische Ermüdung von Kalk-Natron-Silikatglas mit den subkritischen Risswachstumsgesetzen der statischen Ermüdung zu prognostizieren ist und damit keine zyklischen Ermüdungseffekte für den Werkstoff vorhanden sind. Aussagekräftige Untersuchungen mit thermisch vorgespanntem Kalk-Natron-Silikatglas können der Literatur nicht entnommen werden.

Mit den Versuchen in diesem und im nächsten Kapitel soll der Hauptintention dieser Arbeit nachgekommen werden. Mit einem großen experimentellen Versuchsprogramm wird das Ermüdungsverhalten von thermisch entspanntem und thermisch vorgespanntem Kalk-Natron-Silikatglas grundlegend erforscht. Die Versuche in diesen Kapiteln sind im Wesentlichen Bestandteil des durch die Deutsche Forschungsgemeinschaft (DFG) geförderten Forschungsvorhabens „Untersuchung des Verhaltens von Kalk-Natron-Silikatglas unter schwingender Belastung mit dem Ziel der Identifikation von Wöhler-Linien".

Eine Übersicht über das Versuchsprogramm und der in diesem Kapitel dargestellten Untersuchungen ist Abbildung 5.1 bis Abbildung 5.3 zu entnehmen.

Bei den Versuchen mit Floatglas (siehe Abbildung 5.1) und ESG (siehe Abbildung 5.2) wurde neben dem prinzipiellen Ermüdungsverhalten bei zyklischer Belastung auch eine vielfältige Anzahl an Randbedingungen verglichen. Mit TVG (siehe Abbildung 5.3) wurde lediglich eine Serie vorgenommen, um den Einfluss der thermischen Eigenspannungen im Vergleich zum Floatglas und ESG zu untersuchen. Die Versuchsparameter der Serien und Unterserien der Versuche mit ESG weichen teilweise von denen mit Floatglas ab. Dies hat zwei Gründe: Zum einen stand für die Versuche mit ESG nur ein etwas geringerer Probekörperumfang zur Verfügung, zum anderen wurden die Versuche mit Floatglas zuerst durchgeführt und erforderten aufgrund der Ergebnisse noch Anpassungen im Versuchsprogramm der Versuche mit ESG.

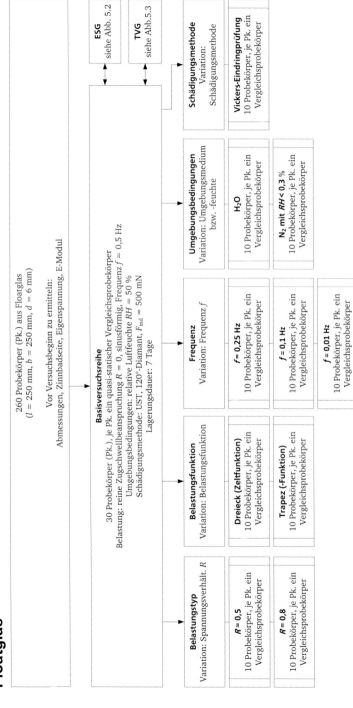

Abbildung 5.1 Übersicht über die Serien und Unterserien der zyklischen Versuche im DRBV mit Floatglas

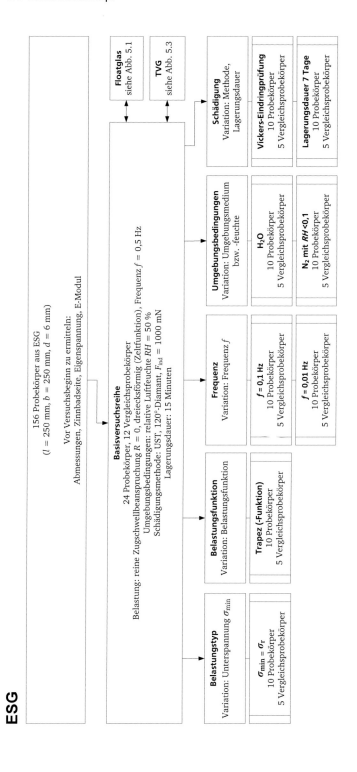

Abbildung 5.2 Übersicht über die Serien und Unterserien der zyklischen Versuche im DRBV mit ESG

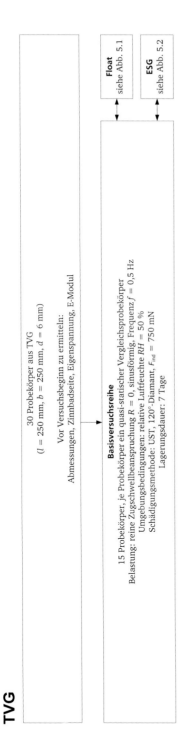

Abbildung 5.3 Übersicht über die zyklischen Versuche im DRBV mit TVG

Basisversuche

Sowohl bei den Versuchen mit Floatglas als auch bei den Versuchen mit ESG wurde zunächst anhand von *Basisversuchsreihen* der prinzipielle Zusammenhang zwischen Oberspannung σ_{max} und der Lebensdauer t_{fc} untersucht. Für die Basisversuchsreihen wurden jeweils 30 Probekörper vorgesehen. Bei diesen Versuchen wurden alle Parameter außer der Oberspannung konstant gehalten.

Einflussgrößen

Um die verschiedenen *Einflussgrößen* auf die Dauerschwingfestigkeit zu untersuchen, wurden danach Versuchsreihen zum Einfluss des Belastungstyps, der Belastungsfunktion, der Frequenz, der Umgebungsbedingungen und der Schädigungsmethode durchgeführt. Hierbei wurde jeweils ein Parameter gegenüber der Basisversuchsreihe verändert und dann in gleicher Weise die zyklische Ermüdungsfestigkeit in Abhängigkeit der Oberspannung untersucht. Für die Unterserien wurden jeweils 10 Probekörper vorgesehen.

Änderung mechanischer Eigenschaften

Um zu überprüfen, ob sich die mechanischen Eigenschaften durch die schwingende Beanspruchung verändern, wurde eine getrennte Versuchsreihe vorgenommen, bei der die Oberflächendruckspannungen sowie der *E*-Modul vor und nach einer Dauerschwingprüfung gemessen wurde.

Definierte Vorschädigung

Bei Voruntersuchungen hat sich gezeigt, dass bei Dauerschwingversuchen mit nicht vorgeschädigtem Floatglas und ESG eine hohe Anzahl an Durchläufern anfällt und sich bei den gebrochenen Probekörpern eine sehr große Streuung der Lebensdauer bei gleicher Belastung im Dauerschwingversuch einstellt. Daher schien mit dem angesetzten Umfang an Probekörpern insbesondere ein signifikanter Vergleich der Einflussfaktoren auf die zyklische Ermüdung der Probekörper und die Ableitung von Ermüdungsfestigkeitslinien nicht möglich. Die Glasfestigkeit wird durch Oberflächendefekte verschiedener Ursachen bestimmt. Entsprechend sind Anzahl, Tiefe, Größe, Lage und Orientierung der Oberflächendefekte variierende Größen, die zu einer hohen Streuung der Festigkeit der Einzelscheiben führen. Bezogen auf die zyklische Ermüdung bedeutet dies, dass eine Scheibe, die einer gleichen Schwingbelastung im Dauerschwingversuch ausgesetzt ist, rechnerisch nach einigen Sekunden (5 %-Quantil) oder auch erst nach vielen Monaten (95 %-Quantil) versagen kann. Um trotz dieses Effekts Untersuchungen mit aussagekräftigen Ergebnissen durchzuführen, wurden folgende Versuchsprinzipien angewandt:

- Die Probekörper wurden mit einem Riss definiert vorgeschädigt, der zu einer Bruchspannung führt, die dem charakteristischen 5 %-Quantilwert von Floatglas entspricht (beim ESG und TVG ist dieser Wert die Zielgröße der um die Eigenspannungen reduzierten, effektiven Bruchspannung 45 MPa + $|\sigma_r|$). Hier-

durch wird die Streuung der Festigkeit reduziert und Versuche mit den angesetzten Probekörperumfängen werden so erst ermöglicht.

- Für jeden zyklisch geprüften Probekörper, der im Dauerschwingversuch geprüft
  wurde, wurde ein Vergleichsprobekörper quasi-statisch belastet. Hierdurch war
  gewährleistet, dass bei der definierten Vorschädigung der Probekörper signifikante Änderungen, die z.B. durch das Abnutzen der zur Schädigung verwendeten Diamanten entstehen können, erkennbar werden. Zudem wird ein direkter
  Vergleich zwischen der quasi-statischen und der zyklischen Festigkeit möglich.

Bei den Versuchen mit Floatglas wurde für jeden Probekörper ein Vergleichsprobekörper vorgesehen, bei den Versuchen mit ESG für jeden zweiten Probekörper.

5.2 Probekörper

Für die Versuche wurden insgesamt 270 quadratische Probekörper aus thermisch entspanntem (Floatglas) und vorgespanntem (ESG, TVG) Kalk-Natron-Silikatglas mit einer
Breite von $b = 250$ mm und einer Nenndicke von $d = 6$ mm verwendet. Eine detailliertere Beschreibung der Probekörper ist Abschnitt 4.2 und eine Zusammenstellung der ermittelten mechanischen Eigenschaften Abschnitt 4.8 zu entnehmen.

5.3 Versuchsaufbau

Die in diesem Kapitel beschriebenen Versuche wurden im Doppelring-Biegeversuch
(DRBV) durchgeführt. Der DRBV ist ein standardisiertes Verfahren [108, 109] zur Bestimmung der Biegezugfestigkeit von Gläsern und Keramiken. Während Biegebalken (3-
Punkt-Biegeversuch, 4-Punkt-Biegeversuch) aus Glas meist von den Kanten her brechen, da die unbearbeiteten sowie bearbeiteten Kanten produktionsbedingt meist größere
Defekte aufweisen als die Oberfläche, geht der Bruchursprung beim DRBV normaler-
weise von der Fläche aus.

Beim DRBV wird der üblicherweise quadratische, seltener runde Probekörper auf einen Stützring aufgelegt und der Probekörper dann durch einen kleineren Lastring zentrisch belastet. Abbildung 5.4 zeigt den bei den Versuchen verwendeten DRBV.

Die Spannungen, die beim DRBV entstehen, sind rotationssymmetrisch. Das Maximum der Spannungen entsteht innerhalb des Lastrings. Die Spannungen unterhalb des
Lastrings sind nahezu konstant und nehmen zum Stützring linear auf annähernd null ab.
Für einen kreisförmigen Probekörper mit dem Radius r_3 können für kleine Verformungen (Vernachlässigung der Effekte aus Theorie II. Ordnung) die maximalen Tangential-

und Radialspannungen in Abhängigkeit der Belastung F, der Dicke d, des Stützringradius r_1, des Lastringradius r_2 und des Radius des Probekörpers mit der folgenden analytischen Gleichung [24] berechnet werden:

$$\sigma_{\text{rad, tan}} = \frac{3\,(1+v)}{2\,\pi}\left(\ln\frac{r_2}{r_1} + \frac{(1-v)}{(1+v)}\cdot\frac{r_2{}^2 - r_1{}^2}{2\,r_3{}^2}\right)\frac{F}{d^2} \tag{5.1}$$

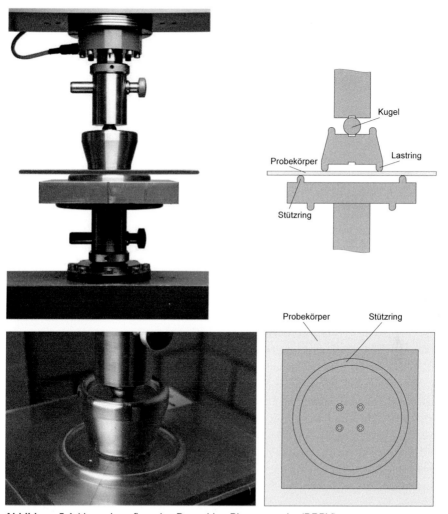

Abbildung 5.4 Versuchsaufbau des Doppelring-Biegeversuchs (DRBV)

Für rechteckige Scheiben, wie sie hier für die Versuche verwendet werden, existiert keine analytische Lösung. Die auftretenden Spannungen und Verformungen werden aus diesem Grund mit Hilfe von Finite-Elemente-Berechnungen (siehe Abschnitt 5.4) ermittelt.

Die Dauerschwingversuche wurden in einem DRBV in einer *Allround-Line* Tisch-Prüfmaschine (*Z050 THW*) der Firma *Zwick* durchgeführt. Für die Versuche mit Floatglas wurde ein DRBV mit einem Lastringradius von $r_1 = 40$ mm und einem Stützringradius von 80 mm verwendet. Für die Versuche mit ESG wurden aufgrund der höheren Belastungen der Last- und Stützring jeweils um 180° gedreht eingebaut (siehe Abbildung 5.4) und die Versuche so mit einem Lastringradius von $r_1 = 30$ mm und einem Stützringradius von 60 mm durchgeführt.

Die Probekörper werden durch eine Markierung zentrisch auf den Stützring gelegt. Der Lastring ist mit einer Aussparung versehen, um die Last über eine Kugel in den Lastring einzuleiten. Hierdurch ist der Lastring stets zentrisch ausgerichtet und ein gelenkiger Anschluss an den Lastring garantiert.

5.4 Finite-Elemente-Simulation

Um die bei den Versuchen im DRBV auftretenden Spannungen im Glas zu berechnen, die Lastraten für die Versuche zu bestimmen und den *E*-Modul der Probekörper aus Dehnungsmessungen im DRBV ableiten zu können, wurden die in dieser Arbeit verwendeten DRBV in einem Finite-Elemente-Modell mit dem Programm Ansys Workbench 14.5 [110] abgebildet.

Die Probekörper wurden unter Ausnutzung der doppelten Symmetrie als Viertelscheibe abgebildet. Die Viertelscheibe wurde in drei Teilkörpern (Lastring, Stützring-Lastring, Kante-Stützring) aufgeteilt, die mit Volumenelementen vernetzt und durch eine Kontaktformulierung („voller Verbund") verbunden wurden. Der Stützring wurde durch eine einwertige Linienlagerung auf der Scheibenunterseite, der Lastring durch eine Linienbelastung auf der Oberseite idealisiert (siehe Abbildung 5.5). In den Symmetrieebenen wurden Symmetrierandbedingungen (Verschiebungsbehinderung normal zu den Symmetrieebenen und Verhinderung der Verdrehung um die Symmetrieachsen) eingeführt.
Zur Berechnung wurden quaderförmige und prismatische Elemente des Typs „Solid186" verwendet (siehe Abbildung 5.6). Hierbei handelt es sich um ein Element höherer Ordnung mit quadratischem Verschiebungsansatz. Das Elementnetz wurde durch den programminternen automatischen Vernetzer erstellt. Die Feinheit des Netzes wurde anhand einer Konvergenzstudie festgelegt. Die Abmessungen der Probekörper wurden gemäß den Mittelwerten der Messungen nach Abschnitt 4.3 und die Materialparameter entsprechend Abschnitt 4.8 vorgegeben. Zur Berechnung wurden zwei Modelle mit unterschiedlichen Abmessungen des Stütz- und Lastrings erstellt, da für die Versuche mit Floatglas und die Versuche mit ESG unterschiedliche Abmessungen verwendet wurden.

Beim Floatglas betrug der Radius des Lastringes r_1 = 40 mm und der Radius des Stütz-
ringes r_2 = 80 mm (DRBV-40/80); beim ESG war r_1 = 30 mm und r_2 = 60 mm (DRBV-
30/60). Abbildung 5.7 zeigt das Elementnetz der Viertelscheibe des DRBV-30/60 und
das des DRBV-40/80.

Die Berechnung wurde unter Berücksichtigung großer Verformungen durchgeführt.
Das Eigengewicht der Probekörper wurde nicht berücksichtigt, da auch in den späteren
Messungen der Anteil aus Eigengewicht vernachlässigt wurde.

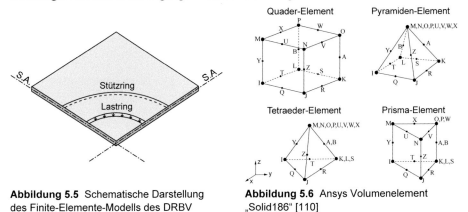

Abbildung 5.5 Schematische Darstellung
des Finite-Elemente-Modells des DRBV

Abbildung 5.6 Ansys Volumenelement
„Solid186" [110]

In Abbildung 5.8 und Abbildung 5.9 sind die Ergebnisse der Finite-Elemente-
Berechnungen des DRBV-40/80 und des DRBV-30/60 dargestellt. Abbildung 5.8(a) und
(b) zeigen die Verformungen w quer zur Scheibe, Abbildung 5.8(c) und (d) die maximalen Hauptzugspannungen auf der Scheibenunterseite bei einer Belastung von 10.000 N.
Anhand dieser Darstellungen sind die Vorteile des DRBV zu erkennen: Innerhalb des
Lastrings stellt sich ein nahezu konstantes Zugspannungsfeld ein. Das Spannungsfeld
nimmt zum Stützring stark ab und die Randbereiche unterliegen nur einer untergeordne-
ten Beanspruchung.

Des Weiteren ist anhand des Verlaufs der maximalen Hauptzugspannungen (Pfad
entlang der Symmetrieachse auf der Unterseite der Scheibe) in Abbildung 5.9 zu erkennen, dass sich im Einflussbereich der Lastschneide gegenüber der Scheibenmitte ein
geringfügig höherer Wert der maximalen Hauptzugspannung einstellt. Für die Untersuchungen in dieser Arbeit ist hauptsächlich der Wert in Scheibenmitte von Interesse. An
dieser Stelle wurden die Probekörper definiert vorgeschädigt sowie Dehnmessstreifen
aufgeklebt, anhand derer der E-Modul der Probekörper bestimmt wurde.

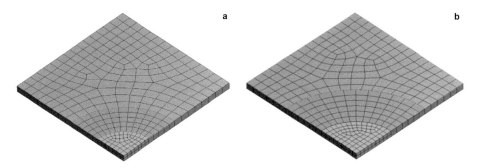

Abbildung 5.7 Vernetzung der Viertelscheibe des Finite-Elemente-Modells: (a) DRBV-30/60, (b) DRBV-40/80

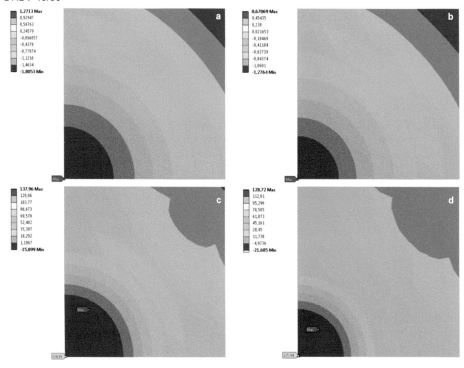

Abbildung 5.8 Ergebnisse der Finite-Elemente-Berechnung bei einer Belastung mit 10.000 N: Verformungen w im DRBV-40/80 (a) und im DRBV-30/60 sowie maximale Hauptzugspannung im DRBV-40/80 (c) und im DRBV-30/60 (d)

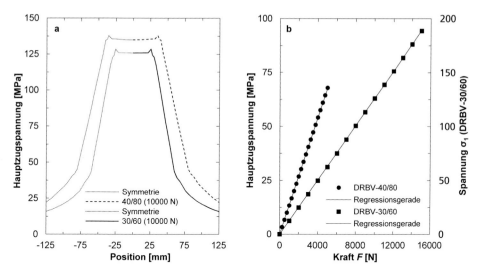

Abbildung 5.9 Ergebnisse der Finite-Elemente-Berechnung: (a) Verlauf der Hauptzugspannungen im Schnitt (durch Zentrum); (b) Zusammenhang zwischen Kraft und Hauptzugspannungen

Um von der Bruchkraft im DRBV auf die Bruchspannung schließen zu können und nicht für jeden Probekörper eine eigene Finite-Elemente-Berechnung vornehmen zu müssen, wurde im vorgesehenen Belastungsbereich eine Reihe von Finite-Elemente-Simulationen mit verschiedenen Belastungen durchgeführt und ausgewertet. Für die Versuche mit Floatglas (DRBV-40/80) wurde die Berechnung für Kräfte von bis zu 5000 N in 333 N-Schritten und für die Versuche mit ESG für Kräfte von bis zu 15.000 N in 1000 N-Schritten vorgenommen. Die Ergebnisse sind in Abbildung 5.9(b) dargestellt. Es ist zu erkennen, dass die Spannung in diesen Bereichen nahezu linear ansteigt. Die Werte wurden mittels linearer Regression angepasst und daraus Gl. (5.2) für den DRBV-40/80 und Gl. (5.3) für den DRBV-30/60 zur Bestimmung der Spannung abgeleitet:

$$\sigma = F \cdot 0{,}0135 \ \frac{\text{MPa}}{\text{N}} \tag{5.2}$$

$$\sigma = F \cdot 0{,}0126 \ \frac{\text{MPa}}{\text{N}} \tag{5.3}$$

Die Regressionskoeffizienten der linearen Anpassung bestätigen mit Werten von $R = 0{,}99$ den linearen Zusammenhang im ausgewerteten Lastbereich. Für Belastungen, die über den untersuchten Bereich hinausgehen, sind die Gleichungen aufgrund des zunehmenden nichtlinearen Anteils nicht gültig.

5.5 Durchführung

5.5.1 Allgemeines

Die Durchführung der Versuche wurde entsprechend dem in Abbildung 5.10 dargestellten Ablaufdiagramm vorgenommen. Zunächst wurden die Zinnbad- und die Luftseite der Probekörper bestimmt. Anschließend wurden die Probekörper auf der Zinnbadseite mit einer selbstklebenden Folie und auf der Luftseite mit einer definierten Vorschädigung versehen. Die Schädigung wurde im Wechsel in einen Probekörper und in einen ihm zugeordneten Vergleichsprobekörper eingebracht. Nach einer Lagerungsdauer von einer Woche wurden zunächst der Vergleichsprobekörper einer Biegezugfestigkeitsprüfung und anschließend der Probekörper einem Dauerschwingversuch unterzogen. War der Probekörper im Dauerschwingversuch gebrochen, wurde der Bruchursprung mikroskopisch überprüft. Ging der Bruch nicht von der eingebrachten Vorschädigung aus, wurde der Probekörper aussortiert. Anschließend wurde die Laststufe für die nächste Dauerschwingprüfung festgelegt.

Im Folgenden werden die einzelnen Schritte dieses Ablaufs detailliert beschrieben.

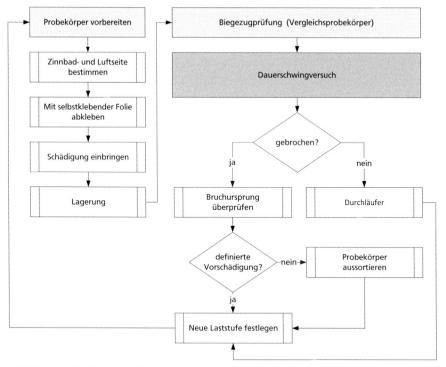

Abbildung 5.10 Versuchsablauf der zyklischen Versuche im DRBV

5.5.2 Zinnbad- und Luftseite

Beim Floatprozess diffundieren auf der Zinnbadseite Zinnionen in das Glasgefüge [111].
Diesen wird in verschiedenen Untersuchungen [112–114] immer wieder ein Einfluss auf
die Festigkeitseigenschaften des Glases zugesagt. Anhand eigener experimenteller Untersuchungen an definiert vorgeschädigten Probekörpern konnte jedoch nur ein geringer
Effekt festgestellt werden (siehe Anlage C.13).

Um einen Einfluss der Zinnbad- und Luftseite auf die Versuche vollständig auszuschließen, wurden an allen verwendeten Probekörpern die Zinnbad- und die Luftseite
bestimmt. Hierzu wurden die Probekörper mit kurzwelligem ultraviolettem Licht be-
strahlt und die Zinnbadseite dann anhand des weißen Schimmers der Zinn-Ionen identi-
fiziert. Als Prüfseite wurde ausschließlich die Luftseite gewählt. Entsprechend liegt
diese bei den Prüfungen in der Zugzone und besitzt in der Mitte die später definiert eingebrachte Vorschädigung.

5.5.3 Abkleben der Probekörper

Die eingebrachten Schädigungen sollten etwa dem 5 %-Quantilwert von Floatglas entsprechen. Demnach ist bei den Versuchen bei etwa 5 % der Brüche davon auszugehen,
dass deren Bruchausgang nicht von der eingebrachten Schädigung ausgeht. Damit der
Bruchursprung nach der Prüfung festgestellt werden kann, wurde die Zinnbadseite, die
bei den Prüfungen in der Druckzone liegt, im Bereich des Lastrings mit einer selbstklebenden Folie abgeklebt.

5.5.4 Schädigung

Zur Minimierung der Streuung wurden die Probekörper definiert vorgeschädigt. Hierzu
wurde mit einem Universal Surface Tester (UST-1000, siehe Abbildung 5.11) der Firma
Innowep ein Riss in den Probekörper initiiert. Das UST-1000 ist ein Oberflächenprüfgerät, mit dem Oberflächen dreidimensional mit einer Messgenauigkeit von 60 nm abgetastet werden können. Es besteht aus einem hochpräzisen X-Y-Tisch und einem Taster,
der mit verschiedenen Tastspitzen bestückt und mit einer Kraft von 10 mN bis 1000 mN
belastet werden kann. Hierdurch können neben topografischen Messungen Härte- oder
Rauigkeitsmessungen durchgeführt, aber auch Eindrücke sowie Kratzer in Oberflächen
eingebracht werden. Beim Kratzen auf Gläsern entsteht dabei eine sogenannte Kratzfurche, unter der weitaus tiefere, sehr spitze, mechanisch nicht messbare Tiefenrisse und
Lateralrisse entstehen (siehe Abbildung 5.11).

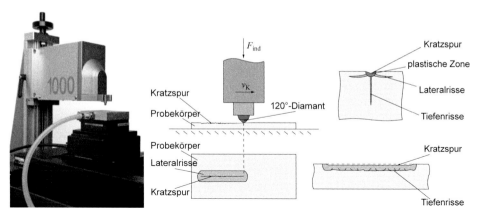

Abbildung 5.11 Definierte Vorschädigung mit dem UST-1000

Zur Risseinbringung wurde der Probekörper zentrisch unter der Tastspitze des UST ausgerichtet und mit einem Unterdruckprobenhalter auf dem X-Y-Tisch des UST-1000 befestigt. Für die Schädigung wurde ein konischer Diamant mit einem Öffnungswinkel von 120° verwendet, der mit einer Eindringkraft von $F_{\text{ind}} = 500$ mN in die Oberfläche eingedrückt wurde. Die Länge der Kratzer wurde auf 2 mm festgelegt und mit einer Geschwindigkeit von 1 mm/s eingebracht (vgl. Kapitel0).

Die Parameter zur definierten Vorschädigung (siehe Tabelle 5.1) wurden so festgelegt, dass die Bruchspannung bei einer Biegezugfestigkeitsprüfung etwa dem 5 %-Quantilwert der Bruchspannung von Floatglas (45 MPa) entspricht. Beim ESG und TVG ist dieser Wert die Zielgröße der um die Eigenspannungen reduzierten, effektiven Bruchspannung (45 MPa + $|\sigma_r|$). Hierdurch wird gewährleistet, dass die Risstiefe der eingebrachten Kratzer der Risstiefe von im Bauwesen üblichen Schädigungen entspricht. Bei Vergleichen mit realen Oberflächenschäden von verwendeten Fassadenscheiben hatte sich zudem gezeigt, dass die mit einem 120°-Diamant eingebrachten Kratzer mit realen Kratzern vergleichbar sind [37, 96–98]. Weiterhin hatte sich gezeigt, dass diese gut reproduzierbar sind.

Tabelle 5.1 Parameter der definierten Vorschädigung mit dem UST-1000

Parameter der definierten Vorschädigung	
Tastspitze	konischer 120°-Diamant
Eindringkraft F_{ind}	500 mN
Kratzgeschwindigkeit v_k	1 mm/s
Kratzerlänge l_k	2 mm
Temperatur T	22 ± 2
relative Luftfeuchtigkeit RH	50 % ± 3 %

5.5.5 Lagerung

Nach der Schädigung wurden die Probekörper über einen Zeitraum von 7 Tagen gelagert (siehe Abbildung 5.12). Die relative Luftfeuchte wurde hierbei über die gesamte Lagerungsdauer bei 50 ± 3 %. gehalten. Durch die Lagerung werden Alterungs-Einflüsse auf die Festigkeit reduziert, die sich z.B. durch das Ausrunden der Rissspitze oder den Abbau von Spannungen aus der Rissinitiierung am Rissgrund ergeben (siehe Abschnitt 2.4.9).

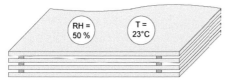

Abbildung 5.12 Lagerung der Probekörper nach der definierten Vorschädigung

5.5.6 Biegezugfestigkeitsprüfung

Zu jedem Probekörper (bzw. jedem zweiten Probekörper), der im Dauerschwingversuch geprüft wurde, wurde ein Vergleichsprobekörper einer Biegezugfestigkeitsprüfung mit einer konstanten Spannungsrate unterzogen. Die Probekörper und die zugehörigen Vergleichsprobekörper wurden jeweils im Wechsel geschädigt und im Wechsel geprüft. Hierdurch wurde sichergestellt, dass eine Veränderung der eingebrachten Schädigung anhand der Vergleichsprobekörper erkennbar wird und sich diese dann durch den direkten Vergleich der einzelnen Probekörper mit ihren Vergleichsprobekörpern eliminiert. Eine Veränderung der eingebrachten Risse kann zum Beispiel durch die Abnutzung (Vergrößerung der Spitzenausrundung) des verwendeten Diamanten hervorgerufen werden.

Die Vergleichsprüfungen wurden im selben Versuchsaufbau wie die Dauerschwingprüfungen und unter gleichen Versuchsbedingungen durchgeführt. Hierzu wurde eine
kraftgesteuerte Prüfvorschrift mit einer konstanten Lastrate von 148,15 N/s (Floatglas,
DRBV-40/80) bzw. von 158,80 N/s (ESG und TVG, DRBV-30/60), die jeweils Spannungsraten von 2 MPa/s entsprechen, verwendet.

5.5.7 Dauerschwingversuche

Die Dauerschwingversuche wurden in einem DRBV (siehe Versuchsaufbau) mit verschiedenen Belastungstypen, Belastungsfunktionen und Frequenzen entsprechend den
im Versuchsprogramm festgelegten Parametern durchgeführt. Die Versuche wurden
hierbei entweder bis zum Bruch der Scheiben oder bis zu einer maximalen Versuchsdauer von 10^5 s (≈ 28 Stunden) durchgeführt.

Um möglichst den gesamten Bereich der Ermüdungskurve mit einer möglichst kleinen Anzahl an Probekörpern und einer möglichst geringen Anzahl an Durchläufern
abzubilden, wurde die Laststufe (Oberspannung σ_{max}) nach jedem Versuch anhand der
bis dahin festgestellten Bruchzeitpunkte neu festgelegt.

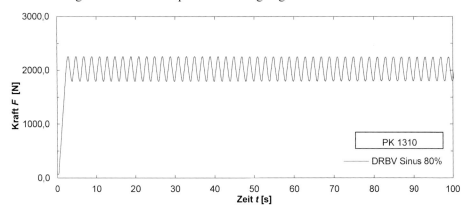

Abbildung 5.13 Beispielhafte Kraft-Zeit-Messkurve einer Dauerschwingprüfung

Für die Ergebnisse der Versuche ist es besonders wichtig, dass die Oberspannung bei
jedem Schwingspiel gleich hoch ist. Um beispielsweise den Einfluss der auftretenden
zeitabhängigen Verformungen der aufgebrachten Folie, des Versuchsaufbaus und der
Kraftmessdose auszugleichen und ein sauberes Anfahren der Belastungsfunktionen zu
gewährleisten, wurde eine Prüfvorschrift in der vom Prüfmaschinenhersteller mitgelie-
ferten Skriptsprache ZIMT programmiert. Mit dieser Prüfvorschrift wird die Prüfung
weggesteuert vorgenommen und dabei die Kraftmaxima und –minima der einzelnen
Zyklen überprüft und auch bei einer geringen Änderung für die folgenden Schwingspiele
in-situ angepasst. Zudem wird mit der Prüfvorschrift auf den beschränkten Messwert-

speicher der Prüfsoftware reagiert und nur ausgewählte Schwingspiele werden hochauf-
gelöst aufgenommen. Abbildung 5.13 zeigt beispielhaft den Ausschnitt eines Kraft-Zeit-
Verlaufs einer Dauerschwingprüfung mit einer Sinus-Belastung.

5.6 Vergleichsprobekörper

Ergebnisse

Bei der definierten Vorschädigung der Probekörper sollten Risse eingebracht werden,
die dem charakteristischen 5 %-Quantilwert der Bruchspannung von Floatglas (45 MPa)
bzw. für TVG und ESG einem korrespondierenden Effektivwert (45 MPa + $|\sigma_r|$) entspre-
chen. Abbildung 5.14 zeigt die Ergebnisse der quasi-statischen Biegezugfestigkeitsprüfungen der Vergleichsprobekörper. Bei diesen konnte ein Mittelwert der Bruchspannung
von $\sigma_{fqs} = 45,2$ MPa mit einem Variationskoeffizient von 0,07 MPa für das Floatglas, ein
Mittelwert von $\sigma_{fqs} = 169,5$ MPa ($\sigma_r = 109,4$ MPa) mit einem Variationskoeffizient von
0,07 MPa für das ESG und ein Mittelwert von $\sigma_{fqs} = 104,4$ MPa ($\sigma_r = 59,7$ MPa) mit
einem Variationskoeffizient von 0,16 MPa für das TVG ermittelt werden. Damit konnten
die Zielgröße der charakteristischen Biegefestigkeit von 45 MPa beim Floatglas und von
45 MPa + $|\sigma_r|$ = 104,7 MPa beim TVG erreicht werden. Beim ESG weicht der Wert
etwas von der Zielgröße von 45 MPa + $|\sigma_r|$ = 167,0 MPa ab. Eine geringere Biegefestig-
keit konnte mit dem UST nicht erreicht werden, da die Schädigung bereits mit der maximal möglichen Eindringlast des UST von $F_{ind} = 1000$ mN vorgenommen wurde.

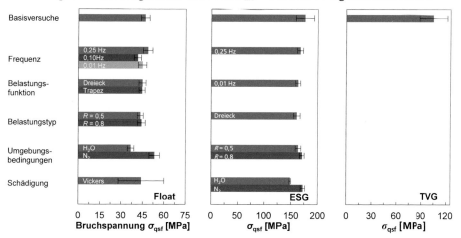

Abbildung 5.14 Ergebnisse der Biegezugfestigkeitsprüfungen mit den Vergleichsprobekörpern
(Mittelwert und Standardabweichung)

Auch bei der Schädigung mittels Vickers-Eindringprüfung wurde die Zielgröße erreicht. Beim Floatglas wurde ein Mittelwert von $\sigma_{fqs} = 44{,}0$ MPa und beim ESG ein Wert von $\sigma_{fqs} = 148{,}5$ MPa ermittelt. Beim ESG liegt der Effektivwert entsprechend etwas unter der angestrebten Zielgröße.

5.7 Basisversuche

Allgemein

Mit den Basisversuchen (BV) sollte das prinzipielle zyklische Ermüdungsverhalten, der Zusammenhang zwischen Oberspannung σ_{max}, Schwingspielzahl N und Lebensdauer t_{fc} untersucht werden. Hierzu wurden jeweils eine Serie mit Floatglas, ESG und TVG durchgeführt, sodass sich durch den Vergleich dieser Versuchsreihen auch der Einfluss der thermischen Vorspannung des Glases beurteilen lässt.

Tabelle 5.2 Übersicht der Versuchsparameter der Dauerschwingversuche der Basisversuchsreihen

Belastungsfunktion	Belastungstyp	R	f	RH	Schädigungs-methode	t_L
Sinus (Float), Dreieck (ESG, TVG)	reine Zugschwell-beanspruchung	0,0	0,5 Hz	50 %	UST, 120° Diamant	7 d

Durchführung

Die Dauerschwingversuche wurden wie in Abschnitt 5.5.7 beschrieben durchgeführt. Bei sonst festen Versuchsparametern (Tabelle 5.2) wurde lediglich die Oberspannung der zyklischen Belastung variiert. Für das Floatglas wurde hierbei eine Sinusschwingung und für die Versuche mit ESG und TVG eine Dreieckschwingung verwendet.

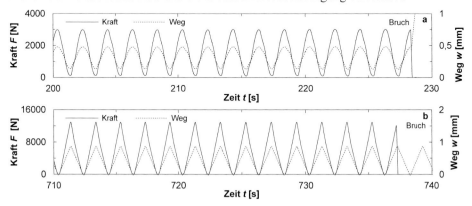

Abbildung 5.15 Ausschnitte von Kraft- und Weg-Zeit-Verläufen von Dauerschwingversuchen der Basisversuchsreihen: (a) Floatglas (PK 1022, t_{fc} = 228 s) und (b) ESG (PK 1002, t_{fc} = 737 s)

Ergebnisse

Abbildung 5.15 zeigt Ausschnitte der gemessenen Kraft-Zeit- und Weg-Zeit-Verläufe. Der Weg w stellt hierbei den Maschinenweg und somit die vertikale Verformung der Glasscheibe unterhalb des Lastrings dar. In diesen wie auch in den in diesem Kapitel dargestellten weiteren Verläufen ist zu erkennen, dass die Zyklen, insbesondere die Oberspannung, durch die verwendeten Prüfvorschiften präzise angefahren wurden.

Bei den 30 untersuchten Probekörpern aus Floatglas sind vier Durchläufer und zwei Probekörper mit einem anderen Bruchursprung als der definierten Vorschädigung aufgetreten, beim ESG zwei Durchläufer sowie zwei Probekörper mit abweichendem Bruchursprung bei einer Gesamtanzahl von 24 Probekörpern, beim TVG drei Durchläufer und drei Probekörper mit falschem Bruchursprung bei 20 Probekörpern.

Die Ergebnisse der Dauerschwingversuche der Basisversuchsreihen sind in Abbildung 5.16 dargestellt. Entsprechend dem Versuchskonzept ist in den Diagrammen jeweils das Verhältnis aus Oberspannung σ_{max} und der mittleren Bruchspannung der Vergleichsprobekörper σ_{fqs} gegenüber der im Versuch erzielten Lebensdauer t_{fc} aufgetragen. Die mittleren Bruchspannungen, die sich bei den Biegezugfestigkeitsprüfungen der Vergleichsprobekörper der Basisversuche ergeben haben, betragen $\sigma_{fqs} = 46{,}6$ MPa (Floatglas), $\sigma_{fqs} = 176{,}1$ MPa (ESG) und $\sigma_{fqs} = 104{,}4$ MPa (TVG). Die detaillierten Einzelwerte der Biegezugfestigkeitsprüfungen sowie der Dauerschwingprüfungen können den Tabellen im Anhang B.4 entnommen werden. Neben den Messdaten ist den Diagrammen eine Regressionsgerade zu entnehmen, die mittels linearer Regression an die Ergebnisse angepasst wurde. Zur Beurteilung der Streuung und der Steigung wurden zusätzlich die Konfidenzintervalle sowie Prädiktionsintervalle mit einer Aussagewahrscheinlichkeit von jeweils $P = 95$ % dargestellt. Sie werden auch für die Ableitung von Bemessungswerten am Ende der Arbeit benötigt. Die Grundlagen der Berechnung der Regressionsgeraden und der Intervalle sind Abschnitt 2.6 zu entnehmen.

Anhand der Ergebnisse der Basisversuchsreihen ist der Einfluss der zyklischen Belastung auf die Festigkeit deutlich zu erkennen:

- Unabhängig von der Glasart beträgt die Lebensdauer bei zyklischer Beanspruchung mit einer Oberspannung in Höhe der statischen Biegefestigkeit ($\sigma_{max} = \sigma_{fqs}$) etwa $t_{fc} = 1$ s. Dies kann direkt anhand des Regressionsparameters α, der dem Achsenabschnitt entspricht, abgelesen werden, der mit $\alpha = 0{,}9976$ (Floatglas), $\alpha = 0{,}9958$ (ESG) und $\alpha = 1{,}0078$ (TVG) nahezu 1 beträgt.

- Beim Floatglas tritt bei einer Belastung mit $\sigma_{max} = 0{,}716 \cdot \sigma_{fqs}$ ein Bruch bereits nach etwa 10^3 s auf. Bei einer Belastungsdauer von 10^5 s sinkt die ertragbare Oberspannung entsprechend der Regression auf etwa $0{,}528 \cdot \sigma_{fqs}$ ab. Der späteste Bruch wurde bei einer Belastung mit $\sigma_{max} = 0{,}57 \cdot \sigma_{fqs}$ nach einer Belastungsdauer von $3{,}2 \cdot 10^4$ s festgestellt. Die vier Durchläufer, die den Dauerschwingversuch überstanden haben, wurden mit $\sigma_{max} = 0{,}51{\cdot}\sigma_{fqs}$, $0{,}51{\cdot}\sigma_{fqs}$, $0{,}57{\cdot}\sigma_{fqs}$ und $0{,}72{\cdot}\sigma_{fqs}$ belastet.

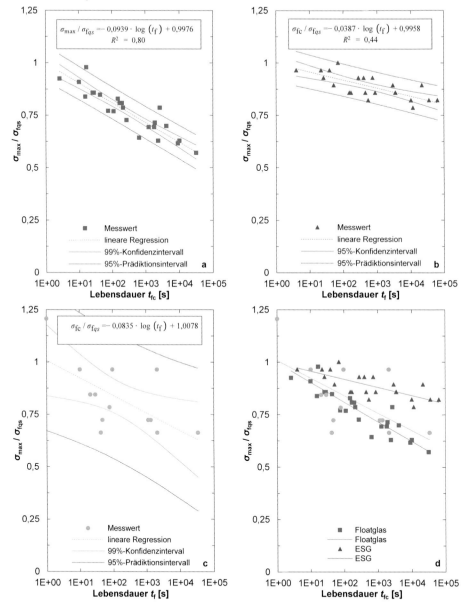

Abbildung 5.16 Ergebnisse der Basisversuchsreihen und Anpassung der Messwerte mittels linearer Regression: (a) Floatglas, (b) ESG, (c) TVG und (d) Vergleich zwischen Floatglas, ESG, und TVG; Verhältnis aus Oberspannung σ_{max} und mittlerer Bruchspannung der Vergleichsprobekörper σ_{fqs}, aufgetragen gegen die im Schwingversuch erreichte Lebensdauer t_{fc}

- Beim ESG sinkt die ertragbare Oberspannung nach 10^3 s auf $0{,}88 \cdot \sigma_{fqs}$ und nach 10^5 s auf $0{,}802 \cdot \sigma_{fqs}$ ab. Der späteste Bruch trat bei einer Belastung von $\sigma_{max} = 0{,}82 \cdot \sigma_{fqs}$ nach $6{,}4 \cdot 10^4$ s auf; die Durchläufer wurden einer Belastungen von $\sigma_{max} = 0{,}79 \cdot \sigma_{fqs}$ und $0{,}82 \cdot \sigma_{fqs}$ ausgesetzt.

- Der Einfluss der zyklischen Ermüdung bezogen auf die quasi-statische Biegezugfestigkeit fällt für thermisch entspanntes Kalk-Natron-Silikatglas (Floatglas) somit wesentlich größer aus als für thermisch vorgespanntes Kalk-Natron-Silikatglas (ESG). Dies geht vermutlich auf die thermisch eingeprägte Eigenspannung σ_r im ESG zurück. Bei geringer Belastung ($\sigma_{max} < \sigma_r$) sind die Risse und Oberflächendefekte überdrückt bzw. der resultierende Spannungsintensi­tätsfaktor aus Belastung und Eigenspannung negativ, wodurch kein Risswachs­tum auftritt. Für höhere Belastungen ($\sigma_{max} > \sigma_r$) ergibt sich ein um die Eigenspannung verringerter Spannungsintensitätsfaktor mit entsprechend geringerem Risswachstum. Dies wird insbesondere dann deutlich, wenn man die Lebensdauer statt gegen das Verhältnis aus $\sigma_{max}/\sigma_{fqs}$ gegen das um die thermisch eingeprägte Eigenspannung reduzierte Verhältnis ($\sigma_{max} - \sigma_r$)/($\sigma_{fqs} - \sigma_r$) aufträgt (siehe Abbildung 5.17). Die Regressionsgeraden des Floatglases und des ESG fallen bei dieser Auftragung der Daten zusammen. Die ertragbare Oberspannung sinkt bei einer Belastungsdauer von 10^5 s nach dieser auf einen Wert von $0{,}462 \cdot (\sigma_{fqs} - \sigma_r)$ ab.

- Die Regressionsgerade der Versuche mit den Gläsern aus TVG ordnet sich, wie zu erwarten, zwischen den Ausgleichsgeraden des Floatglases und des ESG an. Die Streuung der Messwerte um die Ausgleichsgerade ist jedoch deutlich höher als beim Floatglas und beim ESG. Einzelwerte ordnen sich sowohl unterhalb der Ausgleichsgeraden des Floatglases als auch oberhalb der Ausgleichsgeraden des ESG an, sodass das Konfidenzintervall deutlich breiter ausfällt und die ermittelte Steigung der Regressionsgeraden mit einer großen Unsicherheit behaftet ist. Die Streuung lässt sich jedoch leicht mit der inhomogenen Eigenspannungsverteilung erklären (siehe Abschnitt 4.4). Liegt die eingebrachte Vorschädigung in einem Bereich mit hoher Vorspannung ist die resultierende, rissöffnende Spannung deutlich geringer, als wenn der Riss in einem Bereich mit niedriger Vorspannung liegt. Auch die gegenüber dem Floatglas und ESG höhere Bruchquote bestätigt dies.

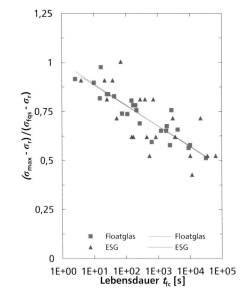

Abbildung 5.17 Ergebnisse der Basisversuchsreihen, aufgetragen gegenüber dem Verhältnis aus $(\sigma_{max} - \sigma_r)/(\sigma_{fqs} - \sigma_r)$ (effektive Spannungen)

In Abbildung 5.18 sind beispielhaft die Bruchbilder einiger Probekörper aus Float-glas dargestellt. Anhand dieser ist der Einfluss der Bruchspannung auf die Rissverzwei-gung zu erkennen. So tritt bei sehr geringer Belastung gar keine Rissverzweigung mehr auf, während bei Belastungen nahe der quasi-statischen Festigkeit eine Verzweigung des Initialrisses in mehr als 30 Risse stattfindet. Beim ESG ist dieser Einfluss nicht erkenn-bar, da das Bruchbild nahe dem Bruchursprung sehr fein wird und hauptsächlich von der Eigenspannung abhängt. Ein beispielhaftes Bruchbild eines Probekörpers aus ESG und TVG ist Abbildung 5.19 zu entnehmen. Abbildung 5.20 zeigt einen Probekörper aus Floatglas und einen Probekörper aus ESG, bei denen der Bruch nicht von der einge-brachten Schädigung ausgeht. Bei diesen ist der abweichende Bruchursprung eindeutig zu erkennen; bei anderen Probekörpern musste dies teilweise auch mikroskopisch aus-gewertet werden.

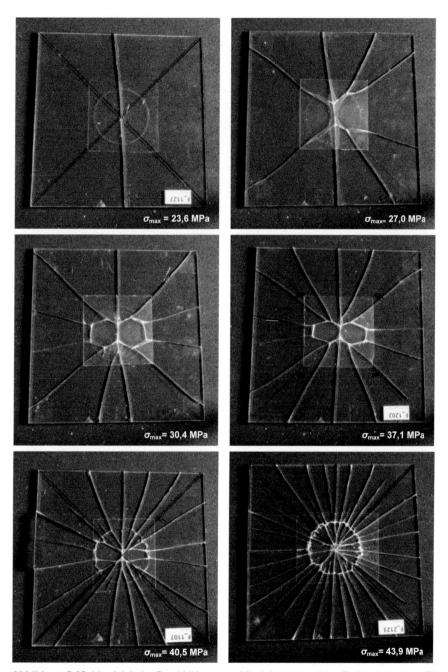

Abbildung 5.18 Vergleich der Bruchbilder von zyklisch beanspruchten Probekörpern aus Float-glas mit unterschiedlicher Oberspannung σ_{max}

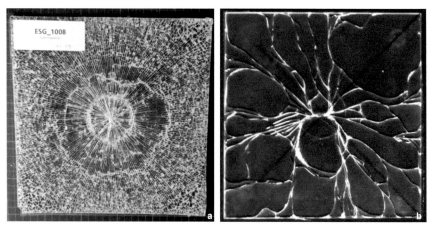

Abbildung 5.19 Beispielhafte Bruchbilder von Probekörpern aus (a) ESG und (b) TVG

Abbildung 5.20 Beispielhafte Bruchbilder von Probekörpern mit einem anderen Bruchursprung als der Vorschädigung: (a) Floatglas, (b) ESG

5.8 Einflussparameter

5.8.1 Frequenz

Allgemein

Ein einfacher Indikator für zyklische Ermüdungseffekte ist eine Frequenzabhängigkeit der Dauerschwingfestigkeit, da nach Gl. (2.36) zu erwarten ist, dass die Lebensdauer unabhängig von der Frequenz ist. Stellt sich bei zyklischen Beanspruchungen mit gleicher Oberspannung aber unterschiedlicher Frequenz die gleiche Lebensdauer ein, ist vermeintlich kein zyklischer Ermüdungseffekt vorhanden. Um das differenzierter zu betrachten, wurden Versuche mit verschiedenen Frequenzen vorgenommen. Insbesondere aufgrund der periodischen Belastungsdauer von üblichen wiederkehrenden Einwirkungen auf Fassadenscheiben (z.B. Windböen [115]) und der Einwirkungsdauern wurde bei den Dauerschwingversuchen im DRBV der Einfluss niedrigerer Frequenzen zwischen 0,50 Hz und 0,01 Hz untersucht. Der Einfluss höherer Frequenzen von 5 Hz und 15 Hz wurde bei den zyklischen Versuchen im 3-Punkt-Biegeversuch vorgenommen (siehe Kapitel 6).

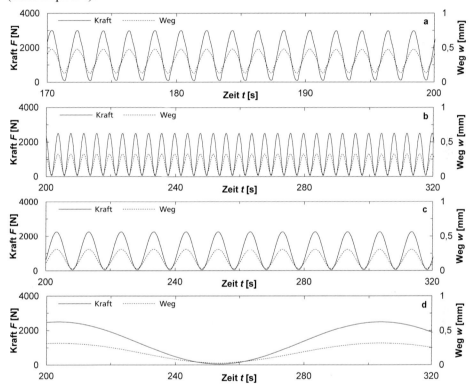

Abbildung 5.21 Ausschnitte von Kraft- und Weg-Zeit-Verläufen von Dauerschwingversuchen mit verschiedenen Frequenzen: (a) f = 0,5 Hz (BV, PK 1022), (b) f = 0,25 Hz (PK 1104), (c) f = 0,10 Hz (PK 1118) und (d) f = 0,01 Hz (PK 1125)

Durchführung

Die Durchführung der Dauerschwingversuche erfolgte wie in Abschnitt 5.5.7 beschrieben. Gegenüber den Versuchsparametern der Basisversuchsreihen wurde lediglich die Frequenz der Schwingbeanspruchung verändert. Es wurden Versuchsreihen mit Frequenzen von 0,25 Hz, 0,10 Hz und 0,01 Hz beim Floatglas sowie 0,10 Hz und 0,01 Hz beim ESG vorgenommen. Abbildung 5.21 zeigt Ausschnitte der gemessenen Kraft-Zeit- und Weg-Zeit-Verläufe.

Ergebnisse

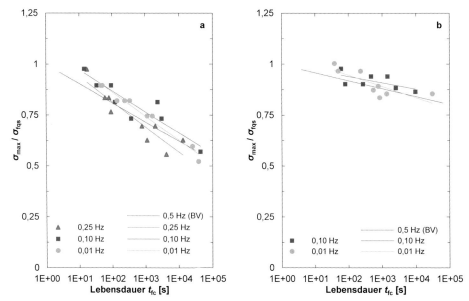

Abbildung 5.22 Ergebnisse der Versuchsreihe Frequenz: (a) Floatglas, (b) ESG

Bei den 30 untersuchten Probekörpern aus Floatglas traten zwei Durchläufer auf. Die 20 untersuchten Probekörper aus ESG wiesen vier Durchläufer sowie einen Probekörper mit falschem Bruchursprung auf.

Die Ergebnisse der Untersuchungen sind in Abbildung 5.22 dargestellt. Zum Vergleich der Ergebnisse ist den Diagrammen zusätzlich die Regressionsgerade der Basisversuche ($f = 0{,}5$ Hz) gegenübergestellt:

- Die Messwerte, die Regressionskurven und -parameter der Versuche mit Floatglas bei verschiedenen Frequenzen zeigen keinen eindeutigen Zusammenhang zwischen der Lebensdauer und der Frequenz. Die Lebensdauer gemessen an der Ausgleichsgeraden fällt für $f = 0{,}25$ Hz tendenziell am geringsten aus; für $f = 0{,}1$ Hz fällt sie am höchsten aus. Dazwischen ordnen sich die Ausgleichsgeraden für $f = 0{,}01$ Hz und $0{,}5$ Hz an.

- Auch beim ESG ist kein eindeutiger Einfluss der Frequenz auf die zyklische Ermüdung erkennbar. Lediglich die Steigung der Regressionsgeraden bei $f = 0{,}01$ Hz weicht etwas ab, was aber im Streubereich liegen sollte (siehe Konfidenzintervall in Abbildung A.1).

- Dies zeigt, dass die Frequenz, zumindest im untersuchten Frequenzbereich, keinen signifikanten Einfluss auf die Lebensdauer hat. Zudem wird bereits durch diese Versuche ersichtlich, dass die zyklische Ermüdung von sowohl thermisch entspanntem als auch thermisch vorgespanntem Glas ein zeitabhängiger und kein schwingspiel-abhängiger Prozess ist. Entsprechend tritt ein Versagen bei verschiedenen Frequenzen nach gleicher Belastungsdauer auf, auch wenn sich die Schwingspielzahl deutlich unterscheidet.

- Des Weiteren deuten die Ergebnisse darauf hin, dass sowohl thermisch entspanntes Glas als auch thermisch vorgespanntes Glas keine oder nur geringe zyklische Ermüdungseffekte aufweist, andernfalls hätte die Lebensdauer mit steigender Frequenz abgenommen (vgl. Abschnitt 0).

5.8.2 Belastungstyp

Allgemein

Um den Einfluss des Belastungstyps und des Spannungsverhältnisses auf die zyklische Ermüdung zu untersuchen, wurden gegenüber den Basisversuchsreihen, bei denen die Probekörper mit reiner Zugschwellbeanspruchung belastet wurden, Versuche mit Zugschwellbeanspruchungen mit erhöhter Unterspannung bzw. geringerem Spannungsverhältnis vorgenommen. Wechselbeanspruchungen konnten mit dem verwendeten Aufbau des DRBV nicht durchgeführt werden. Der Einfluss einer Wechselbeanspruchung wird bei den zyklischen Versuchen im 3PBV untersucht (siehe Kapitel 6).

Die Untersuchung des Einflusses des Spannungsverhältnisses kann ein wichtiger Indikator für zyklische Ermüdungseffekte sein, da sich anhand dieser Versuche überprüfen lässt, ob die Risswachstumsgesetze die Bruchzeitpunkte beschreiben können. Diesen zu folge ist zu erwarten, dass anders als bei Metallen die Lebensdauer mit zunehmendem Spannungsverhältnis R abnimmt.

Durchführung

Die Dauerschwingversuche wurden wie in Abschnitt 5.5.7 beschrieben durchgeführt. Gegenüber den Versuchsparametern der Basisversuchsreihen wurde lediglich das Spannungsverhältnis bzw. die Unterspannung der Schwingbeanspruchung verändert. Für das Floatglas wurden Unterserien, bei denen das Verhältnis aus Unter- und Oberspannung $R = 0{,}5$ und $R = 0{,}8$ betragen hat, vorgenommen. Beim ESG wurde die Unterspannung konstant gehalten und so definiert, dass sie etwa der Eigenspannung der Probekörper entspricht ($\sigma_{min} \approx \sigma_r$). Das Spannungsverhältnis betrug je nach Oberspannung zwischen $R = 0{,}69$ und $R = 0{,}92$. In Abbildung 5.23 sind exemplarisch Ausschnitte von zwei gemessenen Kraft-Zeit- und Weg-Zeit-Verläufen der Versuchsdurchführung mit Floatglas bei $R = 0{,}5$ und $0{,}8$ dargestellt.

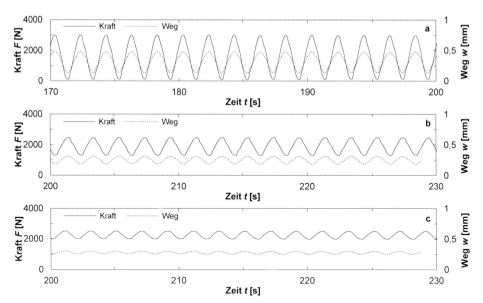

Abbildung 5.23 Ausschnitte von Kraft- und Weg-Zeit-Verläufen von Dauerschwingversuchen mit verschiedenen Spannungsverhältnissen: **(a)** $R = 0,0$ (BV, PK 1022), **(b)** $R = 0,5$ (PK 1303) und **(c)** $R = 0,8$ (PK 1313)

Ergebnisse

Die Ergebnisse der Untersuchungen sind in Abbildung 5.24 dargestellt und der Regressionsgeraden der Basisversuche ($R = 0,0$) gegenübergestellt:

- Zwischen der Basisversuchsreihe und den Versuchen mit Floatglas bei einem Spannungsverhältnis von $R = 0,5$ zeigt sich kein signifikanter Unterschied (siehe Abbildung 5.24(a)); bei einem Spannungsverhältnis von $R = 0,8$ ist die Differenz hingegen deutlich. Bis auf eine Ausnahme liegen die Brüche unterhalb der Regressionsgeraden der Basisversuchsreihe und die Regressionsgerade fällt fast parallel zu dieser aus. Die aufnehmbare Oberspannung ist um etwa 10 % geringer und der mit der geringsten Beanspruchung festgestellte Bruch trat bei einer Oberspannung von $\sigma_{max} = 0,537 \cdot \sigma_{fqs}$ auf.

- Diese Ergebnisse stimmen zumindest qualitativ mit dem Risswachstumsgesetz nach Gl. (2.19) überein, da danach die Lebensdauer bei gleicher Oberspannung mit zunehmender Fläche unter der effektiven Spannungsfunktion abnimmt. Hiernach ist zudem zu erwarten, dass die Lebensdauer bei wechselnder Beanspruchung am höchsten ausfällt. Eine quantitative Auswertung durch Vergleiche mit den Funktionen zur Lebensdauerprognose wird in Kapitel 7 vorgenommen.

- Bei den Versuchen mit ESG bei einer Unterspannung von $\sigma_{min} \approx \sigma_r$ und einem daraus resultierenden Spannungsverhältnis von $R = 0{,}69$ bis $0{,}92$ konnte eine solche Abweichung zu den Basisversuchen bei reiner Zugschwellbeanspruch aufgrund der unterschiedlichen Steigungen der Regressionsgeraden nicht festgellt werden (siehe Abbildung 5.24(b)). Allerdings ordnet sich eine größere Anzahl der Brüche (6 von 9) unter der Regressionsgeraden der Basisversuche an.

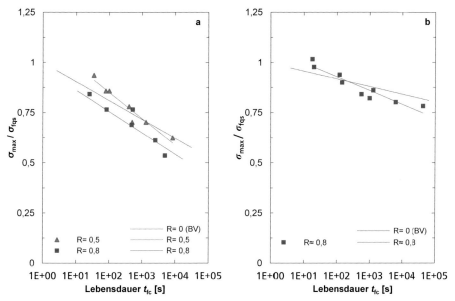

Abbildung 5.24 Ergebnisse der Versuchsreihe Belastungstyp: (a) Floatglas, (b) ESG

5.8.3 Belastungsfunktion

Allgemein

Zur Untersuchung des Einflusses verschiedener Belastungsfunktionen auf die zyklische Ermüdung wurden bei den Versuchen mit Floatglas sowohl eine Unterserie mit einer dreiecksförmigen Schwingbeanspruchung (Zeltfunktion) als auch eine Unterserie mit einer trapezförmigen Schwingbeanspruchung (Trapezfunktion) mit der sinusförmigen Schwingbeanspruchung der Basisversuchsreihe verglichen. Beim ESG wurden die Basisversuche aufgrund der Präzision bei der Steuerung mit einer dreiecksförmigen Schwingbeanspruchung belastet.

Neben der Quantifizierung der Lebensdauer bei verschiedenen Belastungsfunktionen kann – wie auch mit den Versuchen zum Einfluss des Belastungstyps durch die Variation der Funktion – die Gültigkeit der Risswachstumsgesetze überprüft werden. Während nach dem Gesetz von Paris (Gl. (2.20)) [62] für Metalle die Funktion der Beanspruchung keinen Einfluss hat, kann diese nach Gl. (2.19), dem empirischen Potenzgesetz, einen deutlichen Effekt haben.

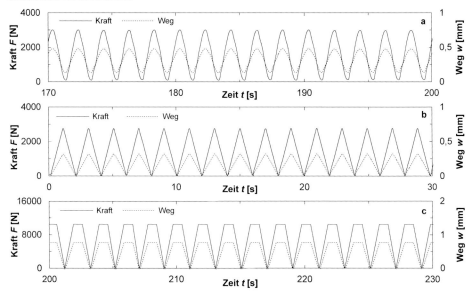

Abbildung 5.25 Ausschnitte von Kraft- und Weg-Zeit-Verläufen von Dauerschwingversuchen mit verschiedenen Schwingfunktionen: (a) Sinusschwingung (BV, PK 1022), (b) Dreieckschwingung (PK 1303, Floatglas), (c) Trapezschwingung (PK 1211, ESG)

Durchführung

Die Durchführung der Dauerschwingversuche erfolgte wie in Abschnitt 5.5.7 beschrieben. Gegenüber den Versuchsparametern der Basisversuchsreihen wurde lediglich die Belastungsfunktion der Schwingbeanspruchung verändert. Bei den Versuchen mit Floatglas wurde je eine Unterserie mit einer dreiecksförmigen Schwingbeanspruchung (Zeltfunktion) und einer trapezförmigen Schwingbeanspruchung (Trapezfunktion) vorgenommen und mit der Sinusschwingung der Basisversuche verglichen. Beim ESG wurde die dreiecksförmige Schwingbeanspruchung der Basisversuchsreihe mit der trapezförmigen Schwingbeanspruchung verglichen. Ausschnitte von gemessenen Kraft-Zeit- und Weg-Zeit-Verläufen einer Dreieck- und einer Trapezschwingung sind exemplarisch in Abbildung 5.25 dargestellt.

Ergebnisse

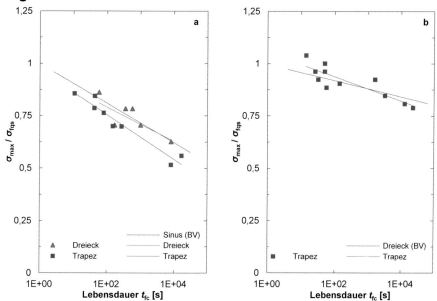

Abbildung 5.26 Ergebnisse der Versuchsreihe Belastungsfunktion: (a) Floatglas, (b) ESG

Die Ergebnisse der Untersuchungen sind in Abbildung 5.26 abgebildet und der Regressionsgeraden der Basisversuche (Sinusschwingung) gegenübergestellt:

- Beim Floatglas (siehe Abbildung 5.26(a)) ist zwischen den Regressionsgeraden der Versuche mit Dreieckschwingung und der Versuche mit Sinusschwingung (Basisversuchsreihe) kein signifikanter Unterschied erkennbar. Daher wurde beim ESG auf diesen Vergleich verzichtet und die Schwingversuche mit dreiecksförmiger Beanspruchung durchgeführt.

- Die Trapezschwingung führt im Vergleich zur Sinus- und Dreieckschwingung beim Floatglas zu einer Reduktion der ertragbaren Oberspannung bei gleicher Lebensdauer. Diese Beobachtung stimmt, wie die Ergebnisse zum Belastungstyp, mit den Risswachstumsgesetzen überein. Anhand der Beanspruchungskoeffizienten (siehe Abschnitt 2.4.8.6) war zu erwarten, dass die Lebensdauer bei trapezförmiger Beanspruchung ($\zeta \approx 0{,}956$) geringer ausfällt als bei sinusförmiger Beanspruchung ($\zeta \approx 0{,}884$). Bei dreiecksförmiger Beanspruchung ($\zeta \approx 0{,}824$) sollte sie hingegen höher ausfallen. Dass dies bei den Versuchen nicht beobachtet werden konnte, könnte unter anderem darauf zurückzuführen sein, dass die Spitze der Dreieckschwingung bei näherer Betrachtung nicht ganz spitz, sondern etwas ausgerundet ist und dieser Bereich den maßgeblichen Einfluss auf den Rissfortschritt bei einem einzelnen Schwingspiel hat.

- Beim ESG (siehe Abbildung 5.26(b)) ist ein Unterschied zwischen der Trapezschwingung und der Dreieckschwingung nicht zu erkennen: Die Messwerte bei
  trapezförmiger Beanspruchung ordnen sich zwar insbesondere bei höherer Lebensdauer unter der Regressionsgeraden der Dreieckschwingung an, die Ausgleichsgerade der Trapezschwingung fällt aber dennoch mit der Ausgleichsgeraden der Dreieckschwingung zusammen.

5.8.4 Umgebungsbedingungen

Allgemein

Anhand von Versuchen mit unterschiedlicher Umgebungsfeuchte sollte untersucht werden, ob und wie die zyklische Ermüdung durch die Umgebungsbedingungen beeinflusst
wird. Bei der statischen Ermüdung spielt die Luft- bzw. Umgebungsfeuchte eine entscheidende Rolle. Ohne die Anwesenheit von Wasser an der Rissspitze findet überhaupt
keine statische Ermüdung statt, während sie bei hoher Luftfeuchte zu einem schnelleren
Versagen führt. Um den maximalen Einfluss der Umgebungsfeuchte zu quantifizieren,
wurden die Versuche der Basisversuchsreihe bei einer relativen Luftfeuchte von
$RH = 50\,\%$ mit einer möglichst hohen und einer möglichst niedrigen Luftfeuchtigkeit
verglichen. Eine möglichst geringe Umgebungsfeuchtigkeit wurde durch eine Versuchsdurchführung in Stickstoff erreicht; eine möglichst hohe Luftfeuchtigkeit konnte durch
die Versuchsdurchführung in destilliertem Wasser simuliert werden. Die Durchführung
in Stickstoff kommt der inerten Versuchsdurchführung sehr nahe.

Durchführung

Der Ablauf der Versuche und die Versuchsparameter sind bis auf das Umgebungsmedium und die Umgebungsfeuchte identisch mit den Basisversuchen. Für die Durchführung
der Versuche in Wasser wurde der DRBV gedreht eingebaut (siehe Abbildung 5.27) und
ein mit destilliertem Wasser gefüllter Silikonring auf der Oberseite der Glasscheibe
aufgebracht. Hierdurch ist die eingebrachte Vorschädigung unter Wasser. Für die Durchführung der Versuche in Stickstoff wurde der DRBV in eine eigens dafür gebaute Stickstoffkammer eingebaut. Die Stickstoffkammer besteht aus einem Acrylglas-Gehäuse,
das mit Gummimanschetten luftdicht an die Prüfmaschine angeschlossen wird. Zum
Positionieren der Probekörper verfügt die Kammer über Handschuheingriffe. Der Stickstoff wird über eine Zuleitung an der Oberseite und eine Ableitung auf der Unterseite
(regelbares Ventil) ein- bzw. ausgeleitet. Der Stickstoffgehalt wurde mit einem Sauer-
stoffsensor und die Luftfeuchte mit einem Feuchtesensor, der zwischen Probekörper und
Lastring angeordnet wurde, überwacht. Vor Beginn der Prüfung wurde die Kammer
solange mit Stickstoff geflutet (hohe Stickstoffzufuhr) bis die Luftfeuchtigkeit einen
Wert von $RH = 0,3\,\%$ erreicht hatte. Anschließend wurde die Stickstoffzufuhr verringert.

Durch die konstante Stickstoffzufuhr hat bei den Versuchen stets ein Überdruck in der Kammer geherrscht.

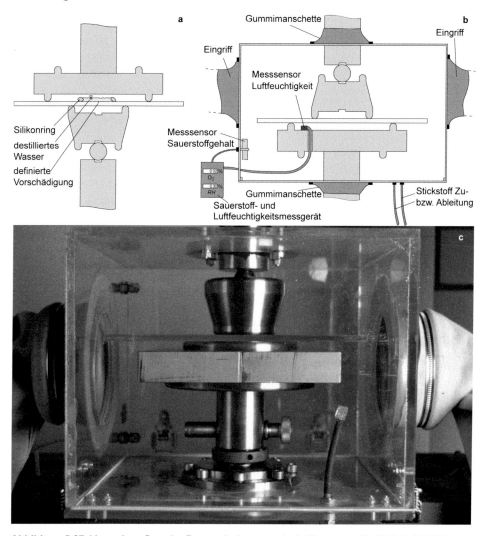

Abbildung 5.27 Versuchsaufbau der Dauerschwingversuche in Wasser und in Stickstoff: (a) Der DRBV wurde gedreht eingebaut und ein mit destilliertem Wasser gefüllter Silikonring auf der Oberseite der Glasscheibe aufgebracht; (b), (c) der DRBV wurde in eine Stickstoffkammer eingebaut und bei der Durchführung der Sauerstoffgehalt sowie die Luftfeuchte überwacht und durch eine kontinuierliche Gaszufuhr ein geringer Überdruck erzeugt.

Ergebnisse

Die Ergebnisse der Untersuchungen sind in Abbildung 5.28 dargestellt und der Regressionsgeraden der Basisversuche ($RH = 50\,\%$) gegenübergestellt:

- Anhand der Ergebnisse ist zu erkennen, dass die Umgebungsfeuchte im Vergleich zu den bisher untersuchten Einflussparametern den größten Einfluss auf die zyklische Ermüdung hat.

- Bei den im Wasser mit Floatglas (siehe Abbildung 5.28(a)) durchgeführten Versuchen nimmt die Ermüdungsfestigkeit gegenüber den Basisversuchen deutlich ab. Die Regressionsgerade verläuft relativ parallel zur Regressionsgeraden der Basisversuche. Bei Verlängerung der Geraden ist nach 10^5 s mit einer aufnehmbaren Spannung von $\sigma_{max} = 0{,}349 \cdot \sigma_{fqs}$, anstatt von $\sigma_{max} = 0{,}528 \cdot \sigma_{fqs}$ auszugehen. Die aufnehmbare Oberspannung ist damit um etwa 35 % geringer. Der mit der geringsten Beanspruchung festgestellte Bruch trat bei einer Oberspannung von $\sigma_{max} = 0{,}448 \cdot \sigma_{fqs}$ auf, bei der Basisversuchsreihe bei einer Oberspannung von $\sigma_{max} = 0{,}572 \cdot \sigma_{fqs}$.

- Bei den Versuchen mit Floatglas in Stickstoff mit einer Umgebungsfeuchte von $RH \approx 0{,}3\,\%$ ist eine deutliche Steigerung der aufnehmbaren Spannung bei den zyklischen Versuchen erkennbar. Die Regressionsgerade weist eine deutlich erkennbare negative Steigung auf, so dass anhand der Versuche davon auszugehen ist, dass auch bei sehr geringer Umgebungsfeuchte eine zyklische Ermüdung stattfindet. Das trifft auch zu, wenn die aufnehmbare Spannung im untersuchten Bereich der Lebensdauer im Mittel höher ausfällt als die quasi-statische Biegefestigkeit bei 50 % Luftfeuchte. Der mit der geringsten Beanspruchung festgestellte Bruch trat bei einer Oberspannung von $\sigma_{max} = 0{,}980 \cdot \sigma_{fqs}$ auf. Der späteste Bruch wurde nach 2343 s registriert. Ein späterer Bruch konnte auch aus technischen Gründen (begrenzte Stickstoffmenge) nicht beobachtet werden.

- Genau wie bei den Versuchen mit Floatglas führen die Versuchsdurchführung mit ESG im Wasser zu einer geringeren und die Durchführung in Stickstoff zu einer höheren aufnehmbaren Spannung bei schwingender Beanspruchung (siehe Abbildung 5.28(b)). Die Steigung der Regressionsgeraden fällt bei den Versuchen in Stickstoff sehr flach aus, so dass kaum noch ein Ermüdungseffekt erkennbar ist. Bei den Basisversuchen beträgt die Steigung $\beta = 0{,}039$. Bei den Versuchen in Stickstoff sind es nur $\beta = 0{,}006$. Der späteste Bruch konnte bei den Versuchen in Stickstoff nach etwa 10^4 s registriert werden.

- Insgesamt fällt der Einfluss der Umgebungsfeuchte auf die zyklische Ermüdung bei den Versuchen mit ESG deutlich geringer aus als bei den Versuchen mit Floatglas.

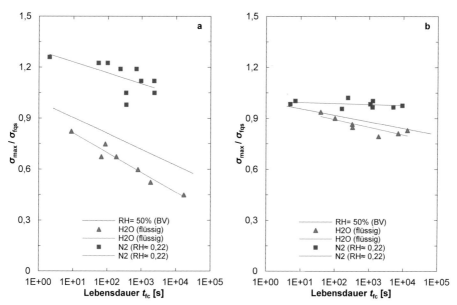

Abbildung 5.28 Ergebnisse der Versuchsreihe Umgebungsbedingungen: (a) Floatglas, (b) ESG; die Oberspannung ist auf die bei 50 % relativer Luftfeuchte ermittelte Biegezugfestigkeit bezogen

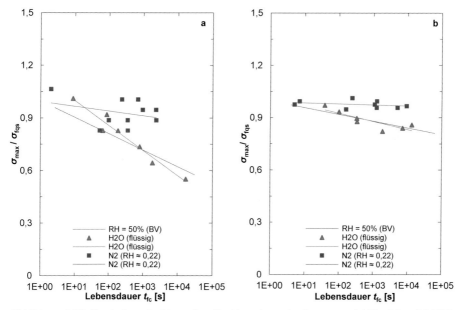

Abbildung 5.29: Ergebnisse der Versuchsreihe Umgebungsbedingungen: (a) Floatglas, (b) ESG; die Oberspannung ist auf die im jeweiligen Umgebungsmedium ermittelte Biegezugfestigkeit bezogen

- Bezieht man die Oberspannung der Dauerschwingversuche nicht auf die bei 50 % Luftfeuchte ermittelte Biegezugfestigkeit, sondern auf die im selben Umgebungsmedium ermittelte Biegezugfestigkeit der Vergleichsprobekörper, dann kann man sowohl beim Floatglas als auch bei ESG feststellen, dass die Regressionsgeraden der im Wasser durchgeführten Versuche sehr gut mit denen der Basisversuche zusammenfallen (siehe Abbildung 5.29). Die zyklische Ermüdung steht somit zumindest in feuchter Umgebung im direkten Zusammenhang zur Biegezugfestigkeit, die unter denselben Umgebungsbedingungen ermittelt wurde. Die Regressionsgeraden der im Stickstoff durchgeführten Ergebnisse nähern sich den Regressionsgeraden der Basisversuche an. Sie verlaufen jedoch fast horizontal und schneiden die Regressionsgerade der Basisversuche bei einer Zeit von $t_{fc} = 1$ s. Dies zeigt, dass bei der geringeren Luftfeuchte von weniger als $RH = 0,3$ % die Ermüdung bzw. das subkritische Risswachstum deutlich langsamer voranschreitet.

5.8.5 Schädigung und Lagerung

Allgemein

Um zu überprüfen, ob die Schädigungsmethode und damit die Rissgeometrie einen deutlichen Einfluss auf die zyklische Ermüdung hat, wurde eine Versuchsserie vorgenommen, bei der die Schädigungsmethode gegenüber der sonst verwendeten Risseinbringung mit dem UST variiert wurde.

Da die eingebrachten Schädigungen bzw. Risse einen zeitabhängigen Alterungsprozess durchlaufen, der unter anderem auf den Abbau der bei der Schädigung eingebrachten Eigenspannungen und Rissheilungseffekte zurückzuführen ist, wurde in einer Serie mit ESG zudem die Abhängigkeit der Lagerungsdauer auf die zyklische Ermüdung untersucht.

Durchführung

Der Ablauf der Versuche und die Versuchsparameter sind bis auf die Schädigung bzw. Lagerung identisch mit den Basisversuchen.

Zur Untersuchung des Einflusses der Schädigungsmethode wurde die Schädigung mit einem Vickers-Härteprüfgerät bei einer Belastung von 10 N beim Floatglas und 30 N beim ESG vorgenommen. Eine Beschreibung der Vickers-Eindringprüfung ist Abschnitt 4.7 zu entnehmen. Die eingebrachten Risse wurden zur Auswertung mikroskopisch vermessen.

Zur Untersuchung des Einflusses der Lagerungsdauer wurde die Schädigung wie bei den Basisversuchen mit dem UST eingebracht. Abweichend von den Basisversuchen wurden die Probekörper bis zu den Dauerschwingprüfungen bzw. den Biegezugfestig-keitsuntersuchungen der Vergleichsprobekörper nur 15 Minuten anstatt 7 Tage gelagert.

Ergebnisse

Die Ergebnisse der Untersuchungen sind in Abbildung 5.30 dargestellt und den Ergeb-nissen der Basisversuche (*UST, t_R = 7d*) gegenübergestellt:

- Die bei einer Lagerungsdauer von t_R = 15 min ermittelte Regressionsgerade weist keinen signifikanten Unterschied zur Regressionsgeraden der Basisversuche auf. Die Lagerungsdauer nach der Schädigung scheint damit keinen großen Einfluss auf die Ermüdung zu besitzen.

- Bei den mittels Vickers-Eindringprüfung vorgeschädigten Probekörpern zeigt sich hingegen eine deutliche Abweichung gegenüber der Basisversuchsreihe. Sowohl bei den Versuchen mit Floatglas als auch bei den Versuchen mit ESG ordnet sich die Regressionsgerade oberhalb der Regressionsgeraden der Basis-versuche an. Dies deutet darauf hin, dass die halbkreisförmigen Risse, die unter einem Vickers-Eindruck entstehen, ermüdungsresistenter sind als die mit dem UST eingebrachten Kratzer.

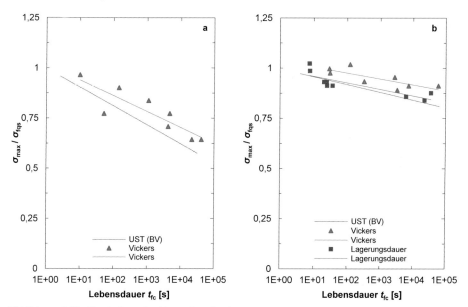

Abbildung 5.30 Ergebnisse der Versuchsreihe Lagerungsdauer: (a) Floatglas, (b) ESG

5.9 Änderung mechanischer Eigenschaften

Um sicherzustellen, dass sich bei einer zyklischen Belastung die mechanischen Eigenschaften nicht verändern und damit deren Einfluss auf die messbare Festigkeitsminderung auszuschließen, wurde eine weitere Versuchsreihe vorgenommen, bei der die Oberflächendruckspannungen sowie der E-Modul vor und nach einer Dauerschwingprüfung gemessen wurden.

Durchführung

Für die Untersuchungen wurden zehn Probekörper aus ESG der Charge 1 verwendet. Die Messung der Oberflächendruckspannungen ist wie in Abschnitt 4.4 beschrieben vorgenommen worden. Als Messstelle wurde jeweils die Scheibenmitte auf der Ober- und Unterseite der Probekörper ausgemessen und markiert. Um bei den Messungen eine möglichst präzise Aussage zur Änderung zu erhalten und den Messfehler statistisch zu verringern, wurde die Messung der Oberflächendruckspannung an jeder Messstelle 100 mal durchgeführt und anschließend gemittelt. Damit Fehler (zwischen den Messungen vor und nach der Dauerschwingprüfung) durch das Positionieren des Messgeräts möglichst ausgeschlossen werden konnten, wurde nach jeder zehnten Messung das SCALP von der Scheibe genommen und neu positioniert.

Die Messung des E-Moduls wurde an drei der zehn Probekörper mittels Dehnungsmessungen (siehe Abschnitt 4.5) vor- und nach der Dauerschwingprüfung bestimmt. Die Dauerschwingprüfung wurde im DRBV mit einer reinen Zugschwellbeanspruchung mit einer Frequenz von 0,5 Hz vorgenommen. Abweichend zur Durchführung nach Abschnitt 5.5 wurde die Versuchsdauer auf $1{,}73 \cdot 10^5$ s ($= 48$ Stunden) verlängert. Zudem wurden die Probekörper nicht vorgeschädigt, um eine höher Beanspruchung aufbringen zu können. Die Oberspannung der Beanspruchung hat etwa 156 MPa betragen. Die Temperatur lag bei den Versuchen bei 22 ± 1 °C und die relative Luftfeuchte bei 50 ± 3 %.

Ergebnisse und Auswertung

In Abbildung 5.31 sind die Ergebnisse der Oberflächendruckspannungsmessungen vor und nach der Durchführung der Dauerschwingversuche gegenübergestellt. Im Mittel betrug die Oberflächenspannung der Probekörper vor der zyklischen Belastung -107,18 MPa mit einer Standardabweichung von 1,63 MPa. Nach der zyklischen Prüfung betrug sie -107,17 MPa mit einer Standardabweichung von 1,67 MPa. Die mittlere Änderung der Oberflächendruckspannungen beträgt somit nur 0,01 MPa. Eine Änderung der Eigenspannung ist diesen Ergebnissen zufolge nicht erkennbar. Diese Übereinstimmung stellt sich jedoch erst im Mittel ein. Betrachtet man die Messwerte der einzelnen Probekörper, kann man Abweichungen zwischen den Eigenspannungen vor und nach der zyklischen Belastung von bis zu 3,2 MPa feststellen. Da sich die Abweichungen nach oben und nach unten etwa in gleicher Anzahl einstellen und auch in etwa gleicher Größenordnung auftreten, ist auch anhand der Einzelwerte keine signifikante Änderung feststellbar. Die Abweichungen der Einzelwerte lassen sich vielmehr durch die Messungenauigkeiten der Messmethode erklären. Aufgrund dieser Beobachtungen lässt sich folgern, dass die Eigenspannung sich zumindest bei Beanspruchungen und bei Temperaturen baupraktischer Größe nicht ändern. Bei höheren Temperaturen nimmt die Eigenspannung schon allein aufgrund der Viskoelastizität des Glases ab.

Auch bei der Messung des E-Moduls konnte keine Änderung beobachtet werden, die über den Messfehler hinausgeht. Der Mittelwert des E-Moduls der drei Probekörper hat vor der Prüfung 73,0 GPa und nach der Prüfung 72,8 GPa betragen.

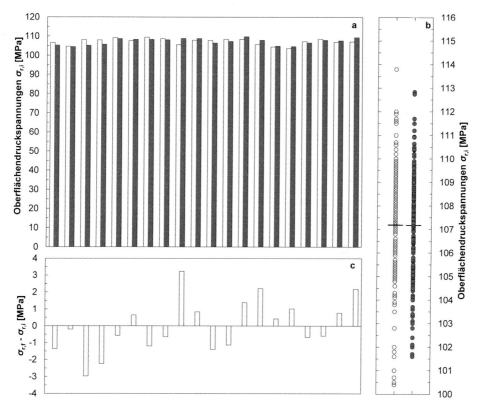

Abbildung 5.31 Vergleich der Oberflächendruckspannungen vor (weiß) und nach (grau) den zyklischen Versuchen: (a) Scheibenmittelwerte von Vorder- und Rückseite, (b) Abweichung der Scheibenmittelwerte, (c) Übersicht aller Messwerte (für jeden Messwert wurde das SCALP-03 neu positioniert, 10 Messwerte pro Probekörper und Seite)

Bei der Durchführung der Dauerschwingprüfungen wurden die aufgebrachte Kraft und der Weg kontinuierlich aufgezeichnet. Hieraus kann der E-Modul der Probekörper während der Prüfung zurückgerechnet werden. Bei der Auswertung des zeitlichen Verlaufs des E-Moduls konnte jedoch keine signifikante Änderung über die Versuchsdauer hinweg festgestellt werden. Lediglich innerhalb der ersten ca. 100 s der Dauerschwingversuche konnte teilweise eine geringfügige Abnahme beobachtet werden, die u.a. auch bei statischen Prüfungen (Kriechen) [22] auftritt, hier aber auch aus der Verformung der aufgebrachten Folie zur Identifizierung des Bruchursprungs resultieren kann. Abbildung 5.32 zeigt ein Beispiel eines Dauerschwingversuch aus Kapitel 6, bei dem die Berechnung des E-Moduls mit Gleichung (4.1) vorgenommen wurde.

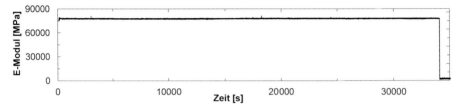

Abbildung 5.32 Zeitlicher Verlauf des aus den Kraft-Verformungs-Messwerten zurückgerechneten E-Moduls eines im Dauerschwingversuch gebrochenen Probekörpers (PK 148, 3PBV)

5.10 Zusammenfassung

In diesem Kapitel wurde die zyklische Ermüdung von thermisch entspanntem und thermisch vorgespanntem Kalk-Natron-Silikatglas anhand eines umfangreichen Versuchsprogramms, das im Wesentlichen Bestandteil des durch die Deutsche Forschungsgemeinschaft (DFG) geförderten Forschungsvorhabens war, untersucht. Die Versuche wurden an definiert vorgeschädigten Probekörpern aus Floatglas, ESG und TVG in einem DRBV durchgeführt. Durch die definierte Vorschädigung der Probekörper mit Rissen, die dem charakteristischen 5 %-Quantilwert von Floatglas entsprechen, wurde die Streuung der Versuche deutlich reduziert. Zur Überwachung der eingebrachten Schädigungen und zum direkten Vergleich der Festigkeit bei quasi-statischer und zyklischer Beanspruchung wurde für jeden zyklisch belasteten Probekörper die Biegezugfestigkeit eines Vergleichsprobekörpers bestimmt.

Die Versuche zeigen, dass die Festigkeit bei zyklischer Beanspruchung stark abnimmt. Der Einfluss fällt bezogen auf die quasi-statische Biegezugfestigkeit beim Floatglas deutlich größer aus als beim ESG. Beim Floatglas nimmt die Festigkeit bei einer Lebensdauer von 10^5 s bei reiner Zugschwellbeanspruchung um etwa 50 % der quasi-statischen Biegezugfestigkeit ab, während die Reduktion beim ESG etwa 20 % beträgt. Da die Abnahme bezogen auf die effektive Spannung – um die Eigenspannung reduzierte Spannung – bei beiden Gläsern etwa gleich ausfällt, geht der Unterschied im Wesentlichen auf die thermisch eingeprägten Eigenspannungen im ESG zurück. Unter Belastung ergibt sich ein um die Eigenspannung verringerter Spannungsintensitätsfaktor und entsprechend ein langsamerer Rissfortschritt.

Bei Versuchen mit verschiedenen Frequenzen (0,5 bis 0,01 Hz) konnte kein signifikanter Einfluss von der Frequenz auf die zyklische Ermüdung festgellt werden. Da eine Abhängigkeit von der Frequenz ein Indikator für zyklische Ermüdungseffekte ist, deutet dies darauf hin, dass weder thermisch entspanntes noch thermisch vorgespanntes Kalk-Natron-Silikatglas große zyklische Ermüdungseffekte aufweisen. Auch die Ergebnisse der Versuche mit verschiedenen Belastungsfunktionen (Sinus-, Dreieck-, Trapezschwingung) und zum Belastungstyp ($R = 0$; 0,5; 0,8) stimmen qualitativ recht gut mit den Risswachstumsgesetzen überein. Die Lebensdauer nimmt bei gleicher Oberspannung mit zunehmender Fläche unter der effektiven Spannungsfunktion ab. Beim ESG fällt dieser Effekt aufgrund der vergleichsweise hohen Eigenspannung entsprechend geringer aus.

Der größte Einfluss auf die zyklische Ermüdung ergab sich bei der Durchführung der Schwingversuche unter verschiedenen Umgebungsbedingungen: in destilliertem Wasser und in Stickstoff mit einer relativen Luftfeuchte kleiner 0,3 %. In Wasser ist die aufnehmbare Oberspannung bei gleicher Lebensdauer wesentlich geringer. In Stickstoff ist sie deutlich höher, zudem verlaufen die ermittelten Ermüdungsfestigkeitskurven flacher. Ein geringer zyklischer Ermüdungseffekt ist aber auch bei sehr geringer Luftfeuchte noch messbar.

In einer getrennten Versuchsreihe wurde überprüft, ob eine Änderung der thermischen Eigenspannungen und des E-Moduls durch die zyklische Beanspruchung auftritt. Dass hierbei keine signifikante Änderung festgestellt werden konnte, zeigt, dass die zyklische Ermüdung nur aus dem Risswachstum der Oberflächendefekte resultiert.

6 Zyklische Ermüdung II

6.1 Versuchskonzept

Der für die Versuchsreihe *Zyklische Ermüdung I* (Kapitel 5) verwendete Versuchsaufbau und -stand ist hinsichtlich der Frequenz und des Belastungstyps begrenzt. Es können nur Zugschwellbeanspruchungen bei Frequenzen unter 1 Hz aufgebracht werden. Um den Einfluss von höheren Frequenzen (5 – 15 Hz) und Wechselbeanspruchungen zu prüfen, wurden weitere Dauerschwingversuche in einem weiteren Versuchsstand mit einem 3-Punkt-Biegeversuch (3PBV) vorgenommen. Das Konzept dieser Versuche ist nahezu identisch mit dem Konzept der zyklischen Versuche im DRBV. Die Probekörper wurden mit einer definierten Schädigung versehen, um die Streuung zu minimieren, und die Einflussparameter wurden mit einer zuvor durchgeführten Basisversuchsreihe verglichen. Das Versuchsprogramm ist Abbildung 6.1 zu entnehmen.

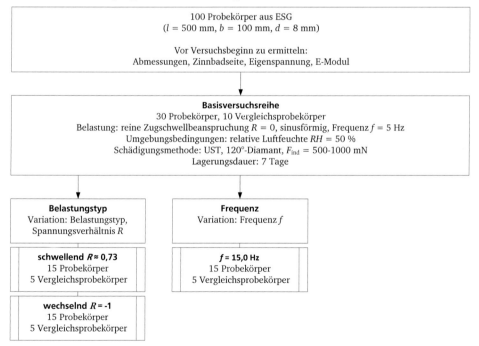

Abbildung 6.1 Übersicht über das Versuchsprogramm der zyklischen Versuche im 3PBV

6.2 Probekörper

Für die Versuche wurden insgesamt 100 Probekörper aus thermisch vorgespanntem Kalk-Natron-Silikatglas (ESG) der Charge 3 mit einer Länge von $l = 500$ mm, einer Breite von $b = 100$ mm und einer Nenndicke von $d = 8$ mm verwendet. Eine detailliertere Beschreibung der Probekörper ist Abschnitt 4.2 und eine Zusammenstellung der ermittelten mechanischen Eigenschaften Abschnitt 4.8 zu entnehmen.

6.3 Versuchsaufbau

Die in diesem Kapitel beschriebenen Versuche wurden im 3-Punkt-Biegeversuch (3PBV) durchgeführt. Hierbei wird eine Probe auf zwei linienförmige Auflager gelegt und zentrisch mit einer Lastschneide belastet. Der 3PBV gehört zu den Standardverfahren in der Baustoffprüfung. Bei der Prüfung von Glas im Bauwesen wird jedoch meist ein 4PBV oder DRBV verwendet, da bei diesen beiden Prüfmethoden in einem definierten Bereich ein konstantes Spannungsfeld entsteht. Beim 3PBV ist die Spannung unter der Lastschneide maximal und nimmt zu den Auflagern ab. Die Bewertung von Probekörpern, deren Bruchursprung nicht direkt unter der Lastschneide liegt sowie die Bewertung des Flächeneinflusses (siehe Abschnitt 2.4.3) gestaltet sich beim 3PBV hierdurch schwieriger. Da durch die eingebrachte Schädigung der Bruchursprung definiert ist und nur die Spannung an dieser Stelle von Interesse ist, ist der 3PBV für die hier vorgenommenen Versuche jedoch die einfachste Prüfmethode.

Die Spannungen, die bei diesen Versuchen im 3PBV entstehen, können mit der linearen Balkentheorie nach Gl. (6.1) hinreichend genau berechnet werden. Eine Spannungserhöhung durch Anregung tritt im untersuchten Frequenzbereich (bis 15 Hz) nicht auf. Dies konnte sowohl anhand der Kraft- und Weg-Messungen als auch mithilfe einer Finite-Elemente-Berechnung unter Berücksichtigung der hier verwendeten Probekörper- und Versuchsabmessungen in [116] bestätigt werden.

$$\sigma_x = \frac{3 \cdot F \cdot l}{2 \cdot b \cdot d^2} \tag{6.1}$$

Der verwendete Versuchsaufbau und Detaildarstellungen der Lagerung der Probekörper sind in Abbildung 6.2 dargestellt. Die Auflager sowie die Lastschneiden wurden beidseitig, gelenkig des Probekörpers, vorgesehen, damit Wechselbeanspruchungen aufgebracht werden können. Die Schwingbelastung, eine Sinusschwingung, wurde mit einem hydraulischen Prüfzylinder (Typ RD) der Firma Trebel GmbH aufgebracht. Die Verformung des Probekörpers wird mithilfe eines Wegaufnehmers an der Lasteinleitung

und die induzierte Last mittels einer Kraftmessdose aufgenommen. Die Versuche wurden weggesteuert gefahren.

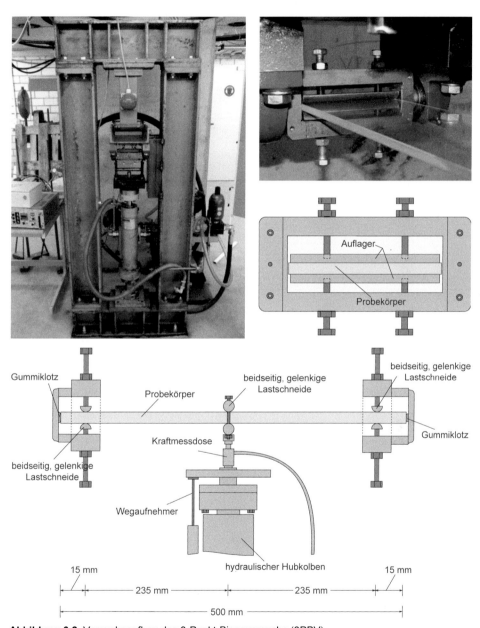

Abbildung 6.2 Versuchsaufbau des 3-Punkt-Biegeversuchs (3PBV)

6.4 Durchführung

6.4.1 Allgemeines

Die Durchführung der Versuche (Bestimmung von Zinnbad- und Luftseite; Abkleben sowie definiertes Schädigen und Lagern der Probekörper; quasi-statische Vergleichsprüfungen) entspricht im Wesentlichen der in Abschnitt 5.5 beschriebenen Durchführung der zyklischen Versuche im DRBV. Die mit dem UST-1000 vorgenommene definierte Schädigung wurde für die Versuche im 3PBV in der Mitte der Probekörper senkrecht zur Scheibenlängsrichtung eingebracht.

Abweichend zu den Versuchen im DRBV wurden die Luftfeuchte und die Temperatur lediglich überwacht. Eine Klimatisierung wurde nicht vorgenommen. Die relative Luftfeuchte RH variierte im gesamten Versuchszeitraum zwischen 19 und 39 % (Mittelwert $RH = 29,5\%$); die Temperatur variierte zwischen 25 und 31 °C (Mittelwert $RH = 26,4$ °C).

6.4.2 Dauerschwingversuche

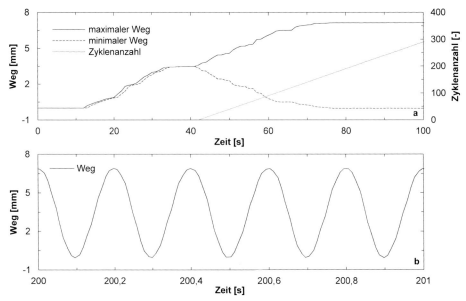

Abbildung 6.3 Ausschnitte von gemessenen Weg-Zeit-Verläufen von Dauerschwingversuchen im 3PBV: (a) Anfahren der Schwingbeanspruchung, (b) Sinusschwingung mit f = 5 Hz

Bei den Dauerschwingprüfungen wurde zunächst eine Verformung bzw. eine Kraft in Höhe der gewünschten Mittelspannung aufgebracht. Die Amplitude wurde anschließend bis zum vorgesehenen Maximum hochgeregelt (siehe Abbildung 6.3). Für die Auswertung des Bruchzeitpunkts wurde die Zeit zwischen dem Erreichen der maximalen Oberspannung und dem schlagartigen Abfall des Kraftsignals bestimmt.

Um die bei den Versuchen anfallende Datenmenge zu reduzieren und dennoch die Maximal- und Minimalwerte mit hoher Auflösung zu bestimmen, wurden bei den Messungen nur die sekündlichen Extremwerte aufgezeichnet. Weg-Zeit-Verläufe mit hoher Auflösung wurden nur an ausgewählten Probekörpern durchgeführt, um den tatsächlichen Verformungsverlauf zu kontrollieren. Abbildung 6.3 zeigt sowohl ein Beispiel der üblichen Messung als auch ein Beispiel einer hochaufgelösten Messung eines Versuchs mit $f = 5$ Hz.

6.5 Vergleichsprobekörper

Ergebnisse

Bei den quasi-statischen Biegezugprüfungen konnte ein Mittelwert der Bruchspannung von $\sigma_{fqs} = 162{,}5$ MPa bestimmt werden. Der Wert weicht wie auch bei der Versuchsreihe im DRBV etwas von der Zielgröße 45 MPa + $|\sigma_r|$ = 148,9 MPa ab. Aber auch hier war ein Einbringen von tieferen Rissen mit der gewählten Schädigungsmethode nicht möglich, da die Probekörper bereits mit der Maximallast von $F_{ind} = 1000$ mN geschädigt wurden.

Die Reihenmittelwerte und die Standardabweichung der einzelnen Serien sind in Abbildung 6.4 dargestellt. Die Einzelwerte der Biegezugfestigkeitsprüfungen können dem Anhang B.5 entnommen werden.

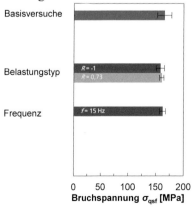

Abbildung 6.4 Ergebnisse der Biegezugfestigkeitsprüfungen mit den Vergleichsprobekörpern

6.6 Basisversuche

Durchführung

Die Durchführung der Dauerschwingversuche erfolgte wie in Abschnitt 6.4 beschrieben. Die Versuchsparameter sind in Tabelle 6.1 zusammengestellt.

Tabelle 6.1 Übersicht der Versuchsparameter von den Dauerschwingversuchen der Basisversuchsreihe

Belastungsfunktion	Belastungstyp	R	f	RH	Schädigungsmethode	t_L
Sinusschwingung	reine Zugschwell-beanspruchung	0,0	5 Hz	$\approx 29,5\ \%$	UST, 120° Diamant	7d

Ergebnisse

Die Ergebnisse der Basisversuchsreihe sind in Abbildung 6.5 dargestellt. Es ist zu erkennen, dass die Streuung deutlich größer ausfällt als bei den Versuchen im DRBV (siehe Abbildung 5.16). Die an den Ergebnissen angepassten Regressionsgeraden weisen hingegen nur kleine Unterschiede auf: Die Steigung ist mit $\beta = 0,04$ annähernd gleich; die Regressionsgerade der Basisversuche im 3PBV ist lediglich um $\alpha = 0,02$ (α entspricht dem Achsenabschnitt) gegenüber der Regressionsgeraden der Basisversuche im DRBV nach oben verschoben.

Bei den Dauerschwingversuchen haben sich fünf Durchläufer ergeben. Die Oberspannung hat bei diesen zwischen $\sigma_{max} = 0,79{\cdot}\sigma_{fqs}$ und $\sigma_{max} = 0,87{\cdot}\sigma_{fqs}$ betragen. Der Bruch mit der niedrigsten Belastung trat bei einer Oberspannung von $\sigma_{max} = 0,82{\cdot}\sigma_{fqs}$ auf; der späteste Bruch wurde nach $t_{fc} = 8,0{\cdot}10^4$ s festgestellt. Auch diese Werte sind mit den DRBV vergleichbar.

Dies zeigt, dass die Ermüdung trotz der Verwendung von Gläsern unterschiedlicher Hersteller ähnlich verläuft und die Ergebnisse prinzipiell miteinander vergleichbar sind. Den gemessenen Unterschied den unterschiedlichen Frequenzen (5 Hz zu 0,5 Hz) oder den Unterschieden bei der Luftfeuchte (30 % zu 50 %) zuzuweisen, ist kaum möglich, da neben diesen Parametern auch die Schwingungsfunktion, der Versuchsaufbau und das Glas selbst verändert wurden. Zudem liegt die Abweichung im Streubereich (Konfidenzintervall) der Versuche.

Anhand der Konfidenzintervalle (Aussagewahrscheinlichkeit von 99 %) ist zu erkennen, dass die Streuung größer ausfällt. Dies kann beispielsweise darauf zurückgeführt werden, dass die Eigenspannung eine höhere Variation aufweist (siehe Abschnitt 4.4), die relative Luftfeuchte Schwankungen unterlegen war oder die Risstiefe der eingebrachten Schädigungen einer höheren Streuung unterlegen hat. Auch die Vergleichsprobekörper der 3PBV weisen eine etwas höhere Streuung als die Vergleichsprobekörper der DRBV auf.

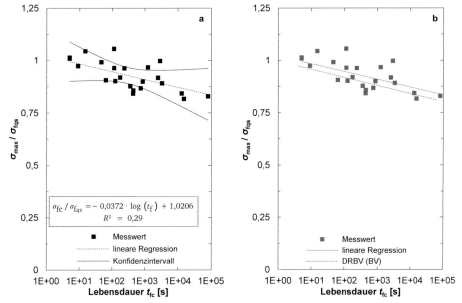

Abbildung 6.5 Ergebnisse der Basisversuchsreihe der Dauerschwingversuche im 3PBV: (a) Anpassung mittels linearer Regression (99 %-Konfidenzintervall), (b) Vergleich mit den Ergebnissen der Basisversuchsreihe der Dauerschwingversuche im DRBV; Verhältnis aus Oberspannung σ_{max} und der mittleren Bruchspannung der Vergleichsprobekörper σ_{fqs}, aufgetragen gegen die im Schwingversuch erreichte Lebensdauer t_{fc}

6.7 Einflussparameter

6.7.1 Frequenz

Allgemeines

Um zu überprüfen, welchen Einfluss die Frequenz f auf die zyklische Ermüdung hat, wurde in einer Unterserie die Frequenz von 5 Hz auf 15 Hz verändert. In Abschnitt 5.8 wurde bereits der Einfluss im Frequenzbereich von 0,01 Hz bis 0,5 Hz untersucht.

Durchführung

Die Durchführung der Dauerschwingversuche ist identisch mit der Durchführung der Basisversuche. Gegenüber den Versuchsparametern der Basisversuchsreihen wurde lediglich die Frequenz verändert.

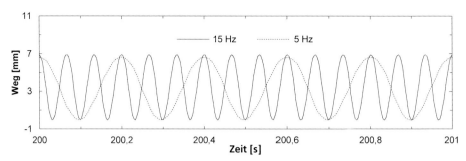

Abbildung 6.6 Ausschnitte von Weg-Zeit-Verläufen von Dauerschwingversuchen mit verschiedenen Frequenzen

Ergebnisse

Anhand der Ergebnisse (siehe Abbildung 6.7(a)) ist zu erkennen, dass kein nennenswerter Unterschied der Lebensdauer bei einer Frequenz von 5 Hz und 15 Hz auftritt. Dies deckt sich mit den Ergebnissen in Abschnitt 5.8. Die Ermüdung ist damit im untersuchten Frequenzbereich von der Frequenz unabhängig. Eine Übertragung auf darunter- und darüberliegende Frequenzen kann entsprechend des Risswachstumsgesetzes (Gl. (2.19)) angenommen, aber nicht aus den Experimenten abgeleitet werden.

6.7.2 Belastungstyp

Allgemeines

Um zu überprüfen, wie wechselnde Beanspruchungen und Belastungen mit erhöhter Unterspannung die zyklische Ermüdung beeinflussen, wurden zwei gegenüber der Basisversuchsreihe veränderte Unterserien durchgeführt (vgl. Abschnitt 6.6).

Durchführung

Die Durchführung der Dauerschwingversuche ist identisch mit der Durchführung der Basisversuche. Gegenüber den Versuchsparametern der Basisversuchsreihen wurde lediglich das Spannungsverhältnis bzw. die Unterspannung der Schwingbeanspruchung verändert. Die wechselnde Beanspruchung wurde mit $R = -1$ gefahren. Bei der Zugschwellbeanspruchung wurde die Unterspannung so definiert, dass sie etwa der Eigenspannung der Probekörper entspricht ($\sigma_{min} \approx \sigma_r$). Das Spannungsverhältnis betrug je nach Oberspannung zwischen $R = 0,65$ und $R = 0,78$.

Ergebnisse

Die Ergebnisse der Dauerschwingprüfungen sind in Abbildung 6.7(b) dargestellt. Sie wurden der Regressionsgeraden der Basisversuche ($R = 0,0$) gegenübergestellt. Es wäre zu erwarten, dass die Lebensdauer mit kleiner werdendem Spannungsverhältnis höher ausfällt ($t_{fc,R=-1} > t_{fc,R=0} > t_{fc,R=0,73}$). Anhand dieser Versuche ist das jedoch nicht zu erkennen. Die Regressionsgeraden fallen annähernd zusammen, auch wenn die Steigung bei wechselnder Beanspruchung etwas geringer ausfällt. Dies liegt vermutlich daran, dass der Effekt durch die thermischen Eigenspannungen deutlich reduziert wird. Entsprechend den Beanspruchungskoeffizienten nach Abschnitt 2.4.8.6 von $\zeta = 0,84$ ($R = 0$), $\zeta = 0,82$ ($R = -1$) und $\zeta = 0,88$ ($R = 0,73$) war jedoch auch nur ein geringer Unterschied zu erwarten.

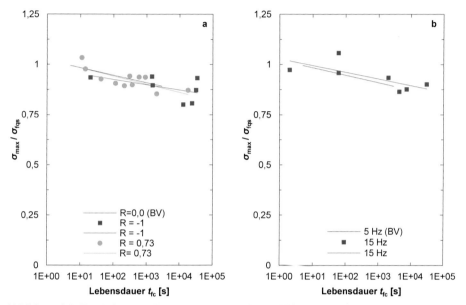

Abbildung 6.7 Ergebnisse der Dauerschwingversuche im 3PBV der Versuchsreihen zur Frequenz (a) und zum Belastungstyp (b)

6.8 Zusammenfassung

Es wurden Versuche zur zyklischen Ermüdung von thermisch vorgespanntem Kalk-Natron-Silikatglas vorgestellt, die in einem anderen Versuchsaufbau und -stand durchgeführt wurden als die Versuche in Kapitel 5. Ziel war es, den Einfluss höherer Frequenzen (5 – 15 Hz) und Wechselbeanspruchungen zu prüfen.

Hierbei hat sich gezeigt, dass auch bei diesen Frequenzen kein Einfluss auf die Lebensdauer feststellbar ist und damit die zyklische Ermüdung von Kalk-Natron-Silikatglas im untersuchten Frequenzbereich von 0,01 Hz bis 15 Hz unabhängig von der

Frequenz ist. Es wird angenommen, dass sich dieses Ergebnis auch auf darunter- und darüberliegende Frequenzen übertragen lässt, wobei sich diese Vermutung nicht direkt aus den Experimenten ableiten lässt.

Anhand der Versuche mit Wechselbeanspruchung ($R = -1$) konnte im Vergleich zu Versuchen mit Zugschwellbeanspruchungen ($R = 0$ und $R \approx 0{,}73$) kein Einfluss auf die zyklische Ermüdung festgestellt werden. Dies stimmt annähernd mit dem Risswachstumsgesetz nach Gl. (2.19) überein. Berücksichtigt man bei der Berechnung der Beanspruchungskoeffizienten die effektive Spannung, dann ergeben sich aufgrund der Eigenspannungen für alle drei Belastungen sehr ähnliche Werte. Bei Scheiben, die nicht vorgeschädigt werden, wird die durchschnittliche Festigkeit bei Wechselbeanspruchung tatsächlich jedoch geringer ausfallen als bei reiner Zugschwellbeanspruchung, da sowohl die Oberseite, als auch die Unterseite einer Scheibe bei jedem Schwingspiel unter Zug gesetzt wird und hierdurch eine doppelt so große Oberfläche unter Zugspannungen steht.

7 Modelle zur Lebensdauerprognose

7.1 Allgemeines

In Kapitel 5 und 6 wurden experimentelle Untersuchungen vorgestellt, deren Ergebnisse die zyklische Ermüdung von thermisch entspanntem und vorgespanntem Kalk-Natron-Silikatglas zeigen. In diesem Kapitel werden die experimentellen Ergebnisse mit Lebensdauerprognosen basierend auf den theoretischen Risswachstumsgesetzen verglichen und angepasst. Insbesondere hierdurch lässt sich überprüfen, ob Kalk-Natron-Silikatglas zyklische Ermüdungseffekte (siehe Abschnitt 0) aufweist.

Zum Vergleich und zur Anpassung werden ein *analytisches* und ein *numerisches Modell* verwendet. Als analytisches Modell werden die auf dem empirischen Potenzgesetz nach Maugis [51] beruhenden Gleichungen zur Lebensdauerprognose (siehe Abschnitt 2.4.8) bezeichnet. Da diese Gleichungen nur den Bereich I der v-K-Kurve von Kalk-Natron-Silikatglas beschreiben, werden die Ergebnisse zusätzlich mit einem numerischen Modell verglichen. Mit diesem können unter anderem die weiteren Bereiche der v-K-Kurve und auch der bei den Versuchen gemessene Spannungs-Zeit-Verlauf erfasst werden.

7.2 Analytisches Modell

7.2.1 Beschreibung des analytischen Modells

In Abschnitt 2.4.8 wurden Gleichungen hergeleitet, mit denen die Lebensdauer bei periodischer Beanspruchung für verschiedene Belastungsfunktionen anhand des empirisch hergeleiteten Potenzgesetzes prognostiziert werden kann. Hierbei wird die zyklische Belastungsfunktion durch Integration in eine äquivalente statische Belastung umgerechnet und das Verhältnis der statischen Spannung zur Oberspannung über den Beanspruchungskoeffizient ζ ausgedrückt. Zur Berechnung der Lebensdauer wird sowohl Kenntnis über die Risswachstumsparameter v_0 und n, als auch über die Initialrisstiefe benötigt. Da die Risslänge nicht bekannt ist, wird diese aus der mittleren Bruchspannung der Vergleichsprobekörper berechnet.

Die auf diesem Prinzip und diesen Gleichungen beruhende Methode zur Lebensdauerprognose wird im Folgenden als analytisches Modell bezeichnet.

7.2.2 Experimentelle Ergebnisse im Vergleich mit Prognosen anhand von Werten aus der Literatur

Abbildung 7.1 zeigt einen Vergleich zwischen den experimentellen Ergebnissen der Basisversuchsreihen im DRBV mit Floatglas bzw. ESG und Lebensdauerprognosen anhand des analytischen Modells. Zum einen wurden Prognosen mit den Risswachstumsparametern n und v_0 aus der Literatur [26, 30, 106, 107, 117] (siehe Tabelle A.1) durchgeführt, zum anderen Prognosen mit den in Kapitel 4 gemessenen Risswachstumsparametern vorgenommen. Für das Floatglas wurde bei den Berechnungen ein Beanspruchungskoeffizient nach Tabelle 2.5, Zeile 2 (Sinusschwingung) und für das ESG ein Beanspruchungskoeffizient nach Gl. (2.46) (Dreieckschwingung) angesetzt. Die Initialrisstiefe wurde jeweils aus der mittleren Bruchspannung der Vergleichsprobekörper entsprechend Gl. (2.33) ermittelt.

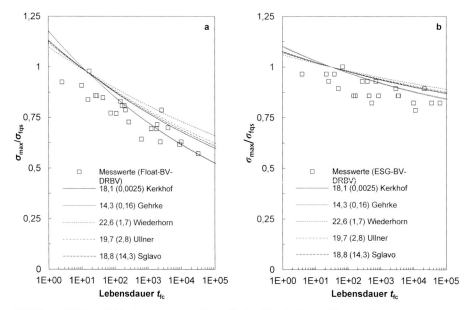

Abbildung 7.1 Vergleich der experimentell ermittelten Ergebnisse mit Lebensdauerprognosen anhand der Literatur [26, 30, 106, 107, 117] zu entnehmenden Risswachstumsparametern n und v_0 [m/s] sowie der in Kapitel 4 bestimmten Parameter: (a) Floatglas, (b) ESG

Es ist zu erkennen, dass die experimentell ermittelte Lebensdauer bzw. die Festigkeit bei schwingender Beanspruchung deutlich geringer ausfällt als es nach den Prognosen anhand der Literaturwerte zu erwarten ist. Bezogen auf die quasi-statische Biegezugfestigkeit σ_{qfs} macht der Unterschied bei einer mittleren Lebensdauer sowohl für das untersuchte Floatglas als auch das ESG etwa 6 % aus. Die mit den aus [106] entnommen

Parametern berechneten Lebensdauerprognosen kommen den Versuchsergebnissen am nächsten. Sie fallen quasi mit den anhand der experimentell ermittelten Risswachstumsparameter berechneten Kurven zusammen. Aber auch diese weichen von den Messwerten ab, insbesondere im Festigkeitsbereich von $t_{fc} < 10^3$ s. Eine Bemessung von zyklisch belasteten Glasbauteilen auf Grundlage der statischen Risswachstumparameter läge somit auf der unsicheren Seite. Zudem zeigt dies, dass Kalk-Natron-Silikatglas vermutlich geringe zyklische Ermüdungseffekte aufweist.

Den Diagrammen ist zu entnehmen, dass sich die theoretischen Prognosen unabhängig von der Wahl der Risswachstumsparameter bei $\sigma_{max} / \sigma_{fqs} \approx 1$ schneiden. Dies resultiert daraus, dass sowohl die Berechnung der Initialrisslänge aus der Biegezugfestigkeit als auch die Lebensdauerprognose mit Hilfe der gleichen Parameter vorgenommen wurden. Eine deutlich bessere Übereinstimmung kann nur erreicht werden, wenn bei der Berechnung der Initialrisslänge bei quasi-statischer Beanspruchung und der Lebensdauerprognose bei zyklischer Belastung unterschiedliche Risswachstumsparameter angesetzt werden.

7.2.3 Anpassung der Versuchsergebnisse mittels Regressionsanalyse

Methode

Um Risswachstumsparameter zu ermitteln, mit denen die zyklischen Versuche besser beschrieben werden können als mit den statisch ermittelten Parametern, und zugleich den Unterschied zu diesen quantifizieren zu können, wurden die Ergebnisse der Dauerschwingversuche mittels Regressionsanalyse mit der Methode der kleinsten Quadrate (OLS), bei der der zyklische Risswachstumsparameter n_c variiert wird, angepasst. Hierbei wurde nach folgender Methodik vorgegangen:

(1) Berechnung der Risstiefe a_0 aus der mittleren quasi-statischen Biegezugfestigkeit der Vergleichsprobekörper σ_{fqs} mit n und v_0 nach Tabelle 4.6

(2) Vorgeben eines (zyklischen) Risswachstumsparameters n_c

(3) Berechnung des Beanspruchungskoeffizienten ζ mit n_c für die jeweilige Spannungsfunktion

(4) Prognose der Lebensdauer getrennt für jeden Probekörper anhand von Oberspannung σ_{max} und mittlerer Eigenspannung σ_r sowie ζ, n_c und v_0

(5) Bestimmung der Fehlerquadrate aus der Differenz zwischen der prognostizierten und der gemessenen Lebensdauer

(6) Regressionsanalyse durch iteratives Wiederholen von Schritt (2) – (5), bis sich ein Minimum der Fehlerquadrate eingestellt

Auf diese Weise wird sowohl eine Ausgleichskurve bestimmt, die die Messwerte mit dem vorgegebenen Risswachstumsgesetz (Gl. (2.19)) bestmöglich anpasst als auch ein zyklischer Risswachstumsparameter n_c ermittelt, anhand dessen sich der Unterschied der statischen und zyklischen Ermüdung quantifizieren lässt. Generell hätte die Anpassung mit der OLS auch durch die Variation von zwei Parametern (hier: n und v_0) vorgenommen werden können. Es hat sich jedoch gezeigt, dass es dabei zu großen Abweichungen zwischen den einzelnen Serien kommt und die ermittelten Parameter anschließend kaum vergleichbar sind.

Bei den Berechnungen wurden die Eingangsgrößen Belastungsfunktion, Oberspannung, Biegezugfestigkeit und Eigenspannung für jede Serie angepasst. Die Risswachstumsparameter n und v_0 wurden nach Tabelle 4.6 gewählt. Bei den Versuchen, die in destilliertem Wasser und in Stickstoff (RH < 0,3 %) durchgeführt wurden, wurde der Risswachstumsparameter v_0 so verändert, dass die rechnerische Initialrisslänge der in dem Medium geprüften Vergleichsprobekörper der Initialrisslänge der bei 50 % Luftfeuchte geprüften Probekörper entsprach. Die ermittelten Parameter sind in Tabelle 7.1 zusammengestellt.

Tabelle 7.1 Risswachstumsparameter v_0 in m/s ermittelt aus der Biegezugfestigkeit der Vergleichsprobekörper

	Destilliertes Wasser (H_2O)	Stickstoff mit *RH* < 0,3 % (N_2)
Floatglas	$4,2 \cdot 10^{-2}$	$3,9 \cdot 10^{-5}$
ESG	$4,5 \cdot 10^{-2}$	$4,2 \cdot 10^{-5}$

Ergebnisse

In Abbildung 7.2 sind die ermittelten Kurven der Basisversuchsreihen dargestellt und den experimentellen Ergebnissen gegenübergestellt. Die Ausgleichskurven der weiteren Versuchsreihen sind dem Anhang zu entnehmen. Es ist zu erkennen, dass die Ausgleichskurven und damit die Prognosefunktion die Messwerte gut beschreiben können. Dies zeigt, dass die Lebensdauer bei zyklischer Beanspruchung prinzipiell mit dem gängigen Risswachstumsgesetz nach Maugis [51] prognostiziert werden kann.

Spätestens hieran ist festzustellen, dass die zyklische Ermüdung von Kalk-Natron-Silikatglas einem zeitabhängigen Prozess (da/dt) und keinem schwingspielabhängigen Prozess unterliegt. Passt man die ermittelten Messwerte auf gleiche Weise mit dem schwingspielabhängigen (dn/dt) Gesetz von Paris (Gl. (2.20)) an, so kann man feststellen, dass die Funktion aufgrund der Ähnlichkeit zum Potenzgesetz (Gl. (2.19)) zwar die Messwerte der Basisversuchsreihen gut annähern kann, eine Extrapolation auf Belastungen mit anderen Belastungsfunktionen oder variierenden Frequenzen hingegen nicht möglich ist.

Zusätzlich zu den Ausgleichskurven sind in Abbildung 7.2 prognostizierte Streubänder dargestellt. Diese wurden mit den gleichen Risswachstumsparametern wie die Ausgleichskurven berechnet. Zur Ermittlung der Initialrisstiefe wurden anstelle der mittleren Bruchspannung die 5 %- und 95 %-Quantile der Bruchspannung der Vergleichsprobekörper zur Berechnung verwendet. Es ist zu erkennen, dass die Messwerte fast ausschließlich innerhalb des berechneten Intervalls liegen. Folglich kann nicht nur die zyklische Ermüdung, sondern auch die Streuung anhand von quasi-statischen Biegezugfestigkeitsprüfungen mittels der Funktionen zu Lebensdauerprognosen vorausgesagt werden.

Die bei den Regressionsanalysen ermittelten zyklischen Risswachstumsparameter n_c und die resultierenden Beanspruchungskoeffizienten ζ sind in Tabelle 7.2 zusammengestellt. Der Risswachstumsparameter n_c variiert beim Floatglas zwischen 11,3 und 13,9 und beim ESG, mit Ausnahme von einem Ausreißer mit 8,1, zwischen 10,5 und 13,8. Prinzipiell liegen die ermittelten Werte damit noch im üblichen Bereich und stimmen in grober Näherung noch mit den anhand von quasi-statischen Biegezugprüfungen ermittelten Werten von $n = 14{,}2$ (Floatglas) und $n = 13{,}9$ (ESG) überein. Bei näherer Betrachtung ist zu erkennen, dass alle ermittelten Werte n_c unterhalb der quasi-statisch ermittelten Risswachstumsexponenten n liegen. Dies ist in etwa gleichzusetzen mit der Feststellung, dass die Brüche bei zyklischer Beanspruchung etwas früher auftreten als theoretisch erwartet. Ein geringerer Risswachstumsexponent n bzw. n_c hat einen höheren Rissfortschritt bei gleicher Spannungsintensität zur Folge und führt damit zu einer geringeren Lebensdauer. Dies zeigt, dass Kalk-Natron-Silikatglas, anders als angenommen, zumindest geringe zyklische Ermüdungseffekte aufweist. Anhand von Vergleichsberechnungen wurde festgestellt, dass die Differenz zwischen dem zyklischen und dem quasi-statisch ermittelten Risswachstumsexponenten nicht auf einen Fehler oder die Streuung in der Messung der quasi-statischen Risswachstumsparameter n und v_0 zurückgeführt werden kann. Werden andere quasi-statische Parameter zur Berechnung angesetzt, stellt sich eine ähnliche relative Differenz zwischen n und n_c ein. In Abbildung 7.2(d) ist zur Veranschaulichung der Differenz des Risswachstumsexponenten ein Vergleich zwischen den Ausgleichskurven der Basisversuche und den anhand der quasi-statisch ermittelten Risswachstumsparameter berechneten Ermüdungskurven dargestellt.

Anhand der ermittelten Ausgleichskurven können prinzipiell die gleichen Schlussfolgerungen hinsichtlich des qualitativen Einflusses der untersuchten Randbedingungen auf die zyklische Ermüdung wie in Kapitel 5 und 6 gezogen werden. Auf Grundlage der resultierenden Risswachstumsexponenten n_c (siehe Tabelle 7.2) kann darüber hinaus gefolgert werden, dass sich die Ergebnisse bei anderen Schwingfunktionen (Funktion, Frequenz, Spannungsverhältnis) auch quantitativ in guter Näherung mit den Funktionen zur Lebensdauerprognose beschreiben lassen. Zu erkennen ist dies daran, dass die ermittelten Risswachstumsexponenten der Unterserien um die Werte der Basisversuchsreihen streuen und nicht gravierend abweichen. Mit einer gewissen Streuung war zu rechnen, da für die einzelnen Unterserien im Vergleich zu den Basisversuchsreihen ein deutlich geringerer Probekörperumfang vorgesehen war. Bezogen auf die Basisversuchsreihen beträgt die maximale Abweichung bei den Unterserien des Floatglases $\Delta n_c = 1$ und beim ESG $\Delta n_c = 1,8$. (ohne Berücksichtigung des Ausreißers mit $n_c = 8,1$). Hätte man die in destilliertem Wasser durchgeführten Versuche oder die mit einer Trapezfunktion belasteten Probekörper mit den gleichen Parametern wie die Basisversuche angepasst (v_0, ζ), hätten sich deutlich niedrigere Risswachstumsexponenten eingestellt und die Abweichung bezogen auf die Basisversuchsreihe wäre um ein Vielfaches größer ausgefallen.

Die einzige Serie, die nicht gut angepasst werden konnte, besteht aus den Versuchen in Stickstoff mit einer Luftfeuchte von weniger als 0,3 % (siehe Anhang B.7). Optisch ist zu erkennen, dass die Steigung viel flacher ausfallen müsste. Dies ist einerseits damit zu begründen, dass die Messdaten nur einen geringen Bereich in x-Richtung abdecken und die Fehlerquadrate der OLS in x-Richtung (log t) vorgenommen wurden, anderseits aber auch damit, dass aufgrund der geringen Luftfeuchte sowie der höheren Beanspruchung die Bereiche II und III der v-K-Kurve (siehe Abbildung 2.22) eine Rolle spielen, die mit dem einfachen empirischen Potenzgesetz nicht erfasst werden.

In Tabelle 7.4 sind die minimalen Summen der Fehlerquadrate S, die sich bei der OLS mit dem analytischen Modell eingestellt haben, zusammengestellt und mit den Summen der in Kapitel 5 und 6 durchgeführten Anpassung der Messdaten mittels linearer Regression verglichen. Anhand dieser Werte lässt sich die Güte der Anpassung prüfen. Je niedriger die Summe der Fehlerquadrate ist, desto höher ist die Güte der Regression. Beim Vergleich zeigt sich, dass beide Methoden die Daten annähernd gleich gut anpassen. Die lineare Regression bietet allerdings nur eine quantitative Beschreibung der Messwerte, während das analytische Modell zur Anpassung eine physikalische Beschreibung mitbringt.

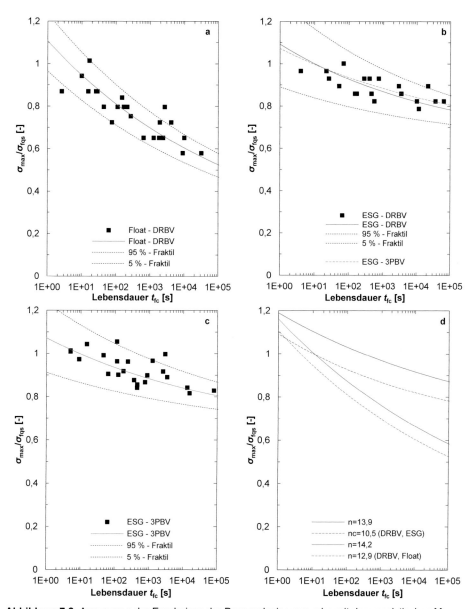

Abbildung 7.2 Anpassung der Ergebnisse der Dauerschwingversuche mit dem analytischen Modell: (a) Floatglas (DRBV, Basisversuche); (b) ESG (DRBV, Basisversuche); (c) ESG (3PBV, Basisversuche); (d) Vergleich Ausgleichskurven der Basisversuchsreihen mit einer Prognose anhand der quasi-statisch ermittelten Risswachstumsparameter

Tabelle 7.2 Bei der Anpassung der Versuchsergebnisse mit dem analytischen und numerischen Modell ermittelte Risswachstumsparameter n_c und die zugehörigen Beanspruchungskoeffizienten ζ

Glasart	Versuchsreihe		Analytisches Modell		Numerisches Modell
			n_c	ζ	n_c
			[-]	[-]	[-]
		DRBV			
Floatglas	Basisversuche	0,5 Hz / Sinus / R = 0 / RH = 50 % /UST	12,9	0,87	12,4
	Frequenz	0,25 Hz	12,5	0,86	12,1
		0,10 Hz	14,1	0,87	13,3
		0,01 Hz	13,5	0,87	12,8
	Belastungsfunktion	Dreieck	11,9	0,81	10,4
		Trapez	12,5	0,95	12,0
	Belastungstyp	R = 0,5	13,8	0,90	13,3
		R = 0,8	12,7	0,93	12,1
	Umgebungsbedingungen	N$_2$ (RH = 0,3 %)	13,9	0,82	
		H$_2$O (RH > 100 %)	12,1	0,81	13,2
	Schädigung	Vickers	13,8	0,82	14,5
	Statisch		14,2	-	14,2
ESG	Basisversuche	0,5 Hz / Dreieck / R = 0 / RH = 50 % / UST, 7 d	10,5	0,70	11,0
	Frequenz	0,10 Hz	10,5	0,74	11,1
		0,01 Hz	11,9	0,70	13,1
	Belastungsfunktion	Trapez	12,3	0,95	13,8
	Belastungstyp	R ≈ 0,7	8,1	0,59	10,7
	Umgebungsbedingungen	N$_2$ (RH = 0,3 %)	11,6	0,73	10,7
		H$_2$O (RH > 100 %)	11,7	0,67	13,2
	Schädigung und Lagerung	Vickers	11,5	0,76	10,1
		15 min	11,6	0,76	11,2
	Statisch		13,9	-	13,9
		3PBV			
ESG	Basisversuche	5 Hz / Sinus / R = 0	12,3	0,82	
	Frequenz	15 Hz	13,8	0,84	
	Belastungstyp	R ≈ 0,7	13,3	0,87	
		R = -1	11,7	0,74	
	Statisch		13,9*	-	13,9*

*Zur Anpassung der zyklischen Versuche im 3PBV wurden die statisch ermittelten Risswachstumsparameter der DRBV verwendet.

7.3 Numerisches Modell

7.3.1 Beschreibung des numerischen Modells

Die Berechnung der zyklischen Lebensdauer anhand des analytischen Modells beruht auf einer Risswachstumsprognose mit dem empirischen Potenzgesetz. Da dieses Gesetz lediglich den Bereich I der v-K-Kurve (siehe Abbildung 2.22(b)) von Kalk-Natron-Silikatglas beschreibt, werden mit dem analytischen Modell unter anderem die Ermüdungsschwelle K_0 und die Risswachstumsbereiche II und III nicht abgebildet. Um diese und die nachfolgend aufgelisteten Parameter einzubeziehen sowie den Rissfortschritt bei zyklischer Beanspruchung zu visualisieren wurde ein Skript zur Prognose der Lebensdauer bei zyklischer Belastung programmiert. Dieses wird im Folgenden als *numerisches Modell* bezeichnet. Es berücksichtigt folgende Parameter:

- Geometriefaktor Y in Abhängigkeit des Verhältnisses zwischen Risstiefe und Scheibendicke (a/d) sowie in Abhängigkeit des Verhältnisses von Risstiefe zu Rissbreite (a/c)

- Geometriefaktor Y getrennt für thermische Eigenspannung und Biegespannung

- Risswachstum getrennt für Risstiefe a und Rissbreite c

- Ermüdungsschwelle K_0

- Risswachstumsfunktionen für die Bereiche I, II, III

- Tatsächlich gemessener Spannungs-Zeit-Verlauf im Experiment

Mit dem numerischen Modell wird der Rissfortschritt mit einem numerischen Zeitschrittverfahren simuliert. Der in den diskreten Zeitschritten $\mathrm{d}t$ berechnete Risszuwachs $\mathrm{d}a$ ergibt sich dabei mit der Risswachstumsgeschwindigkeit $v(K)$ aus:

$$\mathrm{d}a = v(K) \cdot \mathrm{d}t \qquad (7.1)$$

Die Zeitschrittweite wurde für die hier untersuchten zyklischen Beanspruchungen anhand von Konvergenzstudien auf $\mathrm{d}t = 0{,}1$ ms festgelegt.

Die Risswachstumsgeschwindigkeit in den Bereichen I und III der v-K-Kurve werden mit dem Modell nach Gl. (2.19) berechnet. Für den Bereich III wird hierbei n_{III} und v_{III} anstelle von n und v_0 verwendet. Im Bereich II wird die Risswachstumsgeschwindigkeit mit $v = v_{II}$ als konstant angenommen. Unterschreitet die Spannungsintensität die Ermüdungsschwelle, wird $v = 0$ gesetzt. Die Übergänge zwischen den Bereichen werden durch die Parameter K_0, K_{rII} und K_{rIII} definiert. Für die Risswachstumsparameter im Bereich I wurden die in Kapitel 4 experimentell ermittelten Werte angesetzt bzw. n_c bei der OLS variiert. Die Bruchzähigkeit K_{Ic} sowie v_{II}, v_{III} und n_{III} wurden anhand der von

Wiederhorn [26] ermittelten v-K-Kurven (siehe Abbildung 7.3) bestimmt. Die weiteren
Parameter sind entsprechend den verwendeten Gleichungen von den genannten Parametern abhängig und wurden aus diesen berechnet (siehe Tabelle 7.3). Die Ermüdungsschwelle wurde mit $K_0 = 0{,}2$ MPa·m$^{1/2}$ bezogen auf die Literaturwerte (siehe Tabelle
A.2) relativ niedrig angesetzt, um die Simulationsergebnisse nicht außerordentlich stark
durch diesen Wert zu prägen. In späteren Berechnungen (siehe Kapitel 8) wurde der
Parameter jedoch gezielt verändert, um den Einfluss der Ermüdungsschwelle zu untersuchen.

Die Spannungsintensität wird im Modell durch die Superposition der Teillösungen
für die äußere Beanspruchung und die Eigenspannung ermittelt. Für die äußere Beanspruchung wird der Geometriefaktor dabei mit Gl. (2.7) und Gl. (2.8) nach Newman und
Raju [16–18] und für die Eigenspannungen mit Gl. (2.10) berechnet. Da der Riss nach
Gl. (2.7) und Gl. (2.8) als halbelliptisch angenommen wird und der Geometriefaktor mit
diesen Gleichungen sowohl an der tiefsten Stelle als auch an der Oberfläche berechnet
werden kann, wird es zudem möglich, die Änderung der Rissgeometrie beim Wachsen
zu erfassen. Hierzu wird die Spannungsintensität, die Risswachstumsgeschwindigkeit
und der resultierende Risszuwachs nach Gl. (7.1) getrennt in Richtung der Tiefe a und
Breite c simuliert.

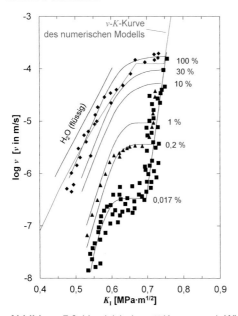

Abbildung 7.3 Vergleich der v-K-Kurven nach Wiederhorn [26] mit der im numerischen Modell
implementierten v-K-Kurve

Ein weiterer großer Vorteil bei der numerischen Simulation der Lebensdauer ist, dass
jeder beliebige Spannungs-Zeit-Verlauf eingelesen werden kann. Dies bedeutet, dass die

tatsächlich gemessenen Spannungs-Zeit-Verläufe berücksichtigt werden können. Da bei den Versuchen lediglich einzelne Probekörper bzw. nur einzelne Perioden mit einer hohen Messrate aufgenommen worden sind, wurde bei der Berechnung des Rissfortschritts anstelle des gesamten Spannungs-Zeit-Verlaufs für jede Serie der gemessene Spannungs-Zeit-Verlauf eines hochaufgelösten Schwingspiels eingelesen und alle weiteren Schwingspiele damit simuliert.

Die Regressionsanalyse zur Anpassung der Messwerte der zyklischen Versuche mit dem numerischen Modell wurde wie beim analytischen Modell mit der OLS vorgenommen. Auch hierzu wurde ein Skript programmiert, dessen Ablauf in Abbildung 7.5 schematisch dargestellt ist. Prinzipiell wird der Risswachstumsparameter n_c iterativ variiert, für die Risswachstumsparameter dann jeweils eine Ermüdungsfestigkeitskurve ermittelt und schließlich die Kurve bestimmt, die die geringste Fehlerquadratsumme zu den Messwerten aufweist. Während bei der Anpassung mit dem analytischen Modell die Fehlerquadrate in x-Richtung (log t_{fc}) gebildet wurden, wurden diese beim numerischen Modell in y-Richtung ($\sigma_{fqs}/\sigma_{max}$) gebildet.

Tabelle 7.3 Rechenparameter des numerischen Modells (Floatglas, 50 % Luftfeuchte)

Bereich I[*1]		
K_0	v_0	n
0,20 MPa·m$^{1/2}$	2,2·10^{-3} m/s	14,2
Bereich II[*2]		
K_{rII}	v_{II}	-
0,67 MPa·m$^{1/2}$	0,12·10^{-3} m/s	
Bereich III[*2]		
K_{rIII}	v_{III}	n_{III}
0,748 MPa·m$^{1/2}$	0,3 m/s	85,0

[*1] experimentell bestimmt
[*2] nach v-K-Kurven von Wiederhorn [26]

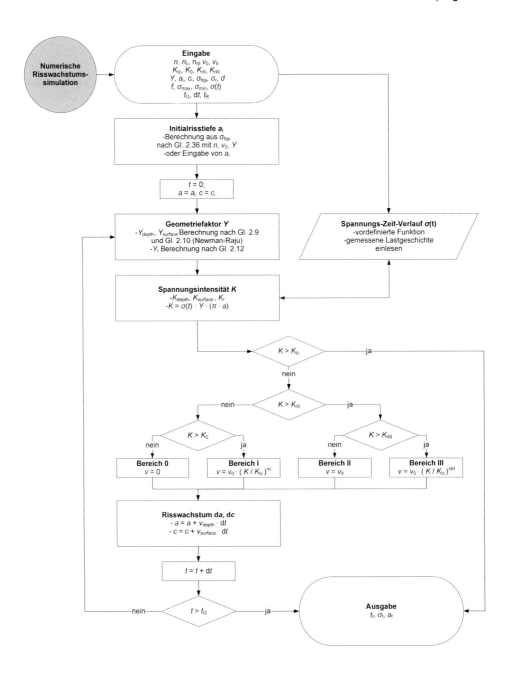

Abbildung 7.4 Schematischer Ablauf des numerischen Modells zur Lebensdauerprognose bei beliebigem Spannungs-Zeit-Verlauf

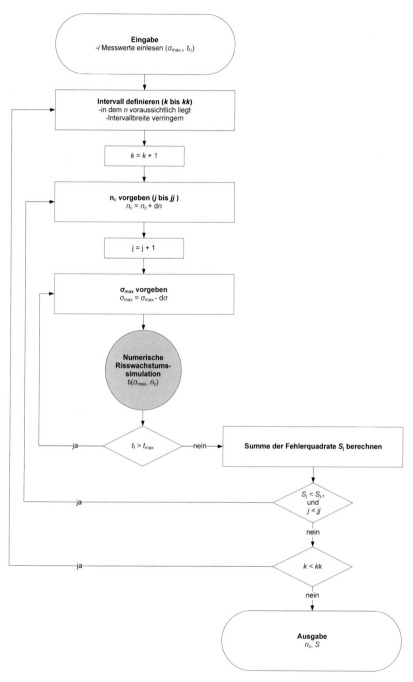

Abbildung 7.5 Schematischer Ablauf der Regressionsanalyse zur Anpassung der Messwerte mit dem numerischen Modell

7.3.2 Risswachstumssimulation

Anhand des numerischen Modells lässt sich veranschaulichen, wie sich der Riss und die Spannungsintensität bei den zyklischen Versuchen entwickeln. In Abbildung 7.6 und Abbildung 7.7 sind zwei Beispiele dargestellt: Beispiel 1 ist ein Versuch bei dem die Oberspannung der zyklischen Beanspruchung nur etwas größer als die Ermüdungsschwelle ist und der Probekörper eine hohe Lebensdauer ($t_{fc} = 76037$ s) aufweist; Beispiel 2 veranschaulicht einen Versuch mit einer deutlich höheren Beanspruchung und einer entsprechend kürzeren Lebensdauer ($t_{fc} = 32{,}8$ s). Bei Beispiel 1 wurde eine halbkreisförmige Rissgeometrie ($a/c = 1$), wie sie unter punktuellen Eindrücken auftritt, zugrunde gelegt. Bei Beispiel 2 wurde ein langer Riss ($a/c = 0{,}05 \approx 0$), wie er bei den Versuchen mit dem UST als definierte Vorschädigung eingebracht wurde, simuliert.

Betrachtet man den zeitlichen Risswachstumsverlauf von Beispiel 1, ist zu erkennen, dass der Riss über einen sehr langen Zeitraum – fast die gesamte Versuchsdauer – nur sehr langsam wächst und die Risslänge erst kurz vor dem Bruch deutlich zunimmt. Dies resultiert aus dem stark nichtlinearen v-K-Verlauf (siehe Abbildung 2.22(b)). Des Weiteren ist zu erkennen, dass der Riss aufgrund des höheren Spannungsintensitätsfaktors an der Oberfläche zunächst deutlich schneller in die Breite und erst später in die Tiefe wächst, wenn die Spannungsintensität dort ähnlich hoch wird wie an der Oberfläche.

Das Gegenteil ist bei Beispiel 2 zu beobachten; der Riss wächst bis zum Erreichen der Bruchzähigkeit ausschließlich in die Tiefe. Wie in Beispiel 1 tritt das wesentliche Wachstum des Risses erst zum Ende des Versuchs auf. Aufgrund der kurzen Lebensdauer ist der Zuwachs bei den einzelnen Schwingspielen im Detail zu erkennen: Die Zunahme der Risstiefe wird mit jeder Schwingung größer, wobei das Wachstum nur in der kurzen Zeitspanne, bei der eine relativ hohe Spannungsintensität vorliegt, stattfindet. Rechnerisch treten etwa 90 % des Risszuwachses eines Schwingspiels in der Periode auf, wenn die Spannung größer $0{,}8 \cdot \sigma_{max}$ ist. Bei der Simulation eines Schwingversuchs mit einem Probekörper aus ESG läge dieser Wert aufgrund des hohen Eigenspannungsanteils deutlich höher und der Risszuwachs träte in einer noch viel kürzeren Zeitspanne auf.

Zu beobachten ist auch, dass die Risstiefe in Beispiel 1 deutlich mehr zunimmt als in Beispiel 2. Während die Risstiefe im Beispiel 2 von $a_i = 47{,}9$ µm bis zum Bruch um etwa das Zweifache der Initialrisstiefe auf $a_c = 158{,}2$ µm zunimmt, wächst der Riss in Beispiel 1 von $a_i = 133{,}9$ µm auf $a_c = 1580{,}0$ µm um mehr als das 30-fache an.

Die Simulationen zeigen aber auch, dass die Bereiche II und III der v-K-Kurve keinen großen Einfluss auf die Lebensdauer bei zyklischer Beanspruchung haben. Erreicht die Spannungsintensität bei einem Schwingspiel ein solch hohes Niveau, kommt es spätestens beim nächsten Schwingspiel zum Bruch (siehe Abbildung 7.6(b)). Der Bruch tritt für die in den Beispielen untersuchte Frequenz von $f = 0{,}5$ Hz stets im aufsteigenden Ast der zyklischen Beanspruchung auf. Die Risstiefe nimmt im absteigenden Ast zwar weiter zu, führt aber aufgrund der abnehmenden Spannung nicht dazu, dass die Spannungs-intensität weiter steigt. Dies deckt sich auch mit den Versuchen, bei denen kein Bruch im absteigenden Ast festgestellt werden konnte.

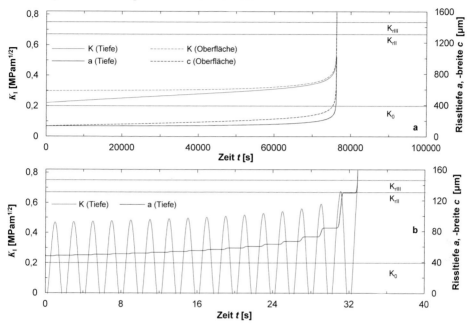

Abbildung 7.6 Risswachstum bei schwingender Belastung; Berechnete K-t- und a-t-Verläufe: (a) Beispiel 1 mit $a = c = 133,9$ µm, $\sigma_{max} = 26$ MPa, $\sigma_r = -5,7$ MPa; (b) Beispiel 2 mit $a = 47,9$ µm, $c = 1000$ µm, $\sigma_{max} = 40$ MPa, $\sigma_r = -5,7$ MPa

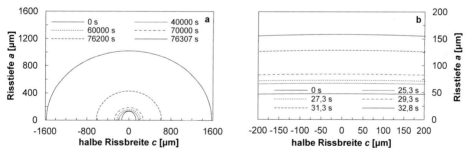

Abbildung 7.7 Risswachstum bei schwingender Belastung; Berechnete Rissgeometrie in Ab-hängigkeit von der Zeit: (a) Beispiel 1 mit $a = c = 133,9$ µm, $\sigma_{max} = 26$ MPa, $\sigma_r = -5,7$ MPa; $n_c = 12,4$, $v_0 = 2,2 \cdot 10^3$ m/s; (b) Beispiel 2 mit $a = 47,9$ µm, $c = 2000$ µm, $\sigma_{max} = 40$ MPa, $\sigma_r = -5,7$ MPa, $n_c = 12,4$, $v_0 = 2,2 \cdot 10^3$ m/s

7.3.3 Anpassung der Versuchsergebnisse mittels der Regressionsanalyse

Abbildung 7.8(a, b) zeigt die Ausgleichskurven, die mit dem numerischen Modell mittels OLS an die Ergebnisse der Basisversuchsreihen (BV) der Dauerschwing-prüfungen im DRBV (siehe Kapitel 5, Zyklische Ermüdung I) angepasst wurden. Zum Vergleich sind die Ausgleichskurven des analytischen Modells dargestellt. Der Vergleich zeigt, dass sich die mit den beiden Modellen ermittelten Kurven im Bereich von 10 s bis 10^5 s kaum voneinander unterscheiden. Darunter ($t_{fc} < 10$ s) weichen die Kurven des numerischen Modells etwas von denen des analytischen Modells ab und weisen einen stufenförmigen Verlauf auf. Besonders deutlich wird dies bei den für verschiedene Frequenzen simulierten Kurven (siehe Abbildung 7.8(c)). Der stufenförmige Verlauf resultiert aus dem oben beschriebenen Sachverhalt, dass der Risszuwachs und damit ein Bruch nur in einer kurzen Zeitspanne eines Schwingspiels auftreten. Prinzipiell weist die gesamte numerisch simulierte Kurve einen stufenförmigen Verlauf auf. Dieser ist aufgrund der logarithmischen Skalierung der Zeitachse jedoch nur bei etwa den ersten fünf Schwingungen zu erkennen. Beim analytischen Modell wird die Schwingbelastung in eine statische Belastung umgerechnet (siehe Abbildung 2.25), wodurch kein stufenförmiger Verlauf auftritt.

Auch die mit dem numerischen und analytischen Modell ermittelten Risswachstumsparameter (siehe Tabelle 7.2) zeigen prinzipiell eine gute Übereinstimmung. Bei den Basisversuchen beträgt die maximale Abweichung voneinander $\Delta n = 0{,}5$. Eine Tendenz, dass beispielsweise ein Modell zu höheren Risswachstumsparametern führt, ist an den Daten nicht abzulesen. Die Abweichung bei den weiteren Serien ist teilweise etwas größer. Sie beträgt maximal $\Delta n = 1{,}5$. Dies ist unter anderem aber auch auf die geringe Anzahl der Probekörper bei den Unterserien und der unterschiedliche Anpassungsrichtung bei der OLS zurückzuführen.

Was sich auch schon beim Vergleich der experimentell ermittelten statischen Risswachstumsparameter n mit den anhand des analytischen Modells ermittelten zyklischen Risswachstumsparametern n_c gezeigt hat, ist auch beim Vergleich mit den anhand des numerisch Modells ermittelten Risswachstumsparametern n_c festzustellen: Der Risswachstumsparameter fällt bei zyklischer Belastung geringer aus als bei quasi-statischer Belastung. Dies zeigt erneut, dass Kalk-Natron-Silikatglas geringe zyklische Ermüdungseffekte aufweist.

Die geringen Abweichungen zwischen den mit dem analytischen und dem numerischen Modell angepassten Kurven und ermittelten Risswachstumsparametern zeigen zudem, dass die Lebensdauer von Kalk-Natron-Silikatglas bei zyklischer Beanspruchung sehr gut mit dem vereinfachten analytischen Modell prognostiziert werden kann und hierzu nicht zwingend auf ein aufwendiges numerisches Modell zurückgegriffen werden muss. Durch den Vergleich der bei der OLS ermittelten Fehlerquadratsummen S (siehe

Tabelle 7.4) lässt sich aber auch erkennen, dass die lineare Regression (in Kapitel 5 und 6) die Messwerte quantitativ oftmals besser angepasst hat und die Lebensdauer somit auch mit einer einfachen Logarithmusfunktion beschrieben werden kann.

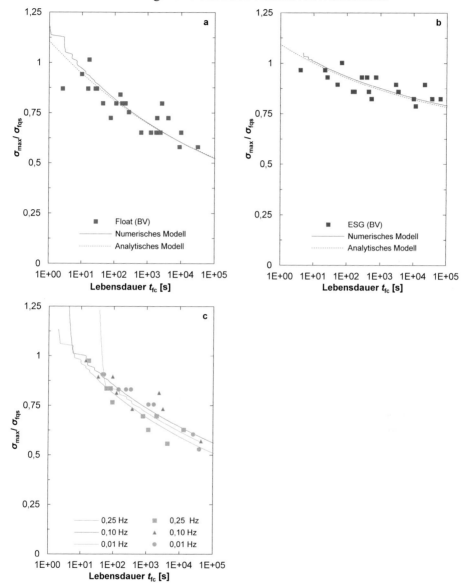

Abbildung 7.8 Anpassung der Ergebnisse der Dauerschwingversuche mit dem numerischen Modell: (a) Floatglas (DRBV, Basisversuche); (b) ESG (DRBV, Basisversuche); (c) Frequenz (DRBV, Floatglas)

Tabelle 7.4 Vergleich der minimalen Summen der Fehlerquadrate der verschiedenen Anpassungs-methoden

Glasart	Versuchsreihe		Summe der Fehlerquadrate S			
			Analytisches Modell	Numerisches Modell	Lineare Regression (Kap. 5 und 6)	
			$[(\log t_{fc})^2]$	$[MPa^2]$	$[(\log t_{fc})^2]$	$[MPa^2]$
		DRBV				
Floatglas	Basisversuche	0,5 Hz / Sinus / $R = 0$ / $RH = 50\%$ / UST	6,9	0,144	5,3	0,046
	Frequenz	0,25 Hz	1,7	0,016	1,4	0,021
		0,10 Hz	1,9	0,019	1,8	0,019
		0,01 Hz	1,8	0,013	0,2	0,003
	Belastungs-funktion	Dreieck	0,2	0,019	0,3	0,003
		Trapez	0,6	0,006	0,7	0,007
	Belastungstyp	$R = 0,5$	0,6	0,005	0,3	0,005
		$R = 0,8$	1,1	0,009	0,5	0,008
	Umgebungs-bedingungen	N_2 ($RH = 0,3\%$)	3,3	0,014	11,2	0,046
		H_2O ($RH > 100\%$)	1,0		0,4	0,005
	Schädigung	Vickers	2,8	0,093	3,7	0,032
ESG	Basisversuche	0,5 Hz / Dreieck / $R = 0$/ $RH = 50\%$ / UST, 7 d	14,3	0,038	22,2	0,033
	Frequenz	0,10 Hz	3,6	0,010	5,4	0,005
		0,01 Hz	7,3	0,015	3,4	0,010
	Belastungs-funktion	Trapez	11,8	0,020	4,5	0,015
	Belastungstyp	$R \approx 0,7$	2,6	0,011	1,3	0,006
	Umgebungs-bedingungen	N_2 ($RH = 0,3\%$)	2,6	0,003	94,3	0,003
		H_2O ($RH > 100\%$)	3,3	0,010	2,0	0,004
	Schädigung und Lagerung	Vickers	6,9	0,010	6,4	0,006
		15 min	6,8	0,021	7,4	0,008
		3PBV				
ESG	Basisversuche	5 Hz / Sinus / $R = 0$	36,1	-	69,2	0,096
	Frequenz	15 Hz	6,4	-	11,9	0,013
	Belastungstyp	$R \approx 0,7$	4,4	-	6,3	0,010
		$R = -1$	5,4	-	22,5	0,016

7.4 Zusammenfassung

In diesem Kapitel wurden die experimentellen Ergebnisse aus Kapitel 5 und 6 mit Lebensdauerprognosen anhand der theoretischen Risswachstumsgesetze verglichen. Hierzu wurde ein einfaches analytisches Modell basierend auf dem empirischen Potenzgesetz und ein detailliertes numerisches Modell, bei dem der Risszuwachs in diskreten Zeitschritten berechnet wird, verwendet. Mit dem numerischen Modell wurde zudem der Rissfortschritt veranschaulicht.

Beim Vergleich mit den Messdaten zeigt sich, dass die Festigkeit bei schwingender Beanspruchung deutlich geringer ausfällt als nach den theoretischen Lebensdauerprognosen erwartet. Der Unterschied ist sowohl feststellbar, wenn bei der Berechnung die in Kapitel 4 anhand von Biegeversuchen ermittelten Risswachstumsparameter verwendet werden, als auch beim Ansatz von Werten aus der Literatur.

Durch Regressionsanalysen wurden mit den beiden Modellen zyklische Risswachstumsparameter n_c ermittelt, die die Messdaten mit den Risswachstumsgesetzen besser beschreiben können. Anhand der guten Übereinstimmung kann gezeigt werden, dass die Festigkeit bei schwingender Beanspruchung sowie die Streuung im direkten Verhältnis zur statischen Festigkeit stehen. Auch die bei den Versuchen untersuchten Einflüsse auf die zyklische Ermüdung lassen sich mit den Risswachstumsgesetzen abbilden. Es wurde aber auch festgestellt, dass die anhand der zyklischen Versuche bestimmten Risswachstumsparameter n_c geringer ausfallen als die bei quasi-statischen Versuchen bestimmten Werte n. Zur Prognose der Bruchzeit sind bei periodischer Belastung folglich geringere Risswachstumparameter als bei quasi-statischer Beanspruchung zu verwenden. Dies zeigt zudem, dass Kalk-Natron-Silikatglas, anders als angenommen, zumindest geringe zyklische Ermüdungseffekte aufweist.

Die mit dem analytischen und dem numerischen Modell bestimmten Ermüdungsfestigkeitskurven sowie die ermittelten Risswachstumsparameter weisen nur geringe Unterschiede auf. Dementsprechend kann die Lebensdauer von Kalk-Natron-Silikatglas bei zyklischer Beanspruchung sehr gut mit dem vereinfachten analytischen Modell prognostiziert werden, und hierzu muss nicht zwingend auf ein aufwändiges numerisches Modell zurückgriffen werden.

8 Dauerschwingfestigkeit

8.1 Allgemeines

Für die praktische Bemessung ist von besonderem Interesse, ob thermisch entspanntes und thermisch vorgespanntes Kalk-Natron-Silikatglas eine Dauerschwingfestigkeit besitzt. Die Dauerschwingfestigkeit σ_D bezeichnet die Belastungsgrenze, unterhalb derer bei zyklischer Belastung kein Bruch auftritt. Bei den in der Literatur zu findenden Versuchen zur zyklischen Ermüdung von Kalk-Natron-Silikatglas [6–8] wurde dies bisher nicht untersucht.

Ausgehend von v-K-Messungen kann für Kalk-Natron-Silikatglas bei quasi-statischer Belastung eine Ermüdungsschwelle K_0 von etwa 0,15 bis 0,28 MPa·m$^{1/2}$ in Wasser [41, 52–55] und von etwa 0,37 bis 0,39 MPa·m$^{1/2}$ bei 50 % Luftfeuchte [52, 54] nachgewiesen werden (siehe Abschnitt 2.4.6 und Anhang A.2). An der Ermüdungsschwelle K_0 fällt die Risswachstumsgeschwindigkeit mit abnehmender Spannungsintensität stark ab. Mit heutigen v-K-Messungen sind Risswachstumsgeschwindigkeiten von 10^{-14}m/s messbar. Es ist zu erwarten, dass, wenn die Spannungsintensität der Oberspannung unter der Ermüdungsschwelle liegt, kein Rissfortschritt auftritt und sich somit ein Dauerschwingfestigkeitsbereich einstellt.

Bei Belastungen unterhalb der Ermüdungsschwelle treten Rissheilungseffekte auf (siehe 2.4.9). Diese führen dazu, dass Risse in Gläsern nach einer Belastung unterhalb der Ermüdungsschwelle (Belastungspause) einer höheren Spannungsintensität ausgesetzt werden müssen als zuvor, um weiter zu wachsen. Bei zyklischer Belastung ($R \leq 0$) werden die Risse stets einer Belastung unterhalb der Ermüdungsschwelle und oberhalb der Ermüdungsschwelle ausgesetzt. Aus diesem Grund ist nicht auszuschließen, dass sich bei zyklischer Beanspruchung eine Dauerschwingfestigkeit σ_D einstellt, die rechnerisch von der bei quasi-statischen Risswachstumsmessungen ermittelten Ermüdungsschwelle abweicht.

Um die Existenz einer Dauerschwingfestigkeit bzw. einer Ermüdungsschwelle (K_0) bei zyklischer Belastung zu überprüfen und zu quantifizieren, werden im Folgenden zunächst die Ergebnisse der bisher durchgeführten Dauerschwingversuche hinsichtlich dieser Fragestellung ausgewertet und anschließend weitere experimentelle Untersuchungen vorgestellt.

8.2 Auswertung der zyklischen Versuche

Lebensdauer

Bei den in Kapitel 5 und 6 vorgestellten experimentellen Untersuchungen wurden Schwingprüfungen vorgenommen, die nach einer maximalen Prüfzeit von 10^5 s abgebrochen wurden. Tatsächlich aber wurden nicht alle Prüfungen, bei denen es zu keinem Bruch der Probekörper gekommen ist, sofort nach Erreichen der maximalen Versuchsdauer abgebrochen. Die Durchläufer liefen oftmals noch eine Nacht ($\approx 1{,}5 \cdot 10^5$ s), einige ein Wochenende ($\approx 3 \cdot 10^5$ s) und einzelne eine ganze Woche ($\approx 7 \cdot 10^5$ s) weiter. Bei keinem dieser Durchläufer ist ein Bruch außerhalb der festgelegten Prüfzeit aufgetreten.

Bei allen Versuchsserien wurde versucht, den gesamten Zeitbereich mit Messwerten abzubilden. Hierbei bereitete es Schwierigkeiten Messwerte mit einer Lebensdauer größer 10^4 s zu erhalten: Unterhalb dieser Zeit konnten Brüche relativ gut prognostiziert werden; oberhalb traten häufig Durchläufer auf.

Aufgrund dieser Beobachtungen wird vermutet, dass Kalk-Natron-Silikatglas eine Dauerschwingfestigkeit besitzt oder die Ermüdungskurve zumindest in Richtung der Horizontalen abknickt und ähnlich wie bei der Wöhler-Linie (siehe Abschnitt 2.1.2) einen Zeitfestigkeits- und Dauerfestigkeitsbereich ausbildet.

Entsprechend den am spätesten gemessenen Brüchen (DRBV: $t_{fc} = 64102$ s; 3PBV $t_{fc} = 79897$ s) wird erwartet, dass die Zeit, nach der keine weiteren Brüche auftreten, in einem ähnlichen Bereich liegt. Die Dauerschwingfestigkeit sollte bezogen auf die quasi-statische Biegezugfestigkeit σ_{fqs} demzufolge etwa $\sigma_D = 0{,}5 \cdot \sigma_{fqs}$ bis $0{,}6 \cdot \sigma_{fqs}$ (Floatglas) bzw. $\sigma_D = 0{,}78 \cdot \sigma_{fqs}$ bis $0{,}83 \cdot \sigma_{fqs}$ (ESG) betragen.

Auch aus den Experimenten in der Literatur (siehe Tabelle 8.1) geht hervor, dass sowohl die spätesten Brüche in einem ähnlichen Zeitfenster festgestellt wurden als auch die niedrigste zum Bruch führende Beanspruchung annähernd gleich ausfällt.

Tabelle 8.1 Lebensdauer der spätesten Brüche und niedrigste zum Bruch führende Beanspruchung bei Schwingversuchen mit Kalk-Natron-Silikatglas aus der Literatur

Quelle	Lebensdauer des spätesten Bruchs	niedrigste zum Bruch führende Beanspruchung
	t_{fc}	$\sigma_{max} / \sigma_{fqs}$
	[s]	[-]
Gurney [6]	$1{,}5 \; 10^5$	0,5*
Lü [7]	$1{,}0 \; 10^5$	0,57*
Sglavo [8]	$3{,}5 \; 10^5$	0,5*

*σ_{fqs} abgeschätzt aus $\sigma_{fqs} = \sigma_{max}$ bei $t_{fc} = 1$ s

Durchläufer

Die Durchläufer haben die Schwingversuche, ohne zu brechen, überstanden. Unter der Annahme, dass diese nicht gebrochen sind, weil die Beanspruchung unterhalb der Ermüdungsschwelle gelegen hat, kann die Ermüdungsschwelle abgeschätzt werden, indem die Spannungsintensität berechnet wird, der die Durchläufer bei den Versuchen ausgesetzt waren. Tatsächlich ist für den einzelnen Durchläufer jedoch nicht auszuschließen, dass der Riss über die Versuchsdauer gewachsen ist und die Spannungsintensität am Ende des Versuchs nur knapp unterhalb der Bruchzähigkeit gelegen hat.

Durch Einsetzten der Initialrisstiefe a_i, der gemessenen Eigenspannung σ_r und der auf einen Probekörper aufgebrachten Oberspannung σ_{max} in Gl. (8.1) kann die maximale Spannungsintensität K_I, die bei einem Schwingspiel am Riss erreicht wird, berechnet werden. Die Initialrisstiefe a_i kann dabei mit Gl. (2.33) aus dem Mittelwert der Bruchspannung der Vergleichsprobekörper abgeschätzt werden.

$$K_I = (\sigma_{max}\, Y - \sigma_r\, Y_r)\, \sqrt{\pi\, a_i} \qquad\qquad (8.1)$$

In Abbildung 8.1 sind die mit Gl. (8.1) berechneten Spannungsintensitäten aller Durchläufer der Versuche im DRBV sowie 3PBV mit Floatglas und ESG zusammengestellt. Die so berechneten Spannungsintensitätsfaktoren der Durchläufer streuen zwischen 0,11 MPa·m$^{1/2}$ und 0,39 MPa·m$^{1/2}$. Der Gesamtmittelwert aller Durchläufer bei 50 % relativer Luftfeuchte beträgt 0,25 MPa·m$^{1/2}$.

Statistisch kann davon ausgegangen werden, dass die Risstiefe der Durchläufer kleiner ist als die mittlere Risstiefe aller Probekörper: Ein Ausreißer nach oben – große Risstiefe – wird einen Dauerschwingversuch nicht überstehen, ein Ausreißer nach unten – kleine Risstiefe – hingegen schon. Die Oberspannung wurde bei den Dauerschwingversuchen schrittweise gesenkt, so dass die Ermüdungsschwelle anhand der Durchläufer in jedem Fall – um bis zu eine Laststufe – unterschätzt wird. Aus diesen Gründen ist zu erwarten, dass die Ermüdungsschwelle eher zwischen dem Mittel- und dem Maximalwert als zwischen dem Minimal- und dem Mittelwert liegt.

Beim Vergleich der berechneten Spannungsintensitäten (siehe Abbildung 8.1) der Durchläufer von Floatglas und ESG ist kein klarer Unterschied erkennbar: Bei den Durchläufern der DRBV weist das Floatglas einen etwas höheren Durchschnitts- und Maximalwert auf, bei den 3PBV dagegen das ESG. Gemittelt über die DRBV und 3PBV ergibt sich für das Floatglas ein Mittelwert von 0,26 MPa·m$^{1/2}$ und für das ESG ein Mittelwert von 0,25 MPa·m$^{1/2}$.

Die Spannungsintensitäten der Durchläufer der in destilliertem Wasser durchgeführten Versuche fallen niedriger aus als die der bei 50 % Luftfeuchte durchgeführten Versuche. Für die Versuche in Wasser liegt der Mittelwert bei 0,19 MPa·m$^{1/2}$ und der Maximalwert bei 0,25 MPa·m$^{1/2}$ im Vergleich zu 0,25 MPa·m$^{1/2}$ und 0,39 MPa·m$^{1/2}$ bei 50 % relativer Luftfeuchte. Die anhand der Durchläufer ermittelten Werte decken sich sehr gut mit den durch Risswachstumsmessungen bestimmten Werten in der Literatur.

Auch die Beobachtung, dass die Ermüdungsschwelle der Versuche im Wasser etwas niedriger liegt als bei 50 % Luftfeuchte, stimmt damit überein. In [41, 52–55] wird ein Wert von $K_0 = 0,15$ bis $0,28$ MPa·m$^{1/2}$ in Wasser und in [52, 54] ein Wert von $K_0 = 0,37$ bis $0,39$ MPa·m$^{1/2}$ bei 50 % relativer Luftfeuchte genannt.

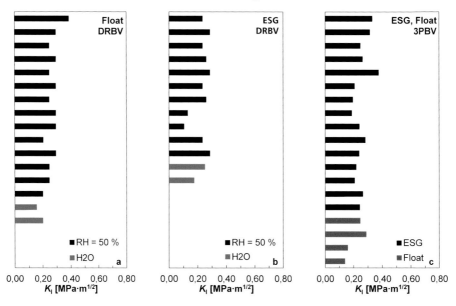

Abbildung 8.1 Spannungsintensitätsfaktoren K_I der Durchläufer, berechnet aus der gemessenen Oberspannung σ_{max} und der mittleren Initialrisstiefe a_i der Vergleichsprobekörper

Ermüdungskurven

Abbildung 8.2 zeigt einen Vergleich der Brüche der Dauerschwingprüfungen (DRBV, Basisversuche mit Floatglas und ESG) mit numerisch berechneten Lebensdauerprognosen. Zur Berechnung der Lebensdauerprognosen wurde das numerische Modell nach Abschnitt 7.3 verwendet. Hierbei wurde die Ermüdungsschwelle in $0,05$ MPa·m$^{1/2}$-Schritten zwischen $0,2$ MPa·m$^{1/2}$ und $0,45$ MPa·m$^{1/2}$ variiert. Für $K_0 = 0,20$ MPa·m$^{1/2}$ ist im untersuchten Zeitbereich von $1 \cdot 10^5$ s sowohl für das Floatglas als auch für das ESG kein Einfluss zu erkennen. Für $K_0 = 0,25$ MPa·m$^{1/2}$ knickt die Kurve bei etwa $\sigma_{max} / \sigma_{fqs} = 0,59$ (Floatglas) bzw. $0,82$ (ESG) ab. Anhand der Diagramme lässt sich die Ermüdungsschwelle auf ein Maximum von $0,3$ MPa·m$^{1/2}$ einseitig beschränken. Eine höhere Ermüdungsschwelle würde bedeuten, dass eine Vielzahl der gemessenen Brüche unterhalb der Ermüdungsschwelle aufgetreten wären.

Zusammen mit den anhand der Durchläufer gewonnenen Erkenntnissen lässt sich die Ermüdungsschwelle so auf einen Bereich von $0,25$ MPa·m$^{1/2}$ bis $0,30$ MPa·m$^{1/2}$ eingrenzen. Dies ist gleichbedeutend mit einer Dauerschwingfestigkeit von etwa $\sigma_D = 0{,}59 \cdot \sigma_{fqs}$ bis $0{,}70 \cdot \sigma_{fqs}$.

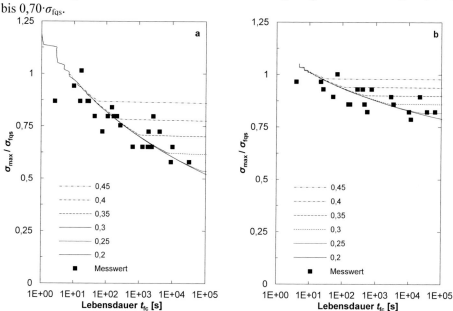

Abbildung 8.2 Numerisch berechnete Ermüdungskurven für verschiedene Werte der Ermüdungs-schwelle K_0 im Vergleich mit den Ergebnissen der zyklischen Versuche im DRBV: (a) Floatglas, (b) ESG

8.3 Treppenstufen-Versuche

8.3.1 Allgemeines

Um die oben beschriebenen Ergebnisse zu stützen und die Dauerschwingfestigkeit näher zu quantifizieren, werden im Folgenden weitere experimentelle Untersuchungen vorge-stellt. Bei den bisherigen Untersuchungen (DRBV, 3PBV) wurden die Versuche nach einer maximalen Prüfzeit von 10^5 s ($\approx 27{,}7$ h) abgebrochen. Um ein Abknicken der Er-müdungskurven feststellen zu können, müssen entsprechend Versuche mit einer darüberhinausgehenden Prüfzeit vorgenommen werden. Zur statistischen Belegung soll-te mit dem Treppenstufenverfahren (siehe unten) der Festigkeitswert nach 10^5 s und 10^6 s ($\approx 11{,}6$ d) bestimmt und dann mit den bereits ermittelten Ermüdungskurven vergli-chen werden.

8.3.2 Durchführung

Die Versuche wurden im DRBV vorgenommen. Die Durchführung entspricht größtenteils der in Abschnitt 5.5 beschriebenen Durchführung der zyklischen Versuche im DRBV. Für die Versuche wurden jeweils 30 Probe- und 10 Vergleichsprobekörper aus Floatglas und ESG der Charge 1 verwendet (siehe Kapitel 4). Die Probekörper wurden wie in Abschnitt 5.5.4 beschrieben definiert vorgeschädigt. Für die Versuche mit Floatglas wurde der DRBV-40/80 und für die Versuche mit ESG der DRBV-30/60 verwendet. Die Versuche wurden unter konditionierten Versuchsbedingungen ($RH = 50 \pm 3\,\%$, $T = 23 \pm 1\,°C$) durchgeführt. Abweichend von den vorherigen Versuchen wurde das nachstehend beschriebene Treppenstufen-Verfahren angewandt.

Treppenstufenverfahren

Mit dem Treppenstufenverfahren [10, 11] wird anstelle einer ganzen Zeitfestigkeits-Linie nur ein Festigkeitswert für eine vorgegebene Grenzschwingspielzahl bzw. für eine maximale Versuchsdauer bestimmt. Jeder Versuch läuft solange, bis die Grenzschwingspielzahl erreicht wird oder der Probekörper bricht. Vor der Durchführung der Versuche wird hierzu eine äquidistante Einteilung der Spannungshorizonte, die sogenannte Treppenstufen-Teilung, vorgenommen. Tritt bei einem Versuch ein Bruch auf, wird die Laststufe beim nächsten Versuch verringert, tritt kein Bruch auf, wird die Laststufe erhöht. Hierdurch pendelt sich der Versuch eigenständig auf einen Mittelwert ein. Das ursprüngliche Auswertungsverfahren nach Dixon [118] wurde durch Hück [119] weiterentwickelt, so dass auch die Durchläufer der Versuche berücksichtigt werden können. Der Mittelwert $\bar{\sigma}$ berechnet sich nach Hück [119] mit folgender Gleichung:

$$\bar{\sigma} = \sigma_0 + \Delta\sigma \cdot \left(\frac{\sum i \cdot H_i}{\sum H_i} \right) \qquad (8.2)$$

Hierbei ist H_i die Anzahl der jeweils auf den Spannungshorizonten i geprüften Proben, σ_0 die Oberspannung des untersten Spannungshorizonts ($i = 0$) und $\Delta\sigma$ die Stufenteilung. Die Standardabweichung s kann mit der Varianz v nach Gl. (8.3) aus dem Diagramm in Abbildung 8.3 abgelesen werden.

$$v = \left(\frac{\sum H_i \cdot \sum i^2 \cdot H_i - (\sum i \cdot H_i)^2}{(\sum H_i)^2} \right) \qquad (8.3)$$

Bei der Auswertung nach Hück [119] muss zudem beachtet werden, dass dabei ein fiktiver Versuch, dessen Spannungshorizont sich aus dem letzten Versuch ableitet, hinzugefügt werden kann und anfängliche Treppenstufen, die nicht ein weiteres Mal belegt wurden, nicht berücksichtigt werden.

Für die hier durchgeführten Versuche im Treppenstufenverfahren wurden die Treppenstufen mit 250 N angenommen. Dies entspricht $\Delta\sigma = 3,4$ MPa beim Floatglas und

$\Delta\sigma = 3,1$ MPa beim ESG. Die erste Laststufe wurde beim Floatglas mit 23,6 MPa und beim ESG mit 138,5 MPa geschätzt. Die Versuche wurden nach 10^5 s bzw. 10^6 s beendet. Für die Treppenstufen-Versuche mit Floatglas wurden jeweils 15 Probekörper vorgesehen, für die Versuche mit ESG jeweils 10 Probekörper.

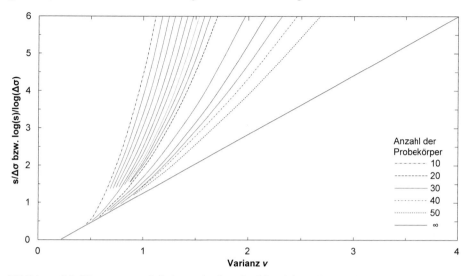

Abbildung 8.3 Diagramm zur Schätzung der Standardabweichung bei der Auswertung von Treppenstufen-Versuchen nach Hück [119] mit Daten aus [11]

8.3.3 Ergebnisse und Auswertung

Bei den Biegezugfestikeitsprüfungen der quasi-statischen Vergleichsprobekörper haben sich Mittelwerte von $\sigma_{\mathrm{fqs}} = 48,3$ MPa (Floatglas) und $\sigma_{\mathrm{fqs}} = 169,7$ MPa (ESG) eingestellt.

Die Ergebnisse der Dauerschwingprüfungen im Treppenstufen-Verfahren sind in Tabelle 8.2 und in Abbildung 8.4 dargestellt. Abbildung 8.4 zeigt die Lebensdauer der einzelnen Probekörper. Hierbei ist, wie auch schon bei den Dauerschwingversuchen im DRBV und 3PBV, festzustellen, dass die Brüche vornehmlich im Bereich unter 10^5 s auftreten, der größere Teil sogar unter 10^4 s. Zwischen 10^5 s und 10^6 s konnte lediglich ein Bruch nach einer Zeit von $1,21 \cdot 10^5$ s registriert werden. Bei den Versuchen mit Floatglas trat ein Bruch mit einem anderen Bruchursprung als der definierten Vorschädigung auf. Dieser Probekörper wurde durch einen neuen ersetzt.

Tabelle 8.2 Statistische Auswertung der Treppenstufen-Versuche

		Spannungs-horizont i [-]	Ober-spannung σ_{max} [Mpa]	Ergebnisse der Versuche (x = gebrochen; o = nicht gebrochen, f = fiktiver Probekörper)	Häufigkeit H_i	$i \cdot H_i$	$i^2 \cdot H_i$
Floatglas	10^5 s	3	30,4	x x x	3	9	27
		2	27,0	o x x o x o f	7	14	28
		1	23,6	o o x o o	5	5	5
		0	20,2	o	1	0	0
		Summe			16	28	60
	10^6 s	3	30,4	x x	2	6	18
		2	27,0	x o o x x f	6	12	24
		1	23,6	o o o x x o	6	6	6
		0	20,2	o o	2	0	0
		Summe			16	24	48
ESG	10^5 s	3	141,7	x x x	3	9	27
		2	138,5	o x o o x	5	10	20
		1	135,4	o x	2	2	2
		0	132,2	f	1	0	0
		Summe			11	21	49
	10^6 s	2	138,5	x x x x f	5	10	20
		1	135,4	o x o o o	5	5	5
		0	132,2	o	1	0	0
		Summe			11	15	25

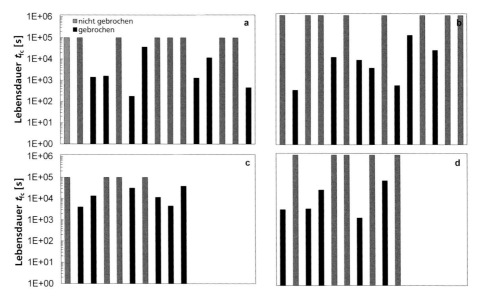

Abbildung 8.4 Lebensdauer der einzelnen Probekörper bei den Treppenstufen-Versuchen: Floatglas mit einer max. Versuchsdauer von (a) 10^5 s und (b) 10^6 s, ESG mit einer max. Versuchsdauer von (c) 10^5 s, (d) 10^6 s

Tabelle 8.3 Ergebnisse der Treppenstufen-Versuche

Glasart	Versuchsdauer	Dauerfestigkeit σ_D			
	t	$\bar{x}$	s	$\bar{x}$	P = 95 %
	[s]	[MPa]	[MPa]	[-]	
Floatglas	10^5 s	25,2	3,7	0,52	0,48*
	10^6 s	26,1	4,1	0,54	0,49*
ESG	10^5 s	138,3	7,9	0,81	0,78*
	10^6 s	136,5	1,9	0,80	0,79*

*Die angegebenen Werte besitzen eine Aussagewahrscheinlichkeit von 95 %, die nach Gl. (2.73) für ein zweiseitiges Konfidenzintervall berechnet wurde.

Die statistische Auswertung nach dem Verfahren von Hück [119] ist Tabelle 8.2 zu entnehmen. Durch Einsetzen der ermittelten Werte in Gl. (8.2) und (8.3) lassen sich die Mittelwerte der Festigkeit sowie die Standardabweichung bestimmen. Die hiermit aus den Versuchen abgeleiteten Werte sind in Tabelle 8.3 zusammengestellt.

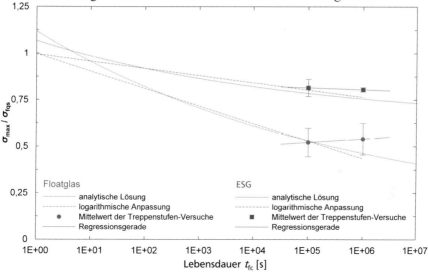

Abbildung 8.5 Vergleich der Ergebnisse der Treppenstufen-Versuche (Dauerschwingfestigkeit) mit den Ermüdungskurven der Schwingversuche im DRBV

Vergleicht man diese Ergebnisse mit den zuvor bei den Dauerschwingversuchen im DRBV ermittelten Ermüdungskurven (analytisches Modell, lineare Regression), fällt auf, dass die Festigkeit nach 10^5 s in etwa mit den Ausgleichskurven zusammenfällt (siehe Abbildung 8.5). Die Festigkeit nach 10^6 s hingegen liegt deutlich über diesen Kurven. Beim Floatglas ist sogar ein leichter Anstieg der Festigkeit bei 10^6 s gegenüber der Festigkeit bei 10^5 s festzustellen. Verbindet man die ermittelten Festigkeitswerte mit einer Geraden, ist zudem zu erkennen, dass die Steigung gegenüber den Ausgleichskurven deutlich flacher ausfällt.

Diese Ergebnisse bestätigen die zuvor beschriebenen Beobachtungen und zeigen, dass eine Dauerschwingfestigkeit in diesem Bereich existiert. Gemittelt aus den Festigkeitswerten bei 10^5 s und 10^6 s beträgt die Dauerschwingfestigkeit beim Floatglas damit $\sigma_D = 0{,}52 \cdot \sigma_{fqs}$ und $\sigma_D = 0{,}81 \cdot \sigma_{fqs}$ beim ESG.

8.4 Zusammenfassung

Die Dauerschwingfestigkeit bezeichnet die Belastungsgrenze, unterhalb derer bei zyklischer Belastung kein Bruch auftritt. Bei statischer bzw. quasi-statischer Beanspruchung kann für Kalk-Natron-Silikatglas eine Ermüdungsschwelle K_0 nachgewiesen werden, bei der die Risswachstumsgeschwindigkeit mit abnehmender Spannungsintensität stark abfällt. Zu erwarten ist, dass diese Ermüdungsschwelle auch bei zyklischer Belastung vorhanden ist, dass kein Rissfortschritt bei geringeren Belastungen auftritt und dass sich dementsprechend ein Dauerschwingfestigkeitsbereich ausbildet. Um die Existenz einer solchen Dauerschwingfestigkeit σ_D bzw. einer Ermüdungsschwelle K_0 bei zyklischer Belastung nachzuweisen und zu quantifizieren, wurden in diesem Kapitel zunächst die Ergebnisse der bisher durchgeführten Dauerschwingversuche hinsichtlich dieser Fragestellung ausgewertet und anschließend weitere experimentelle Untersuchungen vorgestellt.

Bei der Auswertung der Durchläufer und dem Vergleich der Messwerte aus Kapitel 5 mit Simulationen mit dem numerischen Modell hat sich gezeigt, dass die Ermüdungsschwelle bei zyklischer Beanspruchung und 50 % relativer Luftfeuchte im Bereich von $K_0 = 0{,}25$ bis $0{,}30$ MPa·m$^{1/2}$ liegt.

Um diesen Wert näher zu quantifizieren und statistisch abzusichern, wurden Dauerschwingversuche im Treppenstufenverfahren vorgenommen. Es wurden Versuche mit einer maximalen Versuchsdauer von 10^5 s und 10^6 s vorgenommen. Zwischen den Festigkeitswerten bei 10^5 s und 10^6 s konnte hierbei kein signifikanter Unterschied festgestellt werden. Dies zeigt, dass die Ermüdungsfestigkeitskurven in diesem Zeitbereich abknicken und Kalk-Natron-Silikatglas eine sogenannte Dauerschwingfestigkeit besitzt. Beim Floatglas liegt die Dauerschwingfestigkeit bei etwa 53 % der quasi-statischen Biegezugfestigkeit, beim ESG bei 81 %. Diese Werte entsprechen einer Ermüdungsschwelle von $K_0 = 0{,}25$ MPa·m$^{1/2}$ bzw. $K_0 = 0{,}27$ MPa·m$^{1/2}$. Sie liegen damit deutlich niedriger als die anhand von v-K-Messungen bei 50 % relativer Luftfeuchte in [52, 54] ermittelten Werte von $K_0 = 0{,}37$ und $0{,}39$ MPa·m$^{1/2}$.

9 Rissheilungseffekte bei periodischer Beanspruchung

9.1 Allgemeines

Bei den bisherigen Versuchen wurde die Schwingfestigkeit, d.h. die Ermüdungsfestigkeit bei periodisch wiederholter Belastung, ermittelt. In der Praxis treten die periodisch wiederkehrenden Belastungen zufallsartig mit variierender Amplitude und Oberspannung auf (Betriebsfestigkeit). Zwischen den einzelnen Schwingspielen können unterschiedlich lange Zeitspannen auftreten, in denen überhaupt keine Belastung vorliegt (siehe Abbildung 1.2). Anhand der bisherigen Ergebnisse konnte gezeigt werden, dass die zyklische Ermüdung im Wesentlichen ein zeitabhängiger Prozess ist. Des Weiteren konnte gezeigt werden, dass eine Ermüdungsschwelle auch bei zyklischer Beanspruchung existiert (siehe Kapitel 8). Bei statischer Belastung unterhalb der Ermüdungsschwelle treten Rissheilungseffekte auf, die zu einer Festigkeitssteigerung bei Wiederbelastung oberhalb der Ermüdungsschwelle führen können (siehe Abschnitt 2.4.9). Inwieweit das auch auf zyklische bzw. periodisch wiederkehrende Beanspruchungen übertragbar ist, wurde bisher nicht untersucht. Prinzipiell tritt bei jedem Schwingspiel (reine Zugschwell- oder Wechselbeanspruchung mit $\sigma_{max} > \sigma_D$) eine Spannungsintensität an der Rissspitze ober- und unterhalb der Ermüdungsschwelle auf. Bei realen Beanspruchungen sind die Risse in Gläsern oft über einen langen Zeitraum gar nicht oder nur geringen Spannungsintensitäten ausgesetzt.

Bei der Bemessung anhand von Normen und technischen Regelwerken werden Rissheilungseffekte stets „auf der sicheren Seite liegend" vernachlässigt. Im Folgenden werden experimentelle Untersuchungen vorgestellt, mit denen überprüft werden soll, inwieweit Rissheilungseffekte die zyklische Ermüdung von thermisch entspanntem und vorgespanntem Kalk-Natron-Silikatglas beeinflussen (siehe Abbildung 9.1).

9.2 Versuche mit Belastungspausen I – Durchläufer und Schwingspielzahl

9.2.1 Versuchskonzept

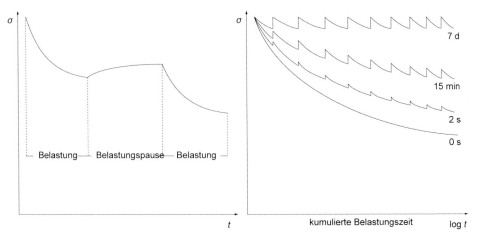

Abbildung 9.1 Schematische Darstellung des erwarteten Einflusses von Rissheilungseffekten in Belastungspausen auf die zyklische Ermüdung von Kalk-Natron-Silikatglas: unter Belastung nimmt die Festigkeit ab; in Zeitspannen ohne Belastung (Belastungspausen) führen Rissheilungseffekte zu einer Festigkeitssteigerung; je länger die Zeitspanne ohne Belastung ist, desto größer der Rissheilungseffekt

Um die Einflüsse von Rissheilungseffekten auf die Ermüdungsfestigkeit von thermisch entspanntem und thermisch vorgespanntem Kalk-Natron-Silikatglas zu untersuchen, wurden Versuche mit Belastungspausen unterschiedlicher Dauer zwischen den einzelnen Schwingspielen vorgenommen (siehe Abbildung 9.2). Die Belastungspausen t_r wurden auf 2 s, 1 min, 15 min, 1 d und 7 d festgelegt. Zum Vergleich wurde zusätzlich eine Serie ohne Belastungspausen vorgesehen. Erwartet wurde, dass aufgrund von Rissheilungseffekten die Festigkeit mit zunehmender Belastungspause zunimmt, und bei den Belastungspausen von einem Tag und einer Woche wird erwartet, dass überhaupt keine Brüche messbar sind. Die Grenzschwingspielzahl wurde zu $N_{max} = 50$ festgelegt. Ziel war es, durch große Belastungspausen einen möglichst großen Effekt der Rissheilung beobachten zu können. Damit bei jedem Schwingspiel ein deutlicher Rissfortschritt auftritt und dieser innerhalb der 50 Schwingspiele zum Bruch führt, wurde die Oberspannung der Schwingspiele entsprechend der quasi-statischen Vergleichsprüfungen auf $\sigma_{max} = \sigma_{fqs}$ festgelegt. Als Beanspruchungsfunktion wurde eine dreiecksförmige Belastung mit einer Periode von 4 s gewählt.

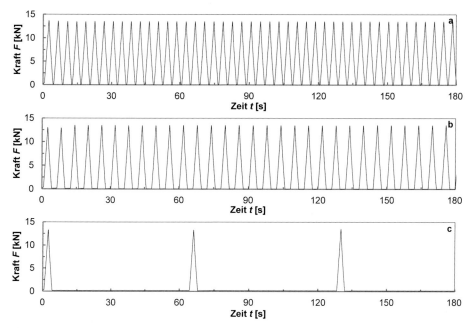

Abbildung 9.2 Ausschnitte von Kraft-Zeit-Verläufen der Versuche mit Belastungspausen von (a) $t_r = 0$, (b) $t_r = 2$ s und (c) $t_r = 1$ min

9.2.2 Durchführung

Die Versuche wurden im Doppelring-Biegeversuch (DRBV, siehe Abschnitt 5.3) vorgenommen. Für die Versuche mit Belastungspausen von $t_r = 2$ s, 1 min und 15 min wurde die Prüfvorschrift so angepasst, dass die Belastungspausen zwischen den einzelnen Schwingspielen automatisch erfolgten. Bei den Versuchsreihen mit einer Belastungspause von $t_r = 1$ d und 7 d wurden die Probekörper nach jedem Schwingspiel aus dem DRBV entnommen und nach der Belastungspause wieder neu eingelegt.

Für die Versuche wurden je 60 Probekörper und 30 Vergleichsprobekörper aus Floatglas und ESG der Charge 2 (siehe Kapitel 4) verwendet. Je Versuchsreihe wurden 10 Probekörper vorgesehen. Die Probekörper wurden entsprechend Abschnitt 5.5.4 gezielt vorgeschädigt. Die Lagerungsdauer wurde auf 14 Tage erhöht, um Alterungseffekte aus der Risseinbringung möglichst auszuschließen. Die Risseinbringung erfolgte für alle Probekörper direkt hintereinander, im Wechsel für die einzelnen Unterserien.

9.2.3 Ergebnisse und Auswertung

Bei den quasi-statischen Biegezugprüfungen der Vergleichsprobekörper hat sich beim Floatglas eine mittlere Bruchspannung von $\sigma_{\mathrm{fqs}} = 52{,}9$ MPa ($s = 4{,}2$ MPa) ergeben. Beim ESG betrug diese $\sigma_{\mathrm{fqs}} = 169{,}7$ MPa ($s = 12{,}1$ MPa). Die Oberspannung der periodischen Beanspruchung wurde entsprechend diesen Werten zu $\sigma_{\mathrm{max}} = \sigma_{\mathrm{fqs}}$ gewählt.

Die Ergebnisse der Versuche sind den zwei Diagrammen in Abbildung 9.3 zu entnehmen: Das erste Diagramm zeigt die Anzahl der Durchläufer, die sich bei den einzelnen Unterserien (10 Probekörper pro Unterserie) ergeben haben. Das zweite Diagramm stellt die durchschnittliche Schwingspielzahl der gebrochenen Probekörper dar.

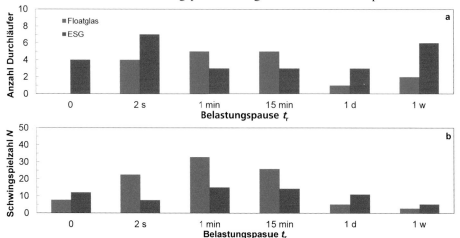

Abbildung 9.3 Ergebnisse der ersten Versuchsreihe mit verschiedenen Belastungspausen (10 Probekörper pro Unterserie): (a) Anzahl der Durchläufer, (b) mittlere Schwingspielzahl der gebrochenen Probekörper

Anhand dieser Diagramme ist kein deutlicher Einfluss der Belastungspause zwischen den einzelnen Schwingspielen auf die zyklische Ermüdung erkennbar:

- Beim ESG scheint sowohl die Anzahl der Durchläufer als auch die mittlere Schwingspielzahl unabhängig von der Dauer der Belastungspause konstant zu sein. Somit scheinen die Abweichungen zwischen den einzelnen Unterserien nur die statistische Streuung wiederzugeben.

- Beim Floatglas ist von den Versuchen ohne Belastungspause bis zu den Versuchen mit einer Belastungspause von 15 Minuten sowohl ein Anstieg der Durchläufer als auch ein Anstieg der mittleren Schwingspielzahl zu erkennen. Für eine Belastungspause von einem Tag und einer Woche fallen diese Werte jedoch wiederum deutlich niedriger aus. Ein klarer Trend kann entsprechend nicht abgeleitet werden.

- Erwartet wurde, dass die Anzahl der Durchläufer und die mittlere Schwing-spielzahl mit zunehmender Belastungspause ansteigen und bei den Versuchen mit einer Belastungsdauer von einem Tag und einer Woche überhaupt keine Brüche zu messen sind. Ein solcher Trend ist aus den Ergebnissen nicht abzule-sen. Betrachtet man die mittlere Schwingspielzahl der Unterserien bei $t_r = 1$ d und 7 d mit Floatglas und ESG, ist zu erkennen, dass diese im Vergleich mit den anderen Unterserien eher geringer ausfällt.

9.3 Versuche mit Belastungspausen II – Biegezug-festigkeit

9.3.1 Versuchskonzept

Anhand der Ergebnisse der ersten Versuchsreihe (siehe Abschnitt 9.2) konnte kein Ein-fluss von Rissheilungseffekten bei Belastungspausen zwischen den einzelnen Schwing-spielen auf die zyklische Ermüdung festgestellt werden. Anhand der Literatur [30, 42] und der Versuche zur Lagerungsdauer (siehe Abbildung 3.23(b)) wurde ein größerer Einfluss erwartet. Aus diesem Grund sollten die Ergebnisse anhand einer weiteren Ver-suchsreihe überprüft werden. Abweichend von Versuchsreihe I sollte der Einfluss bei diesen Versuchen anhand der Biegezugfestigkeit nach einer periodischen Belastung quantifiziert werden. Hierzu wurden die Probekörper zunächst vier Schwingspielen mit unterschiedlich langer Belastungspause und einer anschließenden Biegezugprüfung unterzogen. Die Anzahl der Schwingspiele wurde auf vier reduziert, um die Probekörper einer möglichst großen Beanspruchung aussetzen zu können. Zugleich sollte damit er-reicht werden, dass nur eine geringe Anzahl der Probekörper bereits bei der zyklischen Beanspruchung versagt. Zur Einschätzung des Einflusses der Belastungspause wurden vergleichende Versuche vorgenommen, bei denen anstelle der Lagerungsdauer die Schwingspielzahl vor der Biegezugprüfung variiert wurde.

9.3.2 Durchführung

Für die Versuche wurden je 64 Probekörper aus Floatglas und ESG der Charge 2 ver-wendet. Die Durchführung entspricht im Wesentlichen der Durchführung der Versuchs-reihe I (siehe Abschnitt 9.2.2). Bei den Versuchen mit variierenden Belastungspausen wurden vier Schwingspiele aufgebracht und nach jedem Schwingspiel eine Belastungs-pause ($t_r = 1$ h, 1 d, 7 d) eingelegt. Hierzu wurden die Probekörper aus dem DRBV ent-

nommen. Bei den Versuchen ohne Belastungspause wurde die Prüfvorschrift so angepasst, dass die Biegezugprüfung unmittelbar nach der periodischen Beanspruchung ge-
startet wurde (siehe Abbildung 9.4). Die Biegezugprüfung wurde mit einer Spannungsrate von 2 MPa/s vorgenommen.

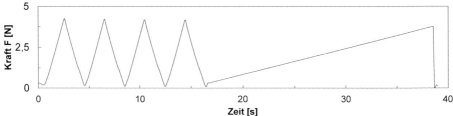

Abbildung 9.4 Ausschnitte eines Kraft-Zeit-Verlaufs von einem Versuch mit vier Schwingspielen
ohne Belastungspause und einer anschließenden Biegezugprüfung

9.3.3 Ergebnisse und Auswertung

Die Ergebnisse der Versuche sind in Abbildung 9.5 zusammengestellt. Betrachtet man
die Bruchspannung in Abhängigkeit der Schwingspielzahl, ist ein deutlicher Abfall mit
zunehmender Schwingspielzahl zu beobachten. Beim Floatglas fällt die mittlere Bruchspannung von 55,1 MPa nach einer Vorbelastung mit acht Schwingspielen auf 49,2 MPa
ab. Beim ESG reduziert sich die mittlere Bruchspannung von 163,4 MPa auf 157,6 MPa.
Dies wurde qualitativ erwartet, da mit jedem Schwingspiel ein Rissfortschritt auftritt und
sich die resultierende Bruchspannung verringert.

Betrachtet man die Bruchspannung in Abhängigkeit der Belastungspause nach einer
Vorbelastung mit vier Schwingspielen, ist hingegen kein Einfluss zu erkennen. Die
Bruchspannung ist nahezu konstant bei unterschiedlich langen Belastungspausen. Die an
die Daten angepassten Regressionsgeraden deuten sowohl beim Floatglas als auch beim
ESG eher einen geringfügigen Abfall der Bruchspannung mit zunehmender Belastungs-
pause an. Der Abfall ist jedoch nicht signifikant, da er ($\Delta\sigma < 1$ MPa) in der Streuung der
Versuche untergeht.

Bei variierender Schwingspielzahl konnte ein signifikanter Einfluss auf die mittlere
Bruchspannung beobachtet werden, bei variierender Belastungspause dagegen nicht.
Daraus kann geschlossen werden, dass Zeitspannen ohne Belastung zwischen den
Schwingspielen periodischer Beanspruchungen keinen maßgeblichen Einfluss auf die
Festigkeit oder Lebensdauer haben.

In [42] wurde gezeigt, dass der Rissheilungseffekt durch eine Lagerung in Wasser
erhöht werden kann und mit zunehmender Belastung bis zur Ermüdungsschwelle steigt.
Inwieweit bei Wasserlagerung oder bei einer Belastung von $\sigma > 0$ zwischen den einzelnen Schwingspielen ein Einfluss messbar ist, kann aus den hier vorgenommenen Experimenten nicht abgeleitet werden.

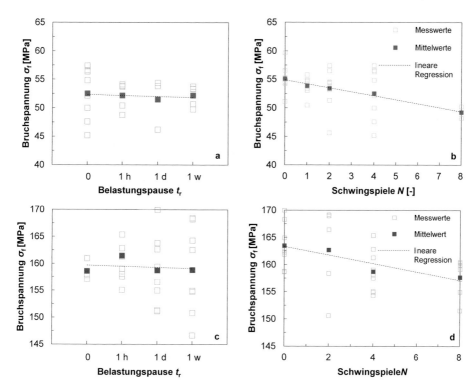

Abbildung 9.5 Ergebnisse der zweiten Versuchsreihe mit verschiedenen Belastungspausen: Bruchspannung bei einer Biegezugprüfung nach periodischer Beanspruchung mit vier Schwingspielen und variierender Belastungspause mit (a) Floatglas und (c) ESG, Bruchspannung bei einer Biegezugprüfung nach periodischer Beanspruchung mit variierender Schwingspielzahl N mit (b) Floatglas und (d) ESG

9.4 Zusammenfassung

In der Praxis treten periodisch wiederkehrenden Belastungen mit variierender Amplitude und unterschiedlich langen Zeitspannen zwischen den einzelnen Zyklen auf. Aufgrund der Ergebnisse der vorherigen Kapitel ist zu erwarten, dass sich der Bruchzeitpunkt auch bei unterschiedlichen Amplituden mit den Risswachstumsgesetzen in guter Näherung abschätzen lässt. Inwieweit Rissheilungseffekte in Belastungspausen zwischen den einzelnen Zyklen die Festigkeit beeinflussen, kann aus diesen Ergebnissen jedoch nicht abgeleitet werden.

Hierzu wurden in diesem Kapitel Untersuchungen vorgestellt, bei denen zwischen den einzelnen Schwingspielen Belastungspausen (Zeitspannen ohne Belastung) unterschiedlicher Dauer eingelegt wurden. Die Belastungspausen haben bei den Versuchen zwischen zwei Sekunden und einer Woche betragen. Es wurden zwei Versuchsreihen vorgenommen: Bei der ersten Versuchsreihe wurde der Einfluss anhand der Anzahl der ertragbaren Schwingspiele und der Anzahl der Durchläufer bewertet; bei der zweiten Versuchsreihe wurde nach einer periodischen Beanspruchung eine Biegezugfestigkeitsprüfung vorgenommen und die mittlere Bruchspannung verglichen.

Bei beiden Versuchsreihen wurde festgestellt, dass Belastungspausen keinen maßgeblichen Einfluss auf die Festigkeit und die ertragbaren Zyklen bei periodischen Beanspruchungen haben. Dieses Ergebnis war nicht zu erwarten, da aus der Literatur [30, 42] bekannt ist, dass bei statischer Belastung unterhalb der Ermüdungsschwelle deutliche Rissheilungseffekte auftreten, die zu einer Festigkeitssteigerung bei Wiederbelastung oberhalb der Ermüdungsschwelle führen (siehe Abschnitt 2.4.9).

10 Bemessungskonzept

Die im Rahmen dieser Arbeit gewonnenen Erkenntnisse können zur Entwicklung eines Bemessungskonzepts für den Einsatz von periodisch belasteten Glasscheiben verwendet werden. Die charakteristischen Festigkeitswerte f_k im konstruktiven Glasbau sind 5 %-Quantile, üblicherweise mit einem Konfidenzniveau von 95 %.

Die Versuche in dieser Arbeit wurden mit vorgeschädigten Probekörpern durchgeführt, weswegen die Ergebnisse nicht direkt die Streuung ungeschädigter Probekörper wiedergeben. Anhand der Versuche konnte jedoch belegt werden, dass die Festigkeit bei zyklischer Beanspruchung und deren Streuung im direkten Verhältnis zur quasistatischen Festigkeit, die aus Biegezugprüfungen bestimmt wurde, stehen. Zudem wurden die definierten Schädigungen so eingebracht, dass die geschädigten Probekörper eine Biegefestigkeit entsprechend der charakteristischen Festigkeit aufweisen. Die charakteristischen Werte beinhalten bereits die Streuung nicht vorgeschädigter Gläser. Aus diesen Gründen können die ermittelten Ermüdungsfestigkeitslinien und Dauerschwingfestigkeiten direkt zur Bemessung verwendet werden, wenn sie auf die charakteristischen Festigkeitswerte bezogen werden und das Konfidenzniveau angepasst wird.

Der Bemessungswert des Tragwiderstandes R_d wird für thermisch entspanntes Glas nach DIN 18008-1 [5] mit folgender Gleichung bestimmt:

$$R_d = \frac{k_{\text{mod}} \cdot k_c \cdot f_k}{\gamma_M} \tag{10.1}$$

Es wird vorgeschlagen, dass die Bemessung für schwingende und periodisch wiederkehrende Belastungen konsistent zu dieser Gleichung bleibt und der Einfluss zyklischer Beanspruchungen über den Modifikationsbeiwert k_{mod} berücksichtigt wird. Die Festigkeitsabnahme durch die Periodizität der Belastung wird damit auf der Widerstandsseite erfasst. Auf der Einwirkungsseite ist die maximale Spannung eines Lastzyklus $\sigma_{\max}$ anzusetzen. Die Berechnung von k_{mod} sollte in Anlehnung an Gl. (2.37) erfolgen. Diese Funktion beinhaltet den physikalischen Zusammenhang und ist durch den Beanspruchungskoeffizient ζ für beliebige periodisch wiederkehrende Beanspruchungen anwendbar. Durch das Zusammenfassen der Konstanten und Parameter kann Gl. (2.37) für die Bemessung zu folgender Gleichung vereinfacht werden.

$$k_{\text{mod}} = \frac{c_1}{(t_{\text{fc}} \, \zeta^{n_c})^{1/n_c}} + c_2 \tag{10.2}$$

Hierbei sind die Konstanten c_1 und c_2 sowie n_c entsprechend Tabelle 10.1 anzusetzen. Die Konstanten beinhalten eine Abminderung zur Anpassung des Konfidenzniveaus auf eine Aussagewahrscheinlichkeit von 95 %. Die Lebensdauer t_{fc} ist in Sekunden einzusetzen und ergibt sich mit der Dauer eines Lastzyklus T und der erwarteten Zyklenzahl N durch:

$$t_{fc} = T \cdot N \tag{10.3}$$

Tabelle 10.1 Konstanten c_1, c_2, n_c zur Berechnung des Modifikationsbeiwerts k_{mod}

Glasart	Konstante c_1	Konstante c_2	Risswachstumsparameter n_c
Floatglas	0,90	0,09	12,9
ESG	0,33	0,60	10,5

Die Beanspruchungskoeffizienten ζ können mittels Integration über die effektive Spannung eines repräsentativen Lastzyklus ermittelt werden. Vereinfachend kann auf der sicheren Seite liegend $\zeta = 1$ gesetzt werden oder ζ entsprechend einer in Abschnitt 2.4.8.6 aufgeführten Schwingbeanspruchung angenommen werden. Wird ein Bauteil verschiedenen periodischen Beanspruchungen ausgesetzt oder sollen unterschiedliche Spannungsstufen berücksichtigt werden, so kann der Klammerausdruck in Gl. (10.2) zu

$$k_{mod} = \frac{c_1}{\left(\sum_{i=1}^{k} t_{fc,i} \cdot \left(\zeta_i \frac{\sigma_{max,i}}{\sigma_{max,1}} \right)^{n_c} \right)^{1/n_c}} + c_2 \tag{10.4}$$

erweitert werden.

Zur Bemessung sollte k_{mod} auf einen minimalen Wert ($k_{mod,D}$), unterhalb dessen keine zyklische Ermüdung auftritt, begrenzt werden. Entsprechend der Ergebnisse zur Dauerfestigkeit in Kapitel 8 wird empfohlen, Werte von $k_{mod,D} = 0,48$ für Floatglas und $k_{mod,D} = 0,78$ für ESG mit einer Aussagewahrscheinlichkeit von 95 % anzunehmen. Bei der Ermittlung des Bemessungswerts des Tragwiderstandes von thermisch vorgespanntem Glas wird nach DIN 18008-1 auf eine Abminderung durch den Modifikationsbeiwert mit der Begründung, dass der Bemessungswert unterhalb der Eigenspannung des Glases liegt, verzichtet. Das gilt jedoch nur, weil nach Norm mit $\gamma_M = 1,5$ ein vergleichsweise hoher Materialsicherheitsbeiwert angenommen wird und der festgelegte charakteristische Wert der Biegezugfestigkeit mit $f_k = 120$ MPa sehr niedrig ist. Aus Biegeversuchen an ungeschädigten Probekörpern aus ESG lassen sich üblicherweise deutlich höhere Werte im Bereich von $f_k = 160$ bis 200 MPa ableiten. Selbst die planmäßig vorgeschädigten Probekörper dieser Arbeit wiesen im Mittel eine Biegezugfestigkeit von etwa 170 MPa auf. Die hier angegebenen Modifikationsbeiwerte für ESG sind dementsprechend nur anzusetzen, wenn für ESG zukünftig in der Norm oder im Rahmen von Zulassungsverfahren eine höhere charakteristische Biegefestigkeit definiert wird.

Das geschilderte Bemessungskonzept kann prinzipiell auch auf teilvorgespanntes Glas ausgeweitet werden. Da die im Rahmen dieser Arbeit durchgeführten Schwingversuche mit TVG aufgrund eines relativ inhomogenen Spannungszustands eine hohe Streuung aufwiesen, wird auf eine Ableitung von Kenngrößen auf Grundlage dieser Ergebnisse verzichtet.

Abbildung 10.1 zeigt beispielhaft den Zusammenhang zwischen dem Modifikationsbeiwert k_{mod} und der Lebensdauer t_{fc} für Floatglas und ESG bei einer sinusförmigen reinen Zugschwellbeanspruchung.

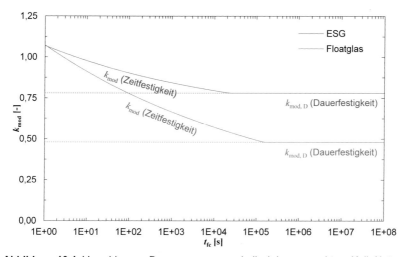

Abbildung 10.1 Vorschlag zur Bemessung von periodisch beanspruchtem Kalk-Natron-Silikatglas (Floatglas, ESG): Beispielhafte Darstellung des Zusammenhangs zwischen dem Modifikationsbeiwert k_{mod} und der Lebensdauer t_{fc} für eine sinusförmige, reine Zugschwellbeanspruchung

11 Zusammenfassung und Ausblick

11.1 Forschungsstand

Im Rahmen der vorliegenden Arbeit wurde das Verhalten von thermisch entspanntem und thermisch vorgespanntem Kalk-Natron-Silikatglas bei zyklischer Beanspruchung anhand eines umfangreichen Versuchsprogramms untersucht. Die Ergebnisse zeigen, dass die Festigkeit bei zyklischer Beanspruchung deutlich abnimmt. Periodisch wiederkehrende Belastungen haben damit einen großen Einfluss auf die Lebensdauer und die maximal aufnehmbaren Zugspannungen von Bauteilen aus Glas. Dies ist insbesondere bei der Bemessung von konstruktiven Glasbauteilen von Bedeutung. Aufgrund der geringeren Eigenspannungen fällt der Einfluss bezogen auf die quasi-statische Biegezugfestigkeit* (*ermittelt mit einer Spannungsrate von 2 MPa/s) bei Floatglas deutlich größer aus als bei ESG. Bei Floatglas nimmt die Festigkeit bei einer Lebensdauer von 10^5 s bei reiner Zugschwellbeanspruchung um etwa 50 % der quasi-statischen Biegezugfestigkeit* ab, während die Reduktion bei ESG etwa 20 % beträgt. Bezogen auf die um die Eigenspannung reduzierte, effektive Spannung resultieren annähernd identische Ermüdungslinien. Brüche sind folglich nur zu erwarten, wenn die Oberspannung der zyklischen Zugschwell- oder Wechselbeanspruchung betragsmäßig größer ist als die thermisch eingeprägte Oberflächendruckspannung. Veränderungen bei den Materialeigenschaften – E-Modul und Eigenspannung – während oder nach schwingenden Beanspruchungen konnten nicht festgestellt werden. Folglich resultiert die zyklische Ermüdung aus einem subkritischen Risswachstum der Oberflächendefekte.

Als größter Einflussparameter auf die Lebensdauer konnte die Umgebungsfeuchte nachgewiesen werden. Wie bei quasi-statischen Versuchen fällt auch bei den zyklischen Versuchen die Lebensdauer mit zunehmender Umgebungsfeuchte geringer aus. Selbst bei 0,3 % relativer Luftfeuchte konnte noch eine Ermüdung festgestellt werden, wobei die Ermüdungslinie deutlich flacher ausfiel als bei höherer Feuchtigkeit. Bei Versuchen mit verschiedenen Frequenzen (0,01 bis 15 Hz) konnte kein signifikanter Einfluss der Frequenz auf die zyklische Ermüdung festgestellt werden. Wie die Ergebnisse von Versuchen mit verschiedenen Belastungsfunktionen (Sinus-, Dreieck-, Trapezschwingung) und mit verschiedenen Belastungstypen (reine Zugschwell-, Zugschwell-, und Wechselbeanspruchung) stimmen diese qualitativ recht gut mit den aus den statischen Risswachstumsgesetzen abgeleiteten Gleichungen überein. Die Lebensdauer nimmt bei gleicher Oberspannung mit zunehmender Fläche unter der effektiven Spannungsfunktion ab.

Bei ESG ist dieser Effekt aufgrund der vergleichsweise hohen Eigenspannung nur sehr gering und war bei den Versuchen nicht eindeutig messbar. Aufgrund der eingebrachten Vorschädigung konnte auch nicht gemessen werden, ob die durchschnittliche Festigkeit bei Wechselbeanspruchung tatsächlich geringer ausfällt als bei reiner Zug-schwellbeanspruchung, da durch die Wechselbeanspruchung eine doppelt so große Fläche (Ober- und Unterseite) Zugbeanspruchungen ausgesetzt wird.

Die Messdaten wurden sowohl mit einem vereinfachten analytischen Modell als auch mit einem detaillierten numerischen Modell, das den Rissfortschritt mittels eines Zeitschrittverfahrens simuliert, verglichen und mittels Regressionsanalyse angepasst. Hierbei hat sich gezeigt, dass die Festigkeit bei schwingender Beanspruchung geringer ausfällt als nach den Risswachstumsgesetzen erwartet. Die Ermüdungsfestigkeitslinien und auch die untersuchten Einflussparameter lassen sich dennoch recht gut mit den Modellen prognostizieren. Hierzu sind jedoch etwas geringere Risswachstumsparameter anzusetzen als die bei quasi-statischen Biegezugversuchen bestimmten Werte. Dies zeigt, dass Kalk-Natron-Silikatglas, anders als angenommen, zumindest geringe zyklische Ermüdungseffekte aufweist. Die mit dem analytischen und dem numerischen Modell bestimmten Ermüdungsfestigkeitskurven sowie die ermittelten Risswachstumsparameter weisen nur geringe Unterschiede auf. Dementsprechend kann die Lebensdauer von Kalk-Natron-Silikatglas bei zyklischer Beanspruchung sehr gut mit dem vereinfachten analytischen Modell prognostiziert werden, und es muss nicht zwingend auf ein aufwendiges numerisches Modell zurückgegriffen werden.

Anhand von weiteren Dauerschwingversuchen, die nach dem Treppenstufenverfahren mit einer maximalen Versuchsdauer von 10^5 s und 10^6 s durchgeführt wurden, konnte nachgewiesen werden, dass sowohl thermisch entspanntes als auch thermisch vorgespanntes Kalk-Natron-Silikatglas eine Ermüdungsschwelle besitzt, unterhalb derer keine Brüche auftreten. Den Ergebnissen nach beträgt sie $K_0 = 0{,}25$ MPa·m$^{1/2}$ für Floatglas und $K_0 = 0{,}27$ MPa·m$^{1/2}$ für ESG. Die Ermüdungsschwelle fällt damit bei zyklischer Beanspruchung deutlich geringer aus als die anhand von quasi-statischen v-K-Messungen bei 50 % relativer Luftfeuchte in [52, 54] ermittelten Werte von $K_0 = 0{,}37$ MPa·m$^{1/2}$ und $0{,}39$ MPa·m$^{1/2}$. Des Weiteren konnte anhand von Versuchen, bei denen zwischen den einzelnen Schwingspielen Belastungspausen unterschiedlicher Dauer (zwei Sekunden bis eine Woche) eingelegt wurden, festgestellt werden, dass diese Pausen keinen signifikanten Einfluss auf die Festigkeit und die ertragbaren Zyklen haben. Deutliche Rissheilungseffekte treten in den Zeitspannen ohne Belastung folglich nicht auf. Dies bedeutet, dass die bei schwingender Belastung ermittelten Ermüdungsfestigkeitskurven auch auf reale, zufallsartige periodische Beanspruchungen übertragen werden können, hierbei jedoch anders als oftmals vermutet, nicht von Rissheilungseffekten auf der sicheren Seite ausgegangen werden kann.

Die Versuche in dieser Arbeit wurden fast ausschließlich anhand von zuvor definiert vorgeschädigten Probekörpern durchgeführt. Da dies bisher keine übliche Methode bei der Prüfung von Gläsern im Bauwesen war, wurde zunächst eine Methode bestimmt, mit der reproduzierbare Schädigungen eingebracht werden können, die real im Bauwesen auftretenden Schädigungen möglichst ähnlich sind. Es hat sich gezeigt, dass das Prinzip der definierten Vorschädigung gut funktioniert: Die Bruchspannung der geschädigten Probekörper stimmte mit dem 5 %-Quantilwert der Bruchspannung von Floatglas überein und die Streuung der Dauerschwingversuche konnte deutlich reduziert werden. Ohne diese Methode hätten die Ergebnisse zur zyklischen Ermüdung eine deutlich geringere Aussagekraft, und zwischen den einzelnen Versuchsserien wären vermutlich keine Unterschiede nachweisbar gewesen. Auch das Durchführen von quasi-statischen Vergleichsprüfungen hat sich als sinnvoll erwiesen, da hierdurch ein direkter Vergleich zwischen der Festigkeit bei quasi-statischer und bei zyklischer Beanspruchung ermöglicht wurde.

11.2 Anwendungsperspektiven

Die im Rahmen dieser Arbeit gewonnenen Erkenntnisse können zur Bemessung von periodisch belasteten Glasscheiben verwendet werden. Ein Vorschlag für ein solches Nachweiskonzept wurde innerhalb dieser Arbeit vorgestellt (siehe Kapitel 10). Darüber hinaus können die Ergebnisse genutzt werden, um möglichst präzise Lebensdauerprognosen für Glasbauteile, die periodisch belastet werden, vorzunehmen. Wie eingangs in der Arbeit beschrieben gewinnen solche Lebensdauerprognosen im konstruktiven Glasbau z.B. hinsichtlich der wirtschaftlichen Auslegung von großen Solarfeldern oder Parabolrinnenkraftwerken zunehmend an Bedeutung.

Des Weiteren kann auf Grundlage der Ergebnisse die Durchführung von zyklischen Bauteilversuchen vereinfacht bzw. verbessert werden. In [4] wurden bei Bauteilprüfungen an Schallschutzelementen aus Glas, die an Eisenbahnstrecken eingesetzt werden, Dauerschwingprüfungen mit einer möglichst hohen Frequenz durchgeführt, um eine hohe Schwingspielzahl in kurzer Zeit zu erreichen. Mit den Erkenntnissen aus dieser Arbeit wird deutlich, dass für die Ergebnisse der Versuche nicht die Schwingspielzahl, sondern die Lebensdauer bei zyklischer Beanspruchung maßgeblich ist. Der Versagenszeitpunkt ist unabhängig von der Frequenz. Die Frequenz und die Belastungsfunktion sollten bei zukünftig durchgeführten Prüfungen möglichst der realen Beanspruchung entsprechen, um Ergebnisse direkt ableiten zu können. Zudem lag der Spannungshorizont in [4] unterhalb der Eigenspannung der Gläser. Die Ergebnisse dieser Arbeit zeigen, dass auf solche Bauteilprüfungen zukünftig verzichtet werden kann, da ein Versagen bei zyklischer Beanspruchung unterhalb der Eigenspannung nahezu auszuschließen ist.

Wie oben beschrieben hat sich die definierte Vorschädigung der Probekörper als sinnvoll erwiesen. Es wird empfohlen, diese oder eine ähnliche Methode zur gezielten

Vorschädigung näher zu definieren und bei Festigkeits- oder Ermüdungsuntersuchungen im Bauwesen einzusetzen. Insbesondere bei Bauteilprüfungen, die im Glasbau im Rahmen von „Zustimmungen im Einzelfall" (ZiE) häufig erforderlich sind, wäre eine solche Methode sinnvoll. Bei den Bauteilprüfungen werden üblicherweise nur sehr geringe Probekörperumfänge untersucht. Aufgrund der hohen Streuung der Festigkeit haben diese Versuche nur eine geringe Aussagekraft und das erforderliche Sicherheitsniveau wird nur durch eine gegenüber der real auftretenden Beanspruchung erhöhte Belastung bei diesen Versuchen erreicht. Durch ein definiertes Vorschädigen der Bauteile würde somit nicht nur eine bessere Vergleichbarkeit mit ähnlichen Versuchen erreicht, sondern könnte auch die Belastung bei der Bauteilprüfung reduziert werden. Die Anwendung der definierten Vorschädigung erscheint vor allem vor dem Hintergrund sinnvoll, dass die Festigkeit nur eine Momentaufnahme ist und durch die Nutzung, z.B. durch unsachgemäße Reinigungsprozesse, reduziert wird. Für Großbauteile müsste jedoch überprüft werden, ob nicht andere Schädigungsmethoden (z.B. mobile Härteprüfgeräte) eingesetzt werden können.

11.3 Ausblick

Mit den erzielten Ergebnissen konnten die wesentlichen Fragen und Zielstellungen dieser Arbeit und dem damit verbundenen Forschungsvorhaben bearbeitet werden. Daraus haben sich aber auch weiterführende und neue Fragestellungen ergeben, die der Klärung bedürfen:

- Es wurde festgestellt, dass die zyklischen Versuche mit den gängigen Risswachstumsgesetzen beschrieben werden können. Bei quasi-statischer Beanspruchung und zyklischer Beanspruchung sind jedoch unterschiedliche Risswachstumsparameter anzusetzen. Da die Brüche bei zyklischer Beanspruchung früher auftreten als erwartet, wäre zu untersuchen, woraus die messbaren Unterschiede resultieren. Eine Änderung der Eigenspannung und des E-Moduls der Gläser konnte nicht festgestellt werden. Die Ermüdung geht auf ein subkritisches Risswachstum zurück. Um der Frage näher zu kommen, sollten direkte Risswachstumsmessungen (v-K-Messungen) bei schwingender Beanspruchung vorgenommen und mit quasi-statischen Risswachstumsmessungen verglichen werden.

- Solche Risswachstumsmessungen wären auch mit periodischer Beanspruchung und Belastungspausen zwischen den einzelnen Zyklen durchzuführen, um zu klären, warum in dieser Arbeit keine Einflüsse aus Rissheilungseffekten in Belastungspausen messbar waren. Entsprechend der Literatur [30, 42] war erwartet worden, dass bei statischer Belastung unterhalb der Ermüdungsschwelle deutliche Rissheilungseffekte auftreten, die zu einer Festigkeitssteigerung bei Wiederbelastung oberhalb der Ermüdungsschwelle und damit auch bei periodischer Beanspruchung führen. Neben v-K-Messungen wären auch Versuche durchzuführen, bei denen die Proben in Belastungspausen in Wasser gelagert werden und /oder in den Belastungspausen geringen Beanspruchungen $(0 < K < K_0)$ ausgesetzt werden.

- Im Rahmen der Arbeit wurde die Dauerschwingfestigkeit für thermisch entspanntes und thermisch vorgespanntes Kalk-Natron-Silikatglas unter atmosphärischen Umgebungsbedingungen, wie sie für Bauteile aus Glas meistens vorliegen, bestimmt. Mit einem ähnlichen Versuchsprogramm wie in Abschnitt 8.3 wäre die Dauerschwingfestigkeit, die sich bei Versuchen in Wasser einstellt, zu belegen. Anhand der ermittelten Ermüdungsfestigkeitslinien und den in der Literatur zu findenden Werten ist zu erwarten, dass die Ermüdungsschwelle in Wasser deutlich niedriger ausfällt als in atmosphärischer Umgebung.

In den letzten Jahren wird auch chemisch vorgespanntes Kalk-Natron-Silikatglas im konstruktiven Glasbau vermehrt eingesetzt. Bei dem chemischen Prozess zur Vorspannung werden durch den Austausch kleiner gegen größere Ionen in der Oberfläche wesentlich höhere Vorspannungen als bei thermisch vorgespannten Gläsern erzielt. Das zyklische Ermüdungsverhalten dieser Gläser ist bislang nicht näher untersucht worden. Folglich wäre es sinnvoll, die Dauerschwingfestigkeit von chemisch vorgespanntem Glas experimentell zu untersuchen. Da die Biegezugfestigkeit um ein Vielfaches höher ist als bei Floatglas, können entsprechend viel größere Spannungen und Dehnungen aufgebracht werden. Es wäre die Frage zu beantworten, ob hierbei Änderungen im Materialverhalten und in der Vorspannung auftreten.

Literaturverzeichnis

[1]   Bucak, Ö.; Schuler, C.: Glas im konstruktiven Ingenieurbau. In: Stahlbau Kalender 2008, S. 829–938. Ernst & Sohn, Berlin 2008

[2]   Gabeler, L.; Von Reeken, F.; Schiel, W.: Determination of probability of breakage of parabolic trough reflector panels. *Proceedings of the engineered transparency international conference at glasstec.* (2012), 695–703

[3]   Nakagami, Y.: *Probabilistic Dynamics of Wind Excitation on Glass Facade,* Dissertation. Technische Universität Darmstadt, 2003

[4]   Bucak, Ö.; Ehard, H.; Feldmann, M.; Hoffmeister, B.; Langosch, K.; Kemper, F.; Mangerig, I.; Ampunant, P.: Schallschutzelemente aus Glas an Eisenbahnstrecken. *Brückenbau Construction & Engineering.* (2012) Sonderausgabe, 16–21

[5]   DIN 18008-1: Glas im Bauwesen – Bemessungs- und Konstruktionsregeln – Teil 1: Begriffe und allgemeine Grundlagen. Beuth Verlag, Berlin 2010

[6]   Gurney, C.; Pearson, S.: Fatigue of Mineral Glass under Static and Cyclic Loading. *Proceedings of the Royal Society of London. Series A. Mathematical and Physical Sciences.* 192 (1948) 1031, 537–544

[7]   Lü, B.-T.: Fatigue strength prediction of soda-lime glass. *Theoretical and Applied Fracture Mechanics.* 27 (1997) 2, 107–114

[8]   Sglavo, V.M.; Gadotti, M.T.; Michelet, T.: Cyclic loading behaviour of soda-lime silicate glass using indentation cracks. *Fatigue & Fracture of Engineering Materials & Structures.* 20 (1997) 8, 1225–1234

[9]   Wörner, J.-D.; Boxheimer, K.; Hilcken, J.: *Untersuchung des Verhaltens von Kalk-Natron-Silikatglas unter schwingender Belastung mit dem Ziel der Identifikation von Wöhler-Linien – Abschlussbericht zum DFG-Projekt.* Technische Universität Darmstadt, 2013

[10]   Radaj, D.; Vormwald, M.: *Ermüdungsfestigkeit.* Springer-Verlag, Berlin 2007

[11]   Haibach, E.: *Betriebsfestigkeit – Verfahren und Daten zur Bauteilberechnung.* Springer-Verlag, Berlin 2006

[12]   Gross, D.; Seelig, T.: *Bruchmechanik.* Springer-Verlag, Berlin 2011

[13]   Murakami, Y.: *Stress Intensity Factors Handbook*. Pergamon Books Inc.,
         Oxford 1987

[14]   Sih, G.C.: *Handbook of stress-intensity factors*. Lehigh University, Institute of
         Fracture and Solid Mechanics, 1973

[15]   Quinn, G.D.: *Fractography of Ceramics and Glasses*, Special Publication 960-
         17. National Institute of Standards and Technology, Washington 2007

[16]   Newman, J.C.; Raju, I.S.: *Analysis of Surface Cracks in Finite Plates Under
         Tension or Bending Loads*, Technical Paper 1578. National Aeronautics and
         Space Administration, Washington, D.C. 1979

[17]   Newman, J.C.; Raju, I.S.: An empirical stress-intensity factor equation for the
         surface crack. *Engineering Fracture Mechanics*. 15 (1981) 1, 185–192

[18]   Newman, J.C.; Raju, I.S.: *Stress-intensity factor equations for cracks in three-
         dimensional finite bodies subjected to tension and bending loads*, Technical
         Memorandum 85793. National Aeronautics and Space Administration,
         Washington, D.C. 1984

[19]   Lawn, B.R.; Marshall, D.B.: Contact fracture resistance of physically and
         chemically tempered glass plates: a theoretical model. *Physics and Chemistry of
         Glasses*. 18 (1977) 1, 7–18

[20]   Lawn, B.R.: *Fracture of Brittle Solids*, 2nd ed. Cambridge University Press,
         Cambridge 1993

[21]   Horst Scholze: *Glas – Natur, Struktur und Eigenschaften*. Springer-Verlag,
         Berlin 1988

[22]   Schneider, F.: *Ein Beitrag zum inelastischen Materialverhalten von Glas*,
         Dissertation. Technische Universität Darmstadt, 2005

[23]   DIN EN 572-1 Glas im Bauwesen – Basis-Erzeugnisse aus Kalk-
         Natronsilicatglas Teil 1: Definitionen und allgemeine physikalische und
         mechanische Eigenschaften. Beuth Verlag, Berlin 2012

[24]   Wörner, J.-D.; Schneider, J.; Fink, A.: *Glasbau: Grundlagen, Berechnung,
         Konstruktion*. Springer-Verlag, Berlin 2001

[25]   DIN EN 12150-1: Glas im Bauwesen – Thermisch vorgespanntes Kalknatron-
         Einscheibensicherheitsglas – Teil 1: Definition und Beschreibung. Beuth Verlag,
         Berlin 2000

[26]   Wiederhorn, S.M.: Influence of Water Vapor on Crack Propagation in Soda-
         Lime Glass. *Journal of the American Ceramic Society*. 50 (1967) 8, 407–414

[27]   Lawn, B.R.; Evans, A.G.; Marshall, D.B.: Elastic/plastic indentation damage in
        ceramics: the median/radial crack system. *Journal of the American Ceramic
        Society*. 63 (1980) 9-10, 574–581

[28]   Anstis, G.R.; Chantikul, P.; Lawn, B.R.; Marshall, D.B.: A Critical Evaluation
        of Indentation Techniques for Measuring Fracture Toughness: I, Direct Crack
        Measurements. *Journal of the American Ceramic Society*. 46 (1981) 9, 533–538

[29]   Gehrke, E.; Ullner, C.; Hähnert, M.: Correlation between multistage crack
        growth and time-dependent strength in commercial silicate glasses. I: Influence
        of ambient media and types of initial cracks. *Glastechnische Berichte*. 60 (1987),
        268–278

[30]   Ullner, C.; Höhne, L.: *Untersuchungen zum Festigkeitsverhalten und zur
        Rissalterung von Glas unter dem Einfluss korrosiver Umgebungsbedingungen*,
        Bericht Nr. 43 D. Bundesanstalt für Materialforschung und -prüfung, Berlin
        1993

[31]   Gong, J.; Chen, Y.; Li, C.: Statistical analysis of fracture toughness of soda-lime
        glass determined by indentation. *Journal of Non-Crystalline Solids*. 279 (2001)
        2–3, 219–223

[32]   Le Houérou, V.; Sangleboeuf, J.C.; Dériano, S.; Rouxel, T.; Duisit, G.: Surface
        damage of soda-lime-silica glasses: indentation scratch behavior. *Journal of
        Non-Crystalline Solids*. 316 (2003) 1, 54–63

[33]   Ciccotti, M.: Stress-corrosion mechanisms in silicate glasses. *Journal of Physics
        D: Applied Physics*. 42 (2009) 21, 214006

[34]   Mencik, J.: *Strength and fracture of glass and ceramics*. Elsevier, New York
        1992

[35]   Beason, W.L.; Morgan, J.R.: Glass failure prediction model. *Journal of
        Structural Engineering*. 110 (1984) 2, 197–212

[36]   Overend, M.; Parke, G.A.R.; Buhagiar, D.: Predicting Failure in Glass – A
        General Crack Growth Model. *Journal of Structural Engineering*. 133 (2007) 8,
        1146–1155

[37]   Schula, S.: *Charakterisierung der Kratzanfälligkeit von Gläsern im Bauwesen*,
        Dissertation. Technische Universität Darmstadt, 2014

[38]   Baker, T.C.; Preston, F.W.: Fatigue of Glass under Static Loads. *Journal of
        Applied Physics*. 17 (1946) 3, 170–178

[39]   Varner, J.R.: Fatigue and Fracture Behavior of Glasses. *Fatigue and Fracture of
        Composites, Ceramics, and Glasses*. 19 (1996), 955–960

[40]   Michalske, T.A.; Freiman, S.W.: A Molecular Mechanism for Stress Corrosion in Vitreous Silica. *Journal of the American Ceramic Society*. 66 (1983) 4, 284–288

[41]   Mould, R.E.: Strength and static fatigue of abraded glass under controlled ambient conditions: IV, Effect of surrounding medium. *Journal of the American Ceramic Society*. 44 (1961) 10, 481–491

[42]   Han, W.-T.; Tomozawa, M.: Mechanism of Mechanical Strength Increase of Soda–Lime Glass by Aging. *Journal of the American Ceramic Society*. 72 (1989) 10, 1837–1843

[43]   Charles, R.J.; Hillig, W.B.: The Kinetics of Glass Failure by Stress Corosion. *Symposium on Mechanical Strength of Glass and Ways of Improving It*. (1962), 511–527

[44]   Freiman, S.W.; White, G.S.; Fuller, E.R.: Environmentally Enhanced Crack Growth in Soda-Lime Glass. *Journal of the American Ceramic Society*. 68 (1985) 3, 108–112

[45]   Grenet, L.: Mechanical strength of glass. *Bulliten de la Societé d'Encouragement pour l'Industrie Nationale, Paris*. 5 (1899) 4, 838–848

[46]   Charles, R.J.: Dynamic Fatigue of Glass. *Journal of Applied Physics*. 29 (1958) 12, 1657–1662

[47]   Wiederhorn, S.M.: Fracture Surface Energy of Glass. *Journal of the American Ceramic Society*. 52 (1969) 2, 99–105

[48]   Wiederhorn, S.M.; Bolz, L.H.: Stress Corrosion and Static Fatigue of Glass. *Journal of the American Ceramic Society*. 53 (1970) 10, 543–548

[49]   Wiederhorn, S.M.; Johnson, H.: Effect of Electrolyte pH on Crack Propagation in Glass. *Journal of the American Ceramic Society*. 56 (1973) 4, 192–197

[50]   Wiederhorn, S.M.; Johnson, H.; Diness, A.M.; Heuer, A.H.: Fracture of Glass in Vacuum. *Journal of the American Ceramic Society*. 57 (1974) 8, 336–341

[51]   Maugis, D.: Review Subcritical crack growth, surface energy, fracture toughness, stick-slip and embrittlement. *Journal of Materials Science*. 20 (1985), 3041–3073

[52]   Kocer, C.; Collins, R.: Measurement of very slow crack growth in glass. *Journal of the American Ceramic Society*. 84 (2001) 11, 2585–2593

[53]   Evans, A.G.: Slow crack growth in brittle materials under dynamic loading conditions. *International Journal of Fracture*. 10 (1974) 2, 251–259

[54]   Wan, K.-T.; Lathabai, S.; Lawn, B.R.: Crack velocity functions and thresholds in brittle solids. *Journal of the European Ceramic Society*. 6 (1990) 4, 259–268

[55]   Sglavo, V.M.; Green, D.J.: Threshold stress intensity factor in soda-lime silicate glass by interrupted static fatigue test. *Journal of the European Ceramic Society*. 16 (1996) 6, 645–651

[56]   Gehrke, E.; Ullner, C.; Hähnert, M.: Fatigue limit and crack arrest in alkali-containing silicate glasses. *Journal of Materials Science*. 26 (1991) 20, 5445–5455

[57]   Fett, T.; Guin, J.-P.; Wiederhorn, S.M.: Stresses in ion-exchange layers of soda-lime-silicate glass. *Fatigue Fracture of Engineering Materials and Structures*. 28 (2005) 6, 507–514

[58]   Peng, Y.-L.; Tomozawa, M.; Blanchet, T.A.: Tensile stress-acceleration of the surface structural relaxation of $SiO2$ optical fibers. *Journal of Non-Crystalline Solids*. 222 (1997), 376–382

[59]   Shu, P.-G.; Li, H.-Y.; Lu, R.-H.: Experimental study on stiffness degradation of tempered glass plate. *Engineering Mechanics*. 27 (2010) 10, 246–250

[60]   Lü, B.-T.: Effect of a proof test on the fatigue strength and lifetime of soda-lime glass. *Theoretical and Applied Fracture Mechanics*. 27 (1997) 1, 79–84

[61]   Munz, D.; Fett, T.: *Ceramics: mechanical properties, failure behaviour, materials selection*. Springer-Verlag, Berlin 1999

[62]   Paris, P.C.; Erdogan, F.: A critical analysis of crack propagation laws. *Journal of Fluids Engineering*. 85 (1963) 4, 528–539

[63]   Gross, B.; Powers, L.M.; Jadaan, O.M.; Janosik, L.A.: *Fatigue Parameter Estimation Methodology for Power and Paris Crack Growth Laws in Monolithic Ceramic Materials*, Technical Memorandum 4699. National Aeronautics and Space Administration, Washington, D.C. 1996

[64]   Shen, X.: *Entwicklung eines Bemessungs- und Sicherheitskonzeptes für den Glasbau*, Fortschritt-Berichte. VDI-Verlag, Düsseldorf 1997

[65]   Overend, M.; Zammit, K.: A computer algorithm for determining the tensile strength of float glass. *Engineering Structures*. 45 (2012), 68–77

[66]   Gy, R.: Stress corrosion of silicate glass: a review. *Journal of non-crystalline solids*. 316 (2003) 1, 1–11

[67]   Ito, S.; Tomozawa, M.: Crack Blunting of High-Silica Glass. *Journal of the American Ceramic Society*. 65 (1982) 8, 368–371

[68]   Bando, Y.; Ito, S.; Tomozawa, M.: Direct Observation of Crack Tip Geometry
        of SiO2 Glass by High- Resolution Electron Microscopy. *Journal of the
        American Ceramic Society*. 67 (1984) 3, C36–C37

[69]   McGrail, B.P.; Icenhower, J.P.; Shuh, D.K.; Liu, P.; Darab, J.G.; Baer, D.R.;
        Thevuthasen, S.; Shutthanandan, V.; Engelhard, M.H.; Booth, C.H.;
        Nachimuthu, P.: The structure of Na2O–Al2O3–SiO2 glass: impact on sodium
        ion exchange in H2O and D2O. *Journal of non-crystalline solids*. 296 (2001) 1–
        2, 10–26

[70]   Hénaux, S.; Creuzet, F.: Kinetic fracture of glass at the nanometer scale. *Journal
        of Materials Science Letters*. 16 (1997) 12, 1008–1011

[71]   Wiederhorn, S.M.; Dretzke, A.; Rödel, J.: Crack Growth in Soda-Lime-Silicate
        Glass near the Static Fatigue Limit. *Journal of the American Ceramic Society*.
        85 (2002) 9, 2287–2292

[72]   Wiederhorn, S.M.; Dretzke, A.; Rödel, J.: Near the static fatigue limit in glass.
        International Journal of Fracture. 121 (2003) 1–2, 1–7

[73]   Roach, D.H.; Cooper, A.R.: Effect of Contact Residual Stress Relaxation on
        Fracture Strength of Indented Soda-Lime Glass. *Journal of the American
        Ceramic Society*. 68 (1984) 11, 632–636

[74]   Kese, K.; Tehler, M.; Bergman, B.: Contact residual stress relaxation in soda-
        lime glass. *Journal of the European Ceramic Society*. 26 (2006) 6, 1003–1011

[75]   Wallner, H.: Linienstrukturen an Bruchflächen. *Zeitschrift für Physik*. 114
        (1939) 5–6, 368–378

[76]   Schardin, H.; Struth, W.: Neuere Ergebnisse der Funkenkinematographie.
        Zeitschrift für technische Physik. 18 (1937), 474–477

[77]   Fineberg, J.; Marder, M.: Instability in dynamic fracture. *Physics Reports*. 313
        (1999) 1, 1–108

[78]   Nielsen, J.H.; Olesen, J.F.; Stang, H.: The Fracture Process of Tempered Soda-
        Lime-Silica Glass. *Experimental Mechanics*. 49 (2009) 6, 855–870

[79]   Marshall, D.B.; Lawn, B.R.; Mecholsky, J.J.: Effect of residual contact stresses
        on mirror/flaw-size relations. *Journal of the American Ceramic Society*. 63
        (1980) 5, 358–360

[80]   Mecholsky, J.J.: Quantitative fractographic analysis of fracture origins in glass.
        In: Fractography of glass, S. 37–73. Springer US, New York 1994

[81]   Kirchner, H.P.; Kirchner, J.W.: Fracture Mechanics of Fracture Mirrors. *Journal of the American Ceramic Society*. 62 (1978) 3–4, 198–202

[82]   Kirchner, H.P.; Conway, J.C.: Criteria for Crack Branching in Cylindrical Rods: I, Tension. *Journal of the American Ceramic Society*. 70 (1987) 6, 413–418

[83]   Kirchner, H.P.; Conway, J.C.: Criteria for Crack Branching in Cylindrical Rods: II, Flexure. *Journal of the American Ceramic Society*. 70 (1987) 6, 419–425

[84]   Akeyoshi, K.; Kanai, E.; Yamamoto, K.; Shima, S.: Asahi Garasu Kenkyu Hokoku. *Report of the Research Lab, Asahi Glass Co.* 17 (1967) 1, 23 – 26

[85]   Barsom, J.M.: Fracture of Tempered Glass. *Journal of the American Ceramic Society*. 51 (1968) 2, 75–78

[86]   Zaccaria, M.; Overend, M.: Validation of a simple relationship between the fracture pattern and the fracture stress of glass. *Proceedings of the engineered transparency international conference at glasstec*. (2012), 25–26

[87]   Soltész, U.; Richter, H.; Sommer, E.: Influence of internal stresses on the development of cracks in glasses. *Proceedings of the International Conference on Fracture*. (1981), 2303–2310

[88]   Preston, F.W.: The Angle of Forking of Glass Cracks as an Indicator of the Stress System. *Journal of the American Ceramic Society*. 18 (1935) 1–12, 175–176

[89]   Sachs, L.; Hedderich, J.: *Angewandte Statistik: Methodensammlung mit R*, 12. Auflag. Springer-Verlag, Berlin 2006

[90]   Gauss, C.-F.: *Theoria combinationis observationum erroribus minimis obnoxiae*. Henricus Dieterich, Göttingen 1821

[91]   Gauss, C.-F.: *Theoria motus corporum coelestium in sectionibus conicis solem ambientium*. Frid. Perthes et I.H. Besser, 1809

[92]   Weibull, W.: A Statistical Distribution Function of Wide Applicability. *Journal of applied mechanics*. 13 (1951), 293–297

[93]   Blom, G.: Statistical estimates and transformed beta-variables. *Biometrische Zeitschrift*. 3 (1958) 4, 285

[94]   Weibull, W.: *A statistical theory of strength of materials*. Royal Swedish Institute for Engineering, Stockholm 1939

[95]   Makkonen, L.: Problems in the extreme value analysis. *Structural Safety*. 30 (2008) 5, 405–419

[96]   Schneider, J.; Schula, S.; Weinhold, W.P.: Characterisation of the scratch resistance of annealed and tempered architectural glass. *Thin Solid Films*. 520 (2012) 12, 4190–4198

[97]   Schula, S.; Sternberg, P.; Schneider, J.: Optische Charakterisierung von Oberflächenschäden auf Einscheiben-Sicherheitsglas bei Fassaden- und Dachverglasungen. *Stahlbau*. 82 (2013) S1 – Glasbau, 211–225

[98]   Sternberg, P.: *Ein Beitrag zur Charakterisierung von Oberflächenschäden auf Kalk-Natron-Silikatglas*, Bachelor-Thesis (unveröffentlicht). Technische Universität Darmstadt, 2012

[99]   Engel, A.: *Untersuchung der Festigkeit von planmäßig vorgeschädigtem Glas*, Bachelor-Thesis (unveröffentlicht). Technische Universität Darmstadt, 2011

[100] Aben, H.; Anton, J.; Errapart, A.: Photoelasticity for the Measurement of Thermal Residual Stresses in Glass. In: Encyclopedia of Thermal Stresses, S. 3673–3682. Springer Netherlands, 2014

[101] GASP – Instruments for measuring surface stresses in tempered, heat-strengthened, and annealed glass. Strainoptics, Inc. 2011

[102] Aben, H.; Guillement, C.: *Photoelasticity of Glass*. Springer-Verlag, 1993

[103] DIN EN 14179-1: Glas im Bauwesen – Heißgelagertes thermisch vorgespanntes Kalknatron-Einscheibensicherheitsglas – Teil 1: Definition und Beschreibung. Beuth Verlag, Berlin 2005

[104] DIN EN 1863-1: Glas im Bauwesen – Teilvorgespanntes Kalknatronglas – Teil 1: Definition und Beschreibung. Beuth Verlag, Berlin 2011

[105] Technische Regeln für die Verwendung von linienförmig gelagerten Verglasungen (TRLV). Deutsches Institut für Bautechnik, Berlin 2006

[106] Gehrke, E.; Ullner, C.: *Makroskopisches Rißwachstum, Inertfestigkeit und Ermüdungsverhalten silikatischer Gläser*. Technische Universität Berlin, 1988

[107] Kerkhof, F.; Richter, H.; Stahn, D.: Festigkeit von Glas – Zur Abhängigkeit von Belastungsdauer und -verlauf. *Glastechnische Berichte*. 54 (1981) 8, 265–277

[108] ASTM C1499: Standard Test Method for Monotonic Equibiaxial Flexural Strength of Advanced Ceramics at Ambient Temperature. ASTM International, West Conshohocken 2013

[109] DIN EN 1288-5: Glas im Bauwesen – Bestimmung der Biegefestigkeit von Glas – Teil 5: Doppelring-Biegeversuch an plattenförmigen Proben mit kleinen Prüfflächen. Beuth Verlag, Berlin 2000

[110]   ANSYS 14.5 Help. ANSYS, Inc. 2012

[111]   Mishra, A.; Pecoraro, G.: Glass-Tin Interactions During the Float Glass Forming Process. *Ceramamic Transactions.* 82 (1997), 205–217

[112]   Gulati, S.T.; Akcakaya, R.; Varner, J.R.: Fracture behavior of tin vs. air side of float glass. *Ceramic Transactions (USA).* 122 (2000), 317–325

[113]   Krohn, M.H.; Hellmann, J.R.; Shelleman, D.L.; Pantano, C.G.; Sakoske, G.E.; Corporation, F.: Biaxial Flexure Strength and Dynamic Fatigue of Soda-Lime-Silica Float Glass. *Journal of the American Ceramic Society.* 85 (2002) 7, 1777–1782

[114]   Veer, F.A.; Rodichev, Y.M.: The structural strength of glass: hidden damage. *Strength of materials.* 43 (2011) 3, 302–315

[115]   Bachmann, A.: *Ein wirklichkeitsnaher Ansatz der böenerregten Windlasten auf Hochhäuser in Frankfurt / Main,* Dissertation. Technische Universität Darmstadt, 2003

[116]   Biermann, P.: *Untersuchung von dynamischen Effekten der Bruchmechanik bei Dauerschwingversuchen mit Glas,* Bachelor-Thesis (unveröffentlicht). Technische Universität Darmstadt, 2014

[117]   Sglavo, V.M.; D.J., G.: Influence of indentation crack configuration on strength and fatigue behaviour of soda-lime silicate glass. *Acta metallurgica et materialia A.* 43 (1995) 3, 965–972

[118]   Dixon, W.J.; Mood, A.M.: A method for obtaining and analyzing sensitivity data. *Journal of the American Statistical Association.* 43 (2014) 241, 109–126

[119]   Hück, M.: Ein verbessertes Verfahren fur die Auswertung von Treppenstufenversuchen. *Materialwissenschaft und Werkstofftechnik.* 14 (1983) 12, 406–417

[120]   Mecholsky, J.J.; Rice, R.W.; Freiman, S.W.: Prediction of Fracture Energy and Flaw Size in Glasses from Measurements of Mirror Size. *Journal of the American Ceramic Society.* 57 (1974) 10, 440–443

[121]   Simmons, C.J.; Freiman, S.W.: Effect of Corrosion Processes on Subcritical Crack Growth in Glass. *Journal of the American Ceramic Society.* 64 (1981) 11, 683–686

[122]   Wiederhorn, S.M.; Freiman, S.W.; Fuller, E.R.; Simmons, C.J.: Effects of water and other dielectrics on crack growth. *Journal of Materials Science.* 17 (1982), 3460–3478

[123]   Gehrke, E.; Ullner, C.; Hähnert, M.: Effect of corrosive media on crack growth of model glasses and commercial silicate glasses. *Glastechnische Berichte*. 63 (1990) 9, 255–265

[124]   Haldimann, M.: *Fracture strength of structural glass elements – analytical and numerical modelling, testing and design*, PhD-Thesis. École Polytechnique Fédérale de Lausanne, 2006

[125]   Boxheimer, K.; Hilcken, J.: Strength Influencing Factors of Cyclic Loaded Glass Panes. *Proceedings of the Glass Performance Days, Tampere*. (2011), 635–637

Abbildungsverzeichnis

Tabellenverzeichnis

Anhang

.

A Konstanten, Parameter und Formeln

A.1 Risswachstumsparameter v_0 und n

Tabelle A.1 Risswachstumsparameter v_0 und n

Jahr	Quelle	Umgebungs-feuchte	Risswachstums-exponent	Risswachstums-parameter
		RH	n	v_0
[-]	[-]	[%]	[-]	[mm/s]
		H_2O		
1967	Wiederhorn [26]		17,4	3,8
1974	Freiman [120]		15,6	9,2
1981	Kerkhof [107]		16,0	50,1*
1981	Simmons [121]		19,2	16,0
1982	Wiederhorn [122]		17,4	10,0
1987	Gehrke [29]		15,5	3,3
1988	Gehrke [106]		13,0	1,1
1990	Gehrke [123]		18,4	2,14
1993	Ullner [30]		18,4	17,1
2006	Haldimann [124]		16	6,0
		Luft, Stickstoff		
1967	Wiederhorn [26]	100 %	20,8	3,6
		30 %	22,6	1,7
		10 %	21,4	0,6
		0,017 %	27,2	0,09
1981	Kerkhof [107]	50 %	18,1	0,0025
1988	Gehrke [106]	50 %	14,3	0,16
1993	Ullner [30]	50 %	19,7	2,8
1995	Sglavo [117]	45 %	18,8	14,3
		Vakuum		
1967	Wiederhorn [26]		93,3	0,13
1981	Kerkhof [107]		70	$4,5 \cdot 10^{-4}$
1982	Wiederhorn [122]		98	0,01

A.2 Bruchzähigkeit K_{Ic} und Ermüdungsschwelle K_0

Tabelle A.2 Bruchzähigkeit K_{Ic} und Ermüdungsschwelle K_0

Jahr	Quelle	Umgebungsfeuchte	Bruchzähigkeit, Ermüdungsschwelle
		RH	K_{Ic}, K_0
[-]	[-]	[%]	[MPa·m$^{1/2}$]
		Bruchzähigkeit K_{Ic}	
1967	Wiederhorn [33]	-	0,82
1980	Lawn [27]		0,75
1981	Anstis [28]		0,75
1987	Gehrke [29]	-	0,78
1993	Lawn [20]	-	0,75
1993	Ullner [30]	-	0,76
2001	Gong [31]		0,75 – 0,82
2003	Le Houérou [32]		0,72
		Ermüdungsschwelle K_0	
1961	Mould [41]	in H_2O	0,15-0,3
1970	Wiederhorn [48]	in H_2O	0,20
1974	Evans [53]	in H_2O	0,25
1981	Simmons [121]	-	0,27
1990	Gehrke [123]	in H_2O	0,26
1990	Wan [54]	in H_2O	0,28
		100 %	0,37
		50 %	0,39
		0,2 %	0,50
		0,017 %	0,54
1995	Sglavo [55]	in H_2O	0,15-0,20
2001	Kocer [52]	in H_2O	0,26
		50 %	0,37
2009	Ciccoti [33]	-	0,24

A.3 Geometriefaktoren für halbelliptische Risse

Mit Gl. (2.7) und (2.8) sowie den nach folgend aufgelisteten Gleichungen nach Newman und Raju [16–18] können Geometriefaktoren für halbelliptische Risse berechnet werden.

$$M = \left[1.1215 - 0.09\left(\frac{a}{c}\right)\right] + \left[-0,54 + \frac{0,89}{0,2+\left(\frac{a}{c}\right)}\right]\left(\frac{a}{h}\right)^2 + \left[0,5 - \frac{1}{0,65+\left(\frac{a}{c}\right)} + 14\left(1-\left(\frac{a}{c}\right)\right)^{24}\right]\left(\frac{a}{h}\right)^4 \quad (A.1)$$

$$H_1 = 1 - \left[0,34 + 0,11\left(\frac{a}{c}\right)\right]\left(\frac{a}{h}\right) \quad (A.2)$$

$$H_2 = 1 - \left[1,22 + 0,12\left(\frac{a}{c}\right)\right]\left(\frac{a}{h}\right) + \left[0,55 - 1,05\left(\frac{a}{c}\right)^{0,75} + 0,47\left(\frac{a}{c}\right)^{1,5}\right]\left(\frac{a}{h}\right)^2 \quad (A.3)$$

$$\sqrt{Q} = \sqrt{1 + 1,464\left(\frac{a}{c}\right)^{1,65}} \text{ für } \frac{a}{c} \leq 1 \quad (A.4)$$

$$S = \left[1,1 + 0,35\left(\frac{a}{h}\right)^2\right]\sqrt{\left(\frac{a}{c}\right)} \quad (A.5)$$

B Ergebnisse der experimentellen Untersuchungen

B.4 Zyklische Ermüdung I

Floatglas – Basisversuchsreihe

Tabelle A.3 Ergebnisse der Basisversuchsreihe mit Floatglas – Sinusschwingung, f = 0,5 Hz, R = 0, RH = 50 %

Probekörper	Oberspannung σ_{max} [MPa]	Lebensdauer t_{fc} [s]	Schwingspielzahl N [-]	Bemerkung
1001				BU
1002	33,7			DL
1003	37,1	112	57	
1004	35,1	272	136	
1005	30,4	2397	1199	
1006	43,9	10	5	
1007	27,0			DL
1008	30,4	10024	5012	
1009	33,7	4130	2065	
1010	47,2	17	9	
1011				BU
1012	40,5	16	8	
1013	40,5	3	2	
1014	37,1	44	22	
1015	33,7	77	39	
1016	30,4	1267	633,5	
1017	30,4	1832	916	
1018	27,0	9011	4506	
1019	23,6			DL
1020	40,5	26	13	
1021	40,5	29	15	
1022	37,1	228	114	
1023	27,0	31543	15772	
1024	37,1	2670	1335	
1025	39,1	150	75	
1026	33,7	1924	962	
1027	30,4	647	324	
1028	37,1	170	85	
1029	37,1	198	100	
1030	23,6			DL

Tabelle A.4 Ergebnisse von den Biegezugfestigkeitsuntersuchungen der Vergleichsprobekörper der Basisversuchsreihe − $\dot{\sigma} = 2$ MPa/s, $RH = 50$ %. Die Risstiefe wurde mit $v_0 = 2{,}2$ mm/s und $n = 14{,}22$ aus der Bruchspannung berechnet

Probekörper	Bruchspannung σ_{fqs} [MPa]	Risstiefe a_i [µm]	Bemerkung
2001	48,9	38,1	
2002	50,8	34,3	
2003	48,5	39,0	
2004	51,5	32,9	
2005	46,0	45,3	
2006	45,6	46,2	
2007			BU
2008	41,1	62,4	
2009	50,1	35,4	
2010	48,1	39,7	
2011	40,8	63,9	
2012	50,3	35,2	
2013	45,0	48,0	
2014	45,3	47,2	
2015	43,7	52,3	
2016	48,1	39,9	
2017	43,3	53,6	
2018	44,1	51,0	
2019	44,5	49,7	
2020	50,7	34,3	
2021	50,5	34,7	
2022	49,6	36,5	
2023	49,7	36,3	
2024	44,3	50,4	
2025	42,4	57,0	
2026	44,5	49,6	
2027	45,8	45,9	
2028	45,8	45,7	
2029	48,0	40,1	
2030	43,9	51,5	
$\bar{x}$	46,6	44,7	
s	3,1	8,6	
V	0,07	0,19	

Frequenz

Tabelle A.5 Ergebnisse der Versuchsreihe mit Floatglas zur Untersuchung des Einflusses der Frequenz – Sinusschwingung, $R = 0$, $RH = 50$ %

Probekörper	Frequenz	Oberspannung	Lebensdauer	Schwingspiele	Bemerkung
	f	σ_{max}	t_{fc}	N	
	[Hz]	[MPa]	[s]	[-]	
1101	0,25	37,1	92	46	
1102	0,25	33,7	788	394	
1103	0,25	40,5	60	31	
1104	0,25	30,4	1139	570	
1105	0,25	27,0	4303	2152	
1122	0,25	40,5	80	41	
1123	0,25	33,7	2016	1008	
1124	0,25	30,4	13145	6573	
1125	0,25	23,6			DL
1129	0,25	47,2	17	9	
1106	0,1	40,5	15	2	
1107	0,1	40,5	14	2	
1108	0,1	37,1	94	10	
1109	0,1	37,1	34	4	
1110	0,1	33,7	2363	237	
1111	0,1	33,7	123	13	
1112	0,1	30,4	373	38	
1113	0,1	30,4	3103	311	
1128	0,1	27,0			DL
1130	0,1	23,6	43722	4373	
1114	0,01	40,5	50	1	
1115	0,01	40,5	45	1	
1116	0,01	37,1	239	3	
1117	0,01	37,1	141	2	
1118	0,01	33,7	1642	17	
1119	0,01	33,7	1140	12	
1120	0,01	37,1	336	4	
1121	0,01	37,1	239	3	
1126	0,01	27,0	25235	253	
1127	0,01	23,6	38337	384	

Tabelle A.6 Ergebnisse von den Biegezugfestigkeitsuntersuchungen der Vergleichsprobekörper der Versuchsreihe mit Floatglas zur Untersuchung des Einflusses der Frequenz – $\dot{\sigma} = 2$ MPa/s, $RH = 50$ %. Die Risstiefe wurde mit $Y = 1{,}1215$, $v_0 = 2{,}2$ mm/s und $n = 14{,}22$ aus der Bruchspannung berechnet.

Serie	Probekörper	Bruchspannung σ_{fqs} [MPa]	Risstiefe a_i [μm]	Bemerkung
	2101	42,9	60,0	
	2102	47,8	45,9	
	2103	46,3	49,8	
	2104	45,2	52,6	
	2105	47,4	46,7	
	2106	49,8	41,4	
0,25 Hz	2107	53,7	34,4	
	2108	52,3	36,7	
	2109	48,8	43,5	
	2110	50,9	39,1	
	$\bar{x}$	48,5	45,0	
	s	3,3	7,8	
	V	0,07	0,17	
	2111	43,0	54,8	
	2112	38,4	75,8	
	2113	40,4	65,6	
	2114	42,4	57,0	
	2115	44,4	50,2	
	2116	43,5	53,1	
0,10 Hz	2117	42,6	56,2	
	2118	36,9	85,6	
	2119			BU
	2120	41,6	60,4	
	$\bar{x}$	41,5	62,1	
	s	2,5	11,7	
	V	0,06	0,19	

		Fortsetzung von voriger Seite	
	2121	43,4	53,3
	2122	39,7	69,0
	2123	44,6	49,2
0,01 Hz	2124	49,7	36,3
	2125	43,8	52,2
	2126	47,6	41,1
	2127	47,8	40,4
	2128	42,5	56,5
	2129	44,3	50,3
0,01 Hz	2130	43,7	52,2
	$\bar{x}$	44,7	50,1
	s	2,9	9,3
	V	0,07	0,19

Belastungsfunktion

Tabelle A.7 Ergebnisse der Versuchsreihe mit Floatglas zur Untersuchung der Belastungsfunktion
– $R = 0$, $RH = 50$ %, $f = 0,5$ Hz

Probekörper	Belastungsfunktion	Oberspannung σ_{max} [MPa]	Lebensdauer t_{fc} [s]	Schwingspielzahl N [-]	Bemerkung
1201	Dreieckschwingung				BU
1202	Dreieckschwingung	23,6			DL
1203	Dreieckschwingung	33,7	581	291	
1204	Dreieckschwingung	33,7	171	86	
1205	Dreieckschwingung	30,4	784	87	
1206	Dreieckschwingung	33,7	360	181	
1207	Dreieckschwingung	37,1	58	29	
1208	Dreieckschwingung	27,0	8201	4101	
1209	Dreieckschwingung	30,4	1015	508	
1210	Dreieckschwingung	27,0			DL
1211	Trapezschwingung	37,8	11	6	
1212	Trapezschwingung	34,7	42	21	
1213	Trapezschwingung	30,9	150	76	
1214	Trapezschwingung	27,0			DL
1215	Trapezschwingung	30,8	274	137	
1216	Trapezschwingung	37,3	43	22	
1217	Trapezschwingung	33,7	80	40	
1218	Trapezschwingung	24,7	16712	8356	
1219	Trapezschwingung	22,8	8084	4042	
1220	Trapezschwingung	20,5			DL

Tabelle A.8 Ergebnisse von den Biegezugfestigkeitsuntersuchungen der Vergleichsprobekörper der Versuchsreihe mit Floatglas zur Untersuchung der Belastungsfunktion $- \dot{\sigma} = 2$ MPa/s, $RH = 50$ %. Die Risstiefe wurde mit $Y = 1,1215, v_0 = 2,2$ mm/s und $n = 14,22$ aus der Bruchspannung berechnet

Serie	Probekörper	Bruchspannung σ_{fqs} [MPa]	Risstiefe a_i [µm]	Bemerkung
Dreieck-schwingung	2201	45,7	46,2	
	2202	43,2	54,2	
	2203	39,3	71,3	
	2204	44,2	50,5	
	2205	46,2	44,6	
	2206	44,8	48,7	
	2207	47,5	41,3	
	2208			BU
	2209	46,7	43,3	
	2210	45,4	46,8	
	$\bar{x}$	44,8	49,6	
	s	2,4	9,0	
	V	0,05	0,18	
Trapez-schwingung	2211	41,8	59,6	
	2212	44,8	48,7	
	2213	44,5	49,7	
	2214	43,3	53,6	
	2215	45,5	46,6	
	2216	47,5	41,2	
	2217	46,7	43,2	
	2218	42,1	58,3	
	2219			BU
	2220			UG
	$\bar{x}$	44,5	50,1	
	s	2,1	6,7	
	V	0,05	0,13	

Belastungstyp

Tabelle A.9 Ergebnisse der Versuchsreihe mit Floatglas zur Untersuchung des Belastungstyps – Sinusschwingung, RH = 50 %, f = 0,5 Hz

Probekörper	Spannungs-verhältnis	Ober-spannung	Lebensdauer	Schwingspiel-zahl	Bemerkung
	R	σ_{max}	t_{fc}	N	
	[-]	[MPa]	[s]	[-]	
1301	0,5	40,5	34	18	
1302	0,5	37,1	79	40	
1303	0,5	33,7	403	202	
1304	0,5	30,4	499	250	
1305	0,5	30,4	1305	653	
1306	0,5	27,0	8321	4161	
1307	0,5	27,0			DL
1308	0,5	23,6			DL
1309	0,5	0,0			BU
1310	0,5	37,1	101	51	
1311	0,8	37,1	25	13	
1312	0,8	33,7	517	259	
1313	0,8	23,6	4832	2417	
1304	0,8				BU
1315	0,8	30,4	478	240	
1316	0,8				BU
1317	0,8	33,7	83	42	
1318	0,8	23,6			DL
1319	0,8	27,0	2487	1244	
1320	0,8	20,2			DL

Tabelle A.10 Ergebnisse von den Biegezugfestigkeitsuntersuchungen der Vergleichsprobekörper der Versuchsreihe mit Floatglas zur Untersuchung des Belastungstyps – $\dot{\sigma}$ = 2 MPa/s, RH = 50 %. Die Risstiefe wurde mit Y = 1,1215, v_0 = 2,2 mm/s und n = 14,22 aus der Bruchspannung berechnet

Serie	Probekörper	Oberspannung σ_{fqs} [MPa]	Risstiefe a_i [µm]	Bemerkung
	2301	41,7	60,1	
	2302	46,3	44,4	
	2303	44,7	48,9	
	2304			UG
	2305	42,8	55,6	
	2306	44,0	51,2	
R = 0,5	2307	40,5	65,3	
	2308	43,6	52,7	
	2309	45,7	46,1	
	2310	40,8	63,7	
	$\bar{x}$	43,3	54,2	
	s	2,1	7,5	
	V	0,05	0,14	
	2301	45,7	50,5	
	2302	46,2	53,1	
	2303	44,3	63,6	
	2304	43,4	71,4	
	2305	44,4	70,6	
	2306	41,9	86,8	
R = 0,8	2307	46,7	67,5	
	2308	47,9	65,7	
	2309	42,0	96,4	
	2310	39,0	120,6	
	$\bar{x}$	44,1	74,6	
	s	2,7	21,2	
	V	0,06	0,28	

Umgebungsbedingungen

Tabelle A.11 Ergebnisse der Versuchsreihe mit Floatglas zur Untersuchung des Einflusses der Umgebungsbedingungen – Sinusschwingung, $f = 0{,}5$ Hz, $R = 0$

Probekörper	Luftfeuchtigkeit/ Umgebungsmedium	Ober- spannung	Lebens- dauer	Schwingspiel- zahl	Bemerkung
	RH	σ_{max}	t_{fc}	N	
	[%]	[MPa]	[s]	[-]	
1851	H_2O (flüssig)	37,1	9	5	
1852	H_2O (flüssig)	33,7	86	43	
1853	H_2O (flüssig)	30,4	183	92	
1854	H_2O (flüssig)	27,0	794	397	
1855	H_2O (flüssig)	23,6	1857	929	
1856	H_2O (flüssig)				BU
1857	H_2O (flüssig)	20,2	17097	8549	
1858	H_2O (flüssig)	16,9			DL
1859	H_2O (flüssig)	30,4	65	33	
1860	H_2O (flüssig)	20,2			DL
1821	0,24 % (in N_2)	56,7	2	1	
1822	0,21 % (in N_2)	50,4	2306	1153	
1823	0,20 % (in N_2)	53,5	236	118	
1824	0,35 % (in N_2)	53,5	694	347	
1825	0,36 % (in N_2)	50,4	954	477	
1826	0,35 % (in N_2)	44,1	53	27	
1827	0,23 % (in N_2)	47,2	97	49	
1828	0,19 % (in N_2)	47,2	349	175	
1829	0,28 % (in N_2)	44,1	354	177	
1830	0,26 % (in N_2)	47,2	2343	1172	
1831		44,1			UG

Tabelle A.12 Ergebnisse von den Biegezugfestigkeitsuntersuchungen der Vergleichsprobekörper der Versuchsreihe mit Floatglas zur Untersuchung des Einflusses der Umgebungsbedingungen – $\dot{\sigma}$ = 2 MPa/s. Die Risstiefe wurde mit Y = 1,1215, n = 14,22 und v_0 = 44,7 mm/s (H_2O) bzw. v_0 = 0,04 mm/s (N_2) aus der Bruchspannung berechnet.

Probekörper	Luftfeuchtigkeit/ Umgebungsmedium	Bruchspannung	Risstiefe	Bemerkung
	RH	σ_{fqs}	a_i	
	[%]	[MPa]	[µm]	
2851	H_2O (flüssig)	40,5	52,4	
2852	H_2O (flüssig)	34,1	66,8	
2853	H_2O (flüssig)	36,8	53,1	
2854	H_2O (flüssig)	36,7	53,6	
2855	H_2O (flüssig)	39,1	44,5	
2856	H_2O (flüssig)	39,2	44,4	
2857	H_2O (flüssig)	35,3	60,5	
2858	H_2O (flüssig)	36,7	53,7	
2859	H_2O (flüssig)	34,6	63,8	
2860	H_2O (flüssig)	34,2	66,3	
$\bar{x}$		36,7	55,9	
s		2,3	8,2	
V		0,06	0,15	
2821	0,27 % (in N_2)	61,8	38,5	
2822	0,30 % (in N_2)	62,1	37,9	
2823	0,21 % (in N_2)	58,4	45,0	
2824	0,29 % (in N_2)	59,6	42,5	
2825				UG
2826	0,14 % (in N_2)	50,6	66,8	
2827	0,19 % (in N_2)	62,5	37,3	
2828	0,19 % (in N_2)	60,8	42,4	
2829	0,29 % (in N_2)	57,4	51,7	
2830	0,27 % (in N_2)	59,3	49,4	
$\bar{x}$		53,2	45,7	
s		3,6	9,3	
V		0,36	0,20	

Schädigungsmethode

Tabelle A.13 Ergebnisse der Versuchsreihe mit Floatglas zur Untersuchung der Schädigungsmethode – Sinusschwingung, f = 0,5 Hz, R = 0, RH = 50 %. Die Probekörper wurden mittels Vickers-Eindringprüfung (F_{ind}=10 N) vorgeschädigt und mikroskopisch vermessen.

Probekörper	Risstiefe	Oberspannung	Lebensdauer	Schwingspielzahl	Bemerkung
	a_0	σ_{max}	t_{fc}	N	
	[μm]	[MPa]	[s]	[-]	
1601	100,5	47,2	9	5	
1602	68,25	44,1	146	74	
1603	77,25	37,8	52	27	
1604	59,25	40,9	1083	542	
1605	60,5	37,8	4606	2303	
1606	76,75	31,5	21437	10719	
1607	54,25	31,5			DL
1608	68,75	34,6	4132	2066	
1609	53,25	31,5	41388	20694	
1610	61,75	29,9			DL

Tabelle A.14 Ergebnisse von den Biegezugfestigkeitsuntersuchungen der Vergleichsprobekörper der Versuchsreihe mit Floatglas zur Untersuchung der Schädigungsmethode – $\dot{\sigma}$ = 2 MPa/s, RH = 50 %. Die Risstiefe wurde mit Y = 0,7216, v_0 = 2,2 mm/s und n = 14,22 aus der Bruchspannung berechnet

Probekörper	Bruchspannung	Risstiefe		Bemerkung
	σ_{fqs}	a_i (gemessen)	a_i (berechnet)	
	[MPa]	[μm]	[μm]	
2601	45,4	108	130,7	
2602	55,6	111	74,0	
2603		129		BU
2604	47,7	136	114,1	
2605	46,6	108	121,5	
2606	49,3	114	103,5	
2607	55,4	105	75,0	
2608	48,4	129	109,0	
2609	47,8	127	112,9	
2610	44,0	134	142,9	
$\bar{x}$	48,9	120,1	109,3	
s	4,0	12,0	23,0	
V	0,08	0,10	0,21	

ESG – Basisversuchsreihe

Tabelle A.15 Ergebnisse der Basisversuchsreihe mit ESG – Dreieckschwingung, $f = 0,5$ Hz, $R = 0$, $RH = 50$ %

Probekörper	Eigen-spannung	Ober-spannung	Lebens-dauer	Schwing-spielzahl	Bemerkung
	σ_r	σ_{max}	t_{fc}	N	
	[MPa]	[MPa]	[s]	[-]	
1001	-107,8	151,1			BU
1002	-112,4	163,7	737	369	
1003	-108,6	170,0			BU
1004	-108,2	176,3	70	35	
1005	-110,1	170,0	4	2	
1006	-112,7	163,7	26	13	
1007	-108,1	157,4	52	26	
1008	-104,7	151,1	152	76	
1009	-109,2	151,1	170	85	
1010	-109,8	144,8	546	273	
1011	-112,1	138,5			DL
1012	-114,1	144,8			DL
1013	-112,2	144,8	64102	32051	
1014	-110,9	138,5	11538	5769	
1015	-112,9	163,7	400	200	
1016	-112,1	157,4	21562	10781	
1017	-110,3	157,4	2932	1466	
1018	-110,2	163,7	280	140	
1019	-113,5	151,1	452	226	
1020	-110,6	151,1	3450	1725	
1021	-111,2	151,1	3504	1752	
1022	-114,1	144,8	10094	5047	
1023	-108,0	144,8	35730	17865	
1024	-111,0	170,0	22	11	
x	-110,6				
s	2,3				
V	0,02				

Tabelle A.16 Ergebnisse von den Biegezugfestigkeitsuntersuchungen der Vergleichsprobekörper der Basisversuchsreihe mit ESG – $Y = 1,1215$, $\dot{\sigma} = 2$ MPa/s, $RH = 50$ %. Die Risstiefe wurde mit $v_0 = 1,9$ mm/s und $n = 13,86$ aus der Bruchspannung berechnet.

Probekörper	Eigenspannung σ_r [MPa]	Bruchspannung σ_{fqs} [MPa]	Risstiefe a_i [µm]	Bemerkung
2001	-111,8	157,8	32,2	
2003	-113,0	167,4	21,1	
2005	-113,7	167,6	21,5	
2007	-108,7	170,7	15,2	
2009	-115,8	174,9	17,0	
2011	-113,2	172,2	17,2	
2013	-107,7			BU
2015	-111,4	223,6	3,4	
2017	-111,7	174,8	14,5	
2019	-114,5	175,4	15,9	
2021	-110,1	204,7	5,3	
2023	-111,8	166,1	21,1	
2025	-114,3	169,5	20,2	
2027	-110,4	171,6	15,7	
2029	-112,8	168,5	19,8	
x	-112,0	176,1	17,2	
s	2,2	17,2	7,0	
V	0,02	0,10	0,41	

Frequenz

Tabelle A.17 Ergebnisse der Versuchsreihe zur Untersuchung des Einflusses der Frequenz mit ESG – Dreieckschwingung, $R = 0$, $RH = 50\,\%$

Probekörper	Frequenz	Eigen-spannung	Ober-spannung	Lebens-dauer	Schwing-spielzahl	Bemerkung
	f	σ_r	σ_{max}	t_{fc}	N	
	[Hz]	[MPa]	[MPa]	[s]	[-]	
1101	0,01	-108,0	170,0	38	1	
1102	0,01	-114,7	163,7	230	3	
1103	0,01	-109,5	151,1	764	8	
1104	0,01	-114,4	163,7	49	1	
1105	0,01	-113,2	148,0	549	6	
1106	0,01	-113,2	144,8	462	5	
1107	0,01	-114,4	138,5			DL
1108	0,01	-73,7	141,7			DL
1109	0,01	-103,4	144,8	1356	14	
1110	0,01	-107,2	141,7	838	9	
$\bar{x}$		-107,2				
s		12,4				
V		0,12				
1111	0,1	-101,5	138,5			DL
1112	0,1	-111,7	163,7	54	27	
1113	0,1	-104,9	157,4	31024	15512	
1114	0,1	-105,9	151,1	264	132	
1115	0,1	-112,0	151,1	73	37	
1116	0,1	-113,1	144,8			BU
1117	0,1	-108,2	157,4	1412	707	
1118	0,1	-106,5	148,0	2524	1262	
1119	0,1	-107,9	144,8	9550	4775	
1120	0,1	-110,8	141,7			DL
$\bar{x}$		-108,2				
s		3,7				
V		0,03				

Tabelle A.18 Ergebnisse von den Biegezugfestigkeitsuntersuchungen der Vergleichsprobekörper der Versuchsreihe mit ESG zur Untersuchung des Einflusses der Frequenz – $\dot{\sigma}$ = 2 MPa/s, RH = 50 %. Die Risstiefe wurde mit Y = 1,1215, v_0 = 1,9 mm/s und n = 13,86 aus der Bruchspannung berechnet.

Probekörper	Eigenspannung	Bruchspannung	Risstiefe	Bemerkung
	σ_r	σ_{fqs}	a_i	
	[MPa]	[MPa]	[µm]	
2101	-109,3	165,1	19,8	
2103	-111,9	165,9	21,5	
2105	-110,1	169,6	16,8	
2107	-107,0	174,0	12,5	
2109	-115,2	169,4	21,3	
2111	-111,7	153,5	40,7	
2113	-107,3	166,3	17,2	
2115	-112,3	170,7	17,6	
2117	-112,3	170,9	17,4	
2119	-106,4	170,0	14,2	
$\bar{x}$	-110,4	167,6	19,9	
s	2,8	5,6	7,8	
V	0,03	0,03	0,39	

Belastungsfunktion

Tabelle A.19 Ergebnisse der Versuchsreihe zur Untersuchung des Einflusses der Belastungsfunktion mit ESG $-f = 0,5$ Hz, $R = 0$, $RH = 50$ %

Probekörper	Belastungsfunktion	Eigen-spannung	Ober-spannung	Lebens-dauer	Schwing-spielzahl	Bemerkung
		σ_r	σ_{max}	t_{fc}	N	
		[MPa]	[MPa]	[s]	[-]	
1201	Trapezschwingung	-107,3	157,4	27,5	14	
1202	Trapezschwingung	-112,4	151,1	33,6	17	
1203	Trapezschwingung	-109,7	144,8			UG
1204	Trapezschwingung	-107,1	151,1	1578	789	
1205	Trapezschwingung	-109,8	163,7	51,1	26	
1206	Trapezschwingung	-110,2	157,4	52	26	
1207	Trapezschwingung	-105,4	148,0	138	69	
1208	Trapezschwingung	-109,6	170,0	14	7	
1209	Trapezschwingung	-113,7	144,8	56	28	
1210	Trapezschwingung	-110,1	138,5	3153	1577	
1211	Trapezschwingung	-109,3	132,2	12780	6390	
1212	Trapezschwingung	-114,6	129,1	22950	11475	
1213	Trapezschwingung	-113,2	125,9			DL
$\bar{x}$		-110,2				
s		2,7				
V		0,02				

Tabelle A.20 Ergebnisse von den Biegezugfestigkeitsuntersuchungen der Vergleichsprobekörper der Versuchsreihe mit ESG zur Untersuchung des Einflusses der Belastungsfunktion – $\dot{\sigma} = 2$ MPa/s, $RH = 50$ %. Die Risstiefe wurde mit $Y = 1{,}1215$, $v_0 = 1{,}9$ mm/s und $n = 13{,}86$ aus der Bruchspannung berechnet.

Probekörper	Eigenspannung	Bruchspannung	Risstiefe	Bemerkung
	σ_r	σ_{fqs}	a_i	
	[MPa]	[MPa]	[μm]	
2201	-104,2	157,8	21,9	
2203	-107,2	160,8	21,9	
2205	-107,7	169,1	15,6	
2207	-105,6	163,1	18,3	
2209	-104,5	167,6	14,5	
$\bar{x}$	-105,8	163,7	18,4	
s	1,6	4,7	3,4	
V	0,01	0,03	0,19	

Belastungstyp

Tabelle A.21 Ergebnisse der Versuchsreihe zur Untersuchung des Einflusses des Belastungstyps mit ESG – Dreieckschwingung, $f = 0{,}5$ Hz, $R = 0$, $RH = 50$ %

Probekörper	Spannungs-verhältnis	Eigen-spannung	Ober-spannung	Lebens-dauer	Schwing-spielzahl	Bemerkung
	R	σ_r	σ_{max}	t_{fc}	N	
	[-]	[MPa]	[MPa]	[s]	[-]	
1301	0,69	-113,9	163,7	17,8	9	
1302	0,72	-113,8	157,4	19,7	10	
1303	0,75	-114,5	151,1	119,9	60	
1304	0,78	-106,1	144,8	141,7	71	
1305	0,82	-109,8	138,5	1258	629	
1306	0,84	-110,7	135,4	555,2	278	
1307	0,86	-105,4	132,2	978,4	490	
1308	0,88	-103,4	129,1	6027,1	3014	
1309	0,90	-110,0	125,9	42230	21115	
1310	0,92	-110,8	122,8			DL
$\bar{x}$		-109,8				
s		3,8				
V		0,03				

Tabelle A.22 Ergebnisse von den Biegezugfestigkeitsuntersuchungen der Vergleichsprobekörper der Versuchsreihe mit ESG zur Untersuchung des Einflusses des Belastungstyps – $\dot{\sigma} = 2$ MPa/s, $RH = 50$ %. Die Risstiefe wurde mit $Y = 1{,}1215$, $v_0 = 1{,}9$ mm/s und $n = 13{,}86$ aus der Bruchspannung berechnet.

Probekörper	Eigenspannung	Bruchspannung	Risstiefe	Bemerkung
	σ_r	σ_{fqs}	a_i	
	[MPa]	[MPa]	[μm]	
2301	-108,7	159,1	25,6	
2303	-105,9	164,2	17,8	
2305	-108,1	152,9	34,3	
2307	-108,3	158,9	25,3	
2309	-106,3	169,9	14,2	
$\bar{x}$	-107,5	161,0	23,4	
s	1,3	6,4	7,8	
V	0,01	0,04	0,33	

Schädigungsmethode

Tabelle A.23 Ergebnisse der Versuchsreihe zur Untersuchung des Einflusses der Schädigungsmethode mit ESG – Dreieckschwingung, $f = 0{,}5$ Hz, $R = 0$, $RH = 50$ %

Probekörper	Eigen-spannung	Risstiefe	Ober-spannung	Lebens-dauer	Schwing-spielzahl	Bemerkung
	σ_r	a_i	σ_{max}	t_{fc}	N	
	[MPa]	[μm]	[MPa]	[s]	[-]	
1601	-109,2	121,0	144,8	30,4	16	
1602	-107,1	96,0	138,5	320	160	
1603	-109,5	92,5	132,2	3236,9	1619	
1604	-104,9	81,0	135,4			DL
1605	-104,9	81,0	151,1	122	61	
1606	-109,7	125,5	135,4	7314	3657	
1607	-106,8	116,5	141,7	2709	1355	
1608	-108,0	103,5	132,2			BU
1609	-112,7	106,5	148,0	29,1	15	
1610	-109,6	83,5	132,2			DL
1611	-105,3	155,0	135,4	60026	30013	
$\bar{x}$	-108,0	105,6				
s	2,5	22,7				
V	0,02	0,22				

Tabelle A.24 Ergebnisse von den Biegezugfestigkeitsuntersuchungen der Vergleichsprobekörper der Versuchsreihe mit ESG zur Untersuchung des Einflusses der Schädigungsmethode – $\dot{\sigma} = 2$ MPa/s, $RH = 50$ %. Die Risstiefe wurde mit $Y = 0{,}7216$ $v_0 = 1{,}9$ mm/s und $n = 13{,}86$ aus der Bruchspannung berechnet.

Probekörper	Eigenspannung σ_r [MPa]	Bruchspannung σ_{fqs} [MPa]	Risstiefe a_i [µm]	Bemerkung
2601	-108,4			UG
2603	-109,9	146,9	154,7	
2605	-109,1	148,3	134,6	
2607	-108,3	148,2	128,4	
2609	-113,1	150,4	152,0	
$\bar{x}$	-109,8	148,5	142,4	
s	2,0	1,4	12,9	
V	0,02	0,01	0,09	

Lagerungsdauer

Tabelle A.25 Ergebnisse der Versuchsreihe zur Untersuchung des Einflusses der Lagerungsdauer mit ESG – Dreieckschwingung, $f = 0{,}5$ Hz, $R = 0$, $RH = 50$ %

Probekörper	Eigen-spannung σ_r [MPa]	Ober-spannung σ_{max} [MPa]	Lebens-dauer t_{fc} [s]	Schwing-spielzahl N [-]	Bemerkung
1211	-111,2	176,3	7,4	4	
1212	-111,6	170,0	7,6	4	
1213	-107,5	138,5			DL
1214	-111,6	144,8			DL
1215	-110,9	157,4	36	18	
1216	-108,1	157,4	6060	3030	
1217	-104,8	144,8	35238	17619	
1218	-105,9	151,1	51551	25776	
1219	-107,4	160,6	24,4	13	
1220	-114,0	148,0	22198	11099	
1221	-105,3	160,6	20	10	
$\bar{x}$	-108,9				
s	3,1				
V	0,03				

Tabelle A.26 Ergebnisse von den Biegezugfestigkeitsuntersuchungen der Vergleichsprobekörper der Versuchsreihe mit ESG zur Untersuchung des Einflusses der Lagerungsdauer – $\dot{\sigma} = 2$ MPa/s, $RH = 50$ %. Die Risstiefe wurde mit $Y = 1{,}1215$, $v_0 = 1{,}9$ mm/s und $n = 13{,}86$ aus der Bruchspannung berechnet.

Probekörper	Eigenspannung σ_r [MPa]	Bruchspannung σ_{fqs} [MPa]	Risstiefe a_i [μm]	Bemerkung
2211	-111,5	177,6	13,8	
2213	-105,9	173,0	14,0	
2215	-109,9	168,1	20,7	
2217	-108,2	170,9	14,8	
2219				BU
$\bar{x}$	-108,9	172,4	15,8	
s	2,4	4,0	3,3	
V	0,02	0,02	0,21	

Umgebungsbedingungen

Tabelle A.27 Ergebnisse der Versuchsreihe zur Untersuchung des Einflusses der Umgebungsfeuchte mit ESG – Dreieckschwingung, f = 0,5 Hz, R = 0.

Probekörper	Luftfeuchtigkeit/ Umgebungsmedium	Eigen- spannung	Ober- spannung	Lebens- dauer	Schwing- spielzahl	Bemerkung
	RH	σ_r	σ_{max}	t_{fc}	N	
	[%]	[MPa]	[MPa]	[s]	[-]	
1801	H_2O (flüssig)	-106,5	158,8	38,2	20	
1802	H_2O (flüssig)	-110,1	152,7	100	50	
1803	H_2O (flüssig)	-112,9	146,6	325	163	
1804	H_2O (flüssig)	-106,3	140,5			DL
1805	H_2O (flüssig)	-109,6	140,5	13172	6586	
1806	H_2O (flüssig)	-108,7	143,5	331,4	166	
1807	H_2O (flüssig)	-111,1	137,4	7141	3571	
1808	H_2O (flüssig)	-101,0	134,4	19726	9863	
1809	H_2O (flüssig)	-109,1	134,4	1866,7	934	
1810	H_2O (flüssig)	-105,8	131,3			DL
$\bar{x}$		-108,1				
s		3,4				
V		0,03				
1811	0,19 (in N_2)	-106,7	170,0	7	4	
1812	0,38 (in N_2)	-108,1	166,9	5	3	
1813	0,21 (in N_2)	-102,8	163,7	1241	621	
1814			160,6	>22400		UG
1815	0,27 (in N_2)	-111,0	163,7	5033	2517	
1816	0,29 (in N_2)	-104,3	165,3	9291	4646	
1817	0,30 (in N_2)	-108,7	166,9			BU
1818	0,27 (in N_2)	-106,4	173,2	241	121	
1819	0,15 (in N_2)	-110,5	170,0	1265	633	
1820	0,20 (in N_2)	-111,8	166,9	1081	541	
1821	0,24 (in N_2)	-106,2	162,2	159	80	
$\bar{x}$	0,2	-107,7				
s	0,1	2,9				
V	0,42	0,03				

Tabelle A.28 Ergebnisse von den Biegezugfestigkeitsuntersuchungen der Vergleichsprobekörper der Versuchsreihe mit ESG zur Untersuchung des Einflusses der Umgebungsfeuchte – $\dot{\sigma} = 2$ MPa/s. Die Risstiefe wurde mit $v_0 = 44{,}7$ mm/s (H_2O) bzw. $v_0 = 0{,}04$ mm/s (N_2)und $n = 13{,}86$ aus der Bruchspannung berechnet.

Probekörper	Luftfeuchtigkeit/ Umgebungsmedium	Eigen- spannung	Bruch- spannung	Risstiefe	Bemerkung
	RH	σ_r	σ_{fqs}	a_i	
	[%]	[MPa]	[MPa]	[µm]	
2801	H_2O (flüssig)	-111,8	169,5	10,8	
2803	H_2O (flüssig)	-108,5	158,3	15,7	
2805	H_2O (flüssig)	-104,5	167,0	8,9	
2807	H_2O (flüssig)	-111,7	160,0	16,9	
$\bar{x}$		-109,1	163,7	13,0	
s		3,4	5,4	3,8	
V		0,03	0,03	0,29	
2809	0,23 (in N_2)	-108,4	174,6	24,9	
2811	0,30 (in N_2)	-103,8	174,4	21,1	
2813	0,18 (in N_2)	-105,6	173,4	23,4	
2815	0,36 (in N_2)	-102,6	170,9	22,9	
2817	0,26 (in N_2)	-105,3	170,1	26,3	
2819	0,35 (in N_2)	-114,8	163,7	2,6	
$\bar{x}$	0,3	-106,8	171,2	20,2	
s	0,1	4,4	4,1	8,8	
V	0,25	0,04	0,02	0,44	

TVG – Basisversuchsreihe

Tabelle A.29 Ergebnisse der Basisversuchsreihe mit TVG – Dreieckschwingung, f = 0,5 Hz, R = 0, RH = 50 %

Probekörper	Eigen-spannung	Ober-spannung	Lebens-dauer	Schwing-spielzahl	Bemerkung
	σ_r	σ_{max}	t_{fc}	N	
	[MPa]	[MPa]	[s]	[-]	
11001	-58,0	125,9	1	1	
11002	-75,3				BU
11003	-39,8	100,8	2105	1053	
11004	-54,3	100,8	10	6	
11005	-70,1	100,8	96	49	
11006	-44,5	88,2	21	11	
11007	-52,0				BU
11008	-57,0	88,2	29	15	
11009	-60,6	88,2			DL
11010	-49,2	75,6	48	24	
11011	-44,0	75,6	1145	573	
11012	-40,8	75,6	1355	678	
11013	-77,7	69,3	2127	1064	
11014	-72,5	69,3	43	22	
11015	-57,7	69,3			DL
11016	-54,6	63,0			DL
11017	-70,1				BU
11018	-51,8	81,9	79	40	
11019	-62,5	75,6			DL
11020	-77,4	69,3	33751	16876	
$\bar{x}$	-58,5				
s	12,1				
V	0,21				

Tabelle A.30 Ergebnisse von den Biegezugfestigkeitsuntersuchungen der Vergleichsprobekörper der Basisversuchsreihe mit TVG – $Y = 1,1215$, $\dot\sigma = 2$ MPa/s, $RH = 50$ %. Die Risstiefe wurde mit $v_0 = 1,9$ mm/s und $n = 13,86$ aus der Bruchspannung berechnet.

Probekörper	Eigenspannung	Bruchspannung	Risstiefe	Bemerkung
	σ_r	σ_{fqs}	a_i	
	[MPa]	[MPa]	[μm]	
12001	-64,3	105,0	33,3	
12003	-42,8	92,9	72,6	
12005	-67,1	84,5	150,3	
12007	-66,3	93,4	69,8	
12009	-66,1	142,1	7,4	
12011	-57,5	96,3	56,8	
12013	-64,2	105,5	32,5	
12015	-55,9	104,0	35,3	
12017	-67,1	115,9	19,4	
12019	-45,5			BU
$\bar{x}$	-59,7	104,4	53,0	
s	9,1	16,8	42,5	
V	0,15	0,16	0,80	

B.5 Zyklische Ermüdung II

Basisversuchsreihe

Tabelle A.31 Basisversuchsreihe – 3PBV (Sinusschwingung, f = 5 Hz, R = 0, $RH \approx 30$ %)

Probekörper	Eigenspannung	Oberspannung	Lebensdauer	Schwingspielzahl	Bemerkung
	σ_r	σ_{max}	t_{fc}	N	
	[MPa]	[MPa]	[s]	[-]	
101	-105,9	139,3			DL
102	-101,4	138,8	24	120	
103	-103,0	139,5	440	2200	
104	-100,4	137,5			DL
105	-113,4	137,3	79897	399485	
106	-109,6	141,9	446	2230	
107	-107,1	161,3	9	45	
108	-105,6	167,2	5	25	
109	-105,4	145,4	360	1800	
110	-100,1	164,3	46	230	
111	-100,4	172,9	15	75	
112	-100,1	159,4	237	1185	
113	-108,1	143,7	748	3740	
114	-104,3	165,2	2900	14500	
115	-104,1	149,0	865	4325	
116	-105,4	135,3	15190	75950	
117	-103,8	167,9	5	25	
118	-109,2	152,2	176	880	
119	-109,2	159,7	114	570	
120	-98,8	149,4	124	620	
121	-98,8	149,4	124	620	
122	-103,8	130,5			DL
123	-103,8	132,1			DL
124	-103,8	139,6	13000	65000	
125	-115,2	147,6	3317	16585	
126	-115,2	144,1			DL
127	-103,8	151,9	2520	12600	
128	-103,8	160,2	1240	6200	

	Fortsetzung von voriger Seite			
129	-103,8	174,9	113	565
130	-103,8	150,1	63	315
131	-103,8	174,8	551	2755
$\bar{x}$	-105,0			
s	4,3			
V	0,04			

Tabelle A.32 Basisversuchsreihe – Ergebnisse der quasi-statischen Biegezugfestigkeitsprüfung im 3PBV

Probekörper	Eigenspannung	Bruchspannung	Risstiefe	Bemerkung
	σ_r	σ_{fqs}	a_i	
	[MPa]	[MPa]	[μm]	
201	-102,6	167,1	13,8	
202	-101,7	184,3	8,4	
203	-100,4	167,6	15,4	
204	-107,2	143,6	73,5	
205	-108,7	183,2	14,1	
206	-96,6	162,8	20,0	
207	-98,0	165,1	20,5	
208	-103,2	164,6	26,6	
209	-106,2			BU
210	-105,8	152,6	53,9	
$\bar{x}$	-103,0	165,6	27,3	
s	4,0	12,9	21,8	
V	0,04	0,08	0,80	

Belastungstyp – Wechselbeanspruchung

Tabelle A.33 Belastungstyp – Ergebnisse der Dauerschwingprüfungen im 3PBV (Sinusschwingung, f = 5 Hz, R = -1, RH ≈ 30 %)

Probekörper	Eigen-spannung	Ober-spannung	Lebens-dauer	Schwing-spielzahl	Bemerkung
	σ_r	σ_{max}	t_{fc}	N	
	[MPa]	[MPa]	[s]	[-]	
141	-101,5	126,2			DL
142	-103,9				BU
143	-102,7	124,9			DL
144	-104,1	124,1			DL
145	-108,1	151,0			UG
146	-105,3	127,8	23792	118960	
147	-104,2				UG
148	-101,5	147,6	33988	169940	
149	-103,9				BU
150	-102,6	141,9	1504	7520	
151	-106,5	148,0	20	100	
152	-105,3	126,7	12868	64340	
153	-102,7	148,8	1446	7230	
154	-105,4	138,1	31336	156680	
155	-102,5	129,8			DL
$\bar{x}$	-104,0				
s	1,9				
V	0,02				

Tabelle A.34 Belastungstyp – Ergebnisse der quasi-statischen Biegezugfestigkeitsprüfung im 3PBV
($R = -1$)

Probekörper	Eigenspannung	Bruchspannung	Risstiefe	Bemerkung
	σ_r	σ_{fqs}	a_i	
	[MPa]	[MPa]	[µm]	
241	-97,8	166,0	12,0	
242	-109,2	163,4	23,6	
243	-107,0	147,6	52,2	
244	-110,6	159,9	35,2	
245	-100,4	154,7	30,0	
$\bar{x}$	-105,0	158,3	30,6	
s	5,6	7,3	14,9	
V	0,05	0,05	0,49	

Belastungstyp – Zugschwellbeanspruchung

Tabelle A.35 Belastungstyp – Ergebnisse der Dauerschwingprüfungen im 3PBV (Sinusschwingung, $f = 5$ Hz, $R \approx 0{,}73$, $RH \approx 30$ %)

Probekörper	Eigen-spannung	Ober-spannung	Lebens-dauer	Schwing-spielzahl	Bemerkung
	σ_r	σ_{max}	t_{fc}	N	
	[MPa]	[MPa]	[s]	[-]	
161	-103,9	157,1	14	70	
162	-102,5	151,4	306	1530	
163	-103,0	150,5	909	4545	
164	-104,1	149,0	41	205	
165	-105,3	150,7	589	2945	
166	-104,1	144,4	366	1830	
167	-102,9	137,2	1988	9940	
168	-104,1	143,7	211	1055	
169	-102,7	134,2			DL
170	-101,7	129,6			DL
171	-108,2	140,1	18036	90180	
172	-103,9	145,7	114	570	
173	-98,8	127,4			DL
174	-99,0	166,1	11	55	
175	-100,1				UG
$\bar{x}$	-103,0				
s	2,4				
V	0,02				

Tabelle A.36 Belastungstyp – Ergebnisse der quasi-statischen Biegezugfestigkeitsprüfung im 3PBV (R ≈ 0,73)

Probekörper	Therm. Eigenspannung σ_r [MPa]	Bruchspannung σ_{fqs} [MPa]	Risstiefe a_i [μm]	Bemerkung
261	-106,5			BU
262	-102,9	156,6	24,2	
263	-103,9	165,7	18,8	
264	-103,9	159,1	26,8	
265	-102,5	161,5	24,6	
$\bar{x}$	-103,9	160,7	23,6	
s	1,6	3,9	3,4	
V	0,02	0,02	0,14	

Frequenz

Tabelle A.37 Frequenz – Ergebnisse der Dauerschwingprüfungen (Sinusschwingung, $f = 15$ Hz, $R = 0$, $RH \approx 30$ %)

Probekörper	Eigen-spannung	Ober-spannung	Unter-spannung	Lebens-dauer	Schwing-spielzahl	Bemerkung
	σ_r	σ_{max}	σ_{min}	t_{fc}	N	
	[MPa]	[MPa]	[MPa]	[s]	[-]	
161	-103,9	157,1	107,4	14	70	
162	-102,5	151,4	107,4	306	1530	
163	-103,0	150,5	107,4	909	4545	
164	-104,1	149,0	107,4	41	205	
165	-105,3	150,7	107,4	589	2945	
166	-104,1	144,4	107,4	366	1830	
167	-102,9	137,2	107,4	1988	9940	
168	-104,1	143,7	107,4	211	1055	
169	-102,7	134,2				DL
170	-101,7	129,6				DL
171	-108,2	140,1	107,4	18036	90180	
172	-103,9	145,7	107,4	114	570	
173	-98,8	127,4				DL
174	-99,0	166,1	107,4	11	55	
175	-100,1					UG
$\bar{x}$	-103,0					
s	2,4					
V	0,02					

Tabelle A.38 Frequenz – Ergebnisse der quasi-statischen Biegezugfestigkeitsprüfung im 3PBV

Probekörper	Eigenspannung	Bruchspannung	Risstiefe	Bemerkung
	σ_r	σ_{fqs}	a_i	
	[MPa]	[MPa]	[μm]	
281	-101,5			BU
282	-109,4	158,0	30,9	
283	-105,3	169,2	17,3	
284	-102,5	159,2	25,2	
285	-102,9	163,5	23,0	
$\bar{x}$	-104,3	162,5	24,1	
s	3,1	5,1	5,6	
V	0,03	0,03	0,23	

B.6 Anpassung der Versuchsergebnisse mittels linearer Regression

Zyklische Ermüdung I

Floatglas

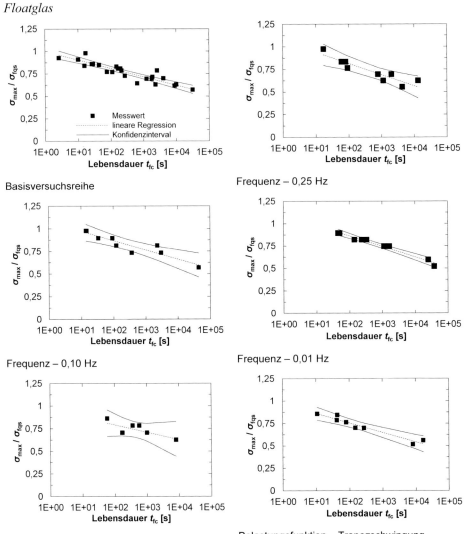

Abbildung A.1 Anpassung der Ergebnisse der Schwingversuche im DRBV mit Floatglas (siehe Kapitel 5) mittels linearer Regression und zugehörige 99 %-Konfidenzintervalle – Teil 1

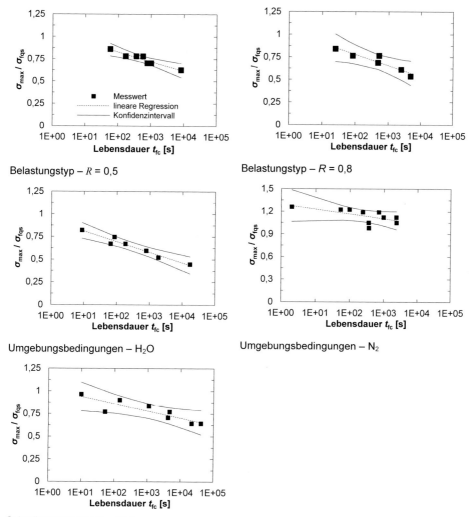

Belastungstyp – $R = 0,5$

Belastungstyp – $R = 0,8$

Umgebungsbedingungen – H_2O

Umgebungsbedingungen – N_2

Schädigungsmethode – Vickers

Abbildung A.2 Anpassung der Ergebnisse der Schwingversuche im DRBV mit Floatglas (siehe Kapitel 5) mittels linearer Regression und zugehörige 99 %-Konfidenzintervalle – Teil 2

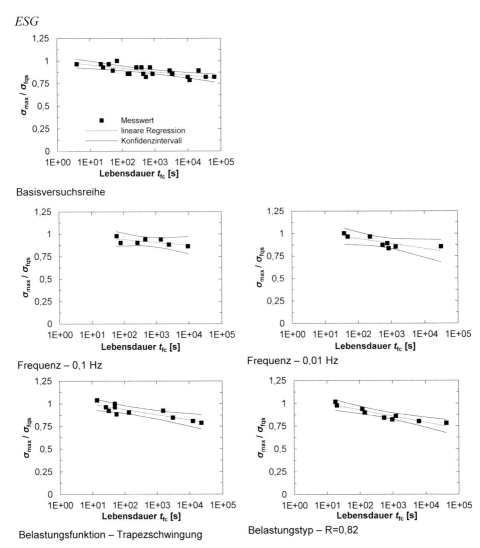

Abbildung A.3 Anpassung der Ergebnisse der Schwingversuche im DRBV mit ESG (siehe Kapitel 5) mittels linearer Regression und zugehörige 99 %-Konfidenzintervalle– Teil 1

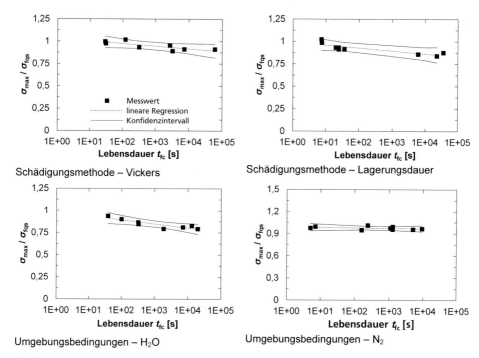

Abbildung A.4 Anpassung der Ergebnisse der Schwingversuche im DRBV mit ESG (siehe Kapitel 5) mittels linearer Regression und zugehörige 99 %-Konfidenzintervalle – Teil 2

TVG

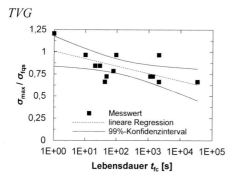

Abbildung A.5 Anpassung der Ergebnisse der Schwingversuche im DRBV mit TVG (siehe Kapitel 5) mittels linearer Regression und zugehörige 99 %-Konfidenzintervalle

Tabelle A.39 Bei der linearen Regression ermittelte Regressionsparameter α, β, Bestimmtheitsmaß R und Fehlerquadratsumme S

Serie	Unterserie	α	β	R^2	S
Floatglas					
Basisversuche		1,00	-0,09	0,80	5,25
	0,25 Hz	1,06	-0,12	0,94	0,46
Frequenz	0,10 Hz	1,07	-0,10	0,87	1,75
	0,01 Hz	1,01	-0,09	0,92	1,14
Belastungsfunktion	Dreieck	0,95	-0,08	0,54	2,42
	Trapez	0,97	-0,11	0,94	0,62
Belastungstyp	R = 0,5	1,11	-0,13	0,94	0,27
	R = 0,8	1,02	-0,12	0,88	0,50
Schädigungsmethode	Vickers	1,02	-0,08	0,76	3,65
Umgebungsbedingungen	H_2O	0,93	-0,12	0,95	0,36
	N_2	1,29	-0,06	0,40	11,17
ESG					
Basisversuche		1,00	-0,04	0,44	22,19
Frequenz	0,10 Hz	1,00	-0,03	0,42	5,44
	0,01 Hz	1,06	-0,06	0,64	3,37
Belastungsfunktion	Trapez	1,05	-0,06	0,75	4,50
Belastungstyp	R= 0,8	1,07	-0,07	0,89	1,27
Schädigungsmethode	Vickers	1,03	-0,03	0,61	6,38
	Lagerungsdauer	0,99	-0,03	0,71	7,45
Umgebungsbedingungen	H_2O	0,98	-0,05	0,78	1,99
	N_2	1,00	-0,01	0,10	94,26
TVG					
Basisversuche		1,01	-0,08	0,39	27,43

Zyklische Ermüdung II

Tabelle A.40 Zusammenfassung der bei der linearen Regression ermittelten Parameter (DRBV, ESG)

Serie	Unterserie	α	β	R^2	S
Basisversuche		1,02	-0,04	0,29	69,23
Belastungstyp	$R = -1$	0,98	-0,03	0,27	22,52
	$R = 0,73$	1,02	-0,04	0,59	6,30
Frequenz	15 Hz	1,03	-0,03	0,57	11,94

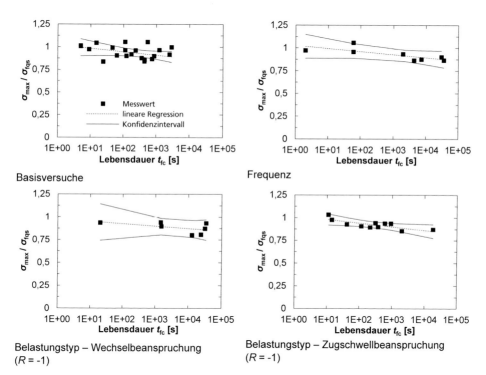

Basisversuche

Frequenz

Belastungstyp – Wechselbeanspruchung ($R = -1$)

Belastungstyp – Zugschwellbeanspruchung ($R = -1$)

Abbildung A.6 Anpassung der Ergebnisse der Schwingversuche im 3PBV (siehe Kapitel 6) mittels linearer Regression und zugehörige Konfidenzintervalle mit einer Aussagewahrscheinlichkeit von 99 %

B.7 Anpassung der Versuchsergebnisse mit dem analytischen Modell

Zyklische Ermüdung I

Floatglas

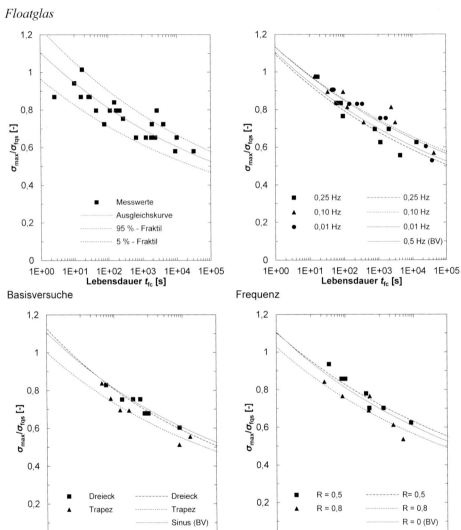

Abbildung A.7 Anpassung der Ergebnisse der Schwingversuche im DRBV mit Floatglas mit dem analytischen Modell nach Abschnitt 7.2 (Basisversuche, Frequenz, Belastungsfunktion, -typ)

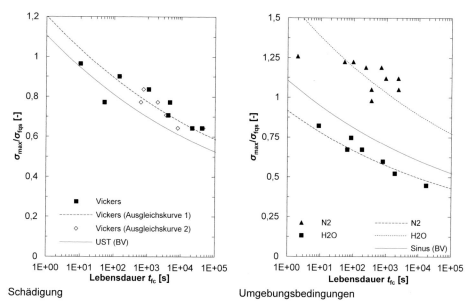

Schädigung   Umgebungsbedingungen

Abbildung A.8 Anpassung der Ergebnisse der Schwingversuche im DRBV mit dem analytischen Modell nach Abschnitt 7.2 – Floatglas (Schädigung, Umgebungsbedingungen)

ESG

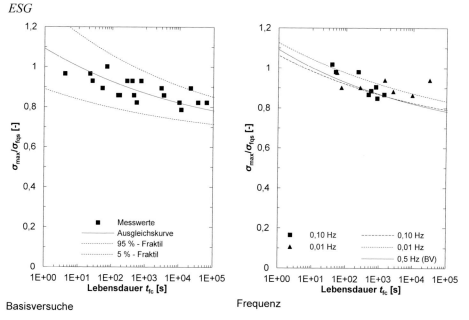

Basisversuche   Frequenz

Abbildung A.9 Anpassung der Ergebnisse der Schwingversuche im DRBV mit dem analytischen Modell nach Abschnitt 7.2 – ESG (Basisversuche, Frequenz)

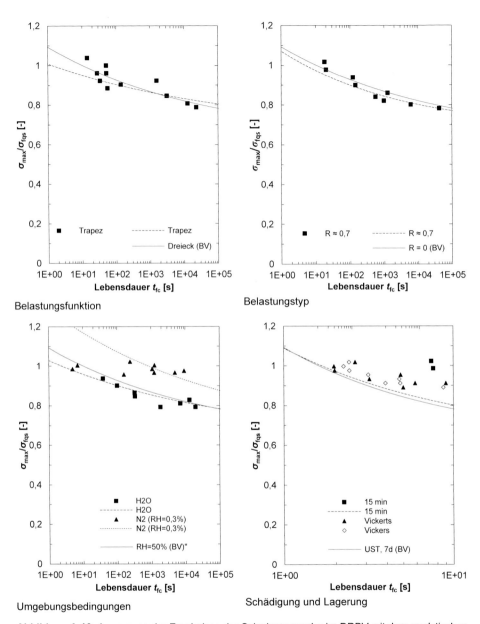

Belastungsfunktion

Belastungstyp

Umgebungsbedingungen

Schädigung und Lagerung

Abbildung A.10 Anpassung der Ergebnisse der Schwingversuche im DRBV mit dem analytischen Modell nach Abschnitt 7.2 – ESG (Belastungsfunktion, Belastungstyp, Umgebungsbedingungen, Schädigung und Lagerung)

Zyklische Ermüdung II

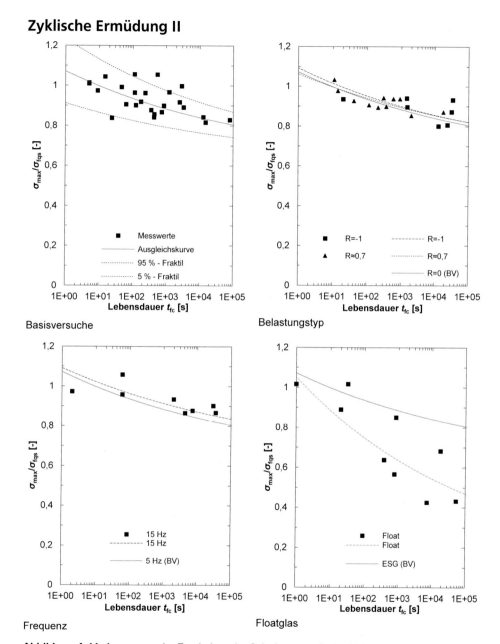

Basisversuche

Belastungstyp

Frequenz

Floatglas

Abbildung A.11 Anpassung der Ergebnisse der Schwingversuche im 3PBV mit dem analytischen Modell nach Abschnitt 7.2

B.8 Anpassung der Versuchsergebnisse mit dem numerischen Modell

Zyklische Ermüdung I

Floatglas

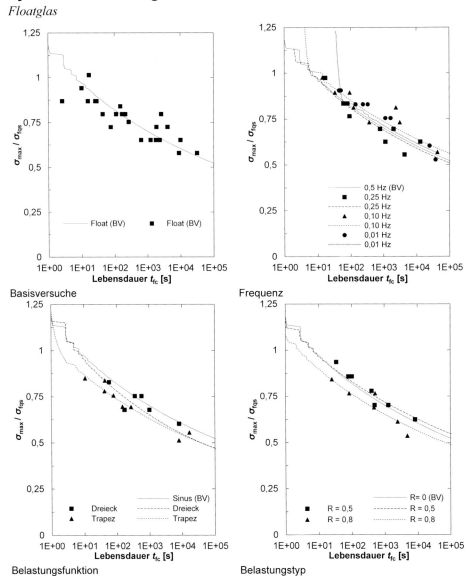

Abbildung A.12 Anpassung der Ergebnisse der Schwingversuche im DRBV mit Floatglas mit dem numerischen Modell nach Abschnitt 7.3 (Basisversuche, Frequenz, Belastungsfunktion, typ)

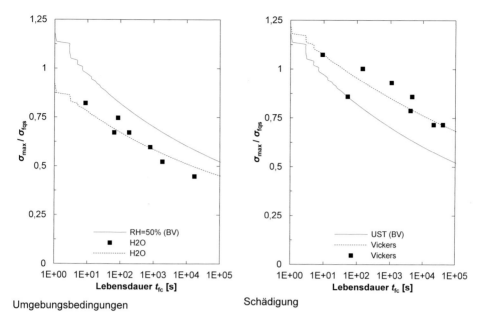

Abbildung A.13 Anpassung der Ergebnisse der Schwingversuche im DRBV mit Floatglas mit dem numerischen Modell nach Abschnitt 7.3 (Umgebungsbedingungen, Schädigung)

ESG

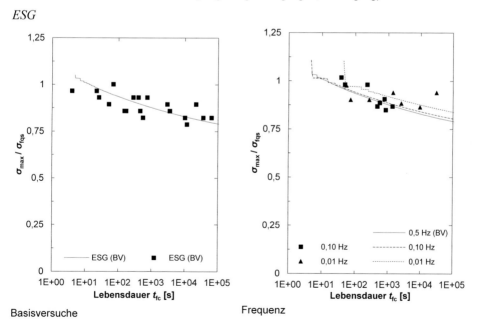

Abbildung A.14 Anpassung der Ergebnisse der Schwingversuche im DRBV mit ESG mit dem numerischen Modell nach Abschnitt 7.3 (Basisversuche, Frequenz)

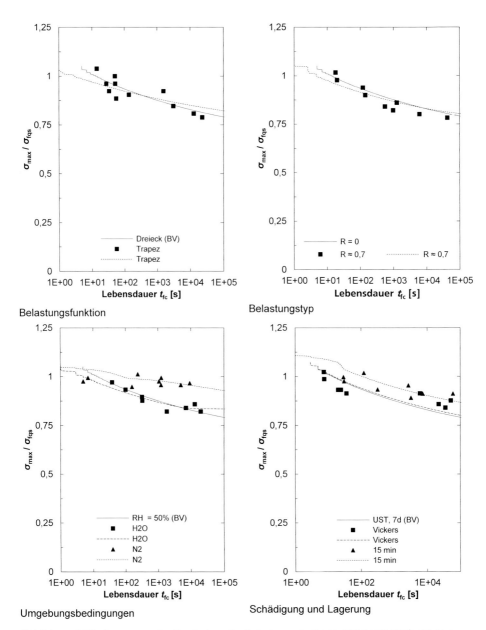

Belastungsfunktion   Belastungstyp

Umgebungsbedingungen   Schädigung und Lagerung

Abbildung A.15 Anpassung der Ergebnisse der Schwingversuche im DRBV mit ESG mit dem numerischen Modell nach Abschnitt 7.3 (Belastungsfunktion, Belastungstyp, Umgebungsbedingungen, Schädigung und Lagerung)

B.9 Dauerschwingfestigkeit

Floatglas

Tabelle A.41 Ergebnisse der Treppenstufenversuche mit Floatglas

Versuchs-dauer	Probekörper	Ober-spannung	Lebens-dauer	Schwing-spielzahl	Bemerkung
		σ_{max}	t_{fc}	N	
[s]		[MPa]	[s]	[-]	
	1	23,6			DL
	2	27,0			DL
	3	30,4	1416	709	
	4	27,0	1606	804	
	5	23,6			DL
	6	27,0	176	89	
	7	23,6	3700	1851	
10⁵s	8	20,2			DL
	9	23,6			DL
	10	27,0			DL
	11	30,4	1299	650	
	12	27,0	11635	5819	
	13	23,6			DL
	14	27,0			DL
	15	30,4	454	228	
		- / -			
	21	23,6			DL
	22	27,0	335	169	
	23	23,6			DL
	24	27,0			DL
	25	30,4	11457	5730	
	26	27,0			DL
	27	30,4	8548	4275	
	28	27,0	3667	1834	
10⁶s	29	23,6			DL
	30	27,0	555	279	
	31	23,6	121463	60733	
	32	20,2			DL
	33	23,6	24357	12180	
	34	20,2			DL
	35	23,6			DL
		1 BU / 4 UG			

ESG

Tabelle A.42 Ergebnisse der Treppenstufenversuche mit ESG

Versuchs-dauer	Probekörper	Eigen-spannung	Ober-spannung	Lebens-dauer	Schwing-spielzahl	Bemerkung
		σ_r	σ_{max}	t_{fc}	N	
[s]		[MPa]	[MPa]	[s]	[-]	
	1	-105,2	138,5			DL
	2	-107,7	141,7	4101	2051	
	3	-108,0	138,5	13599	6800	
	4	-105,4	135,4			DL
	5	-107,1	138,5			DL
	6	-107,8	141,7	31785	15893	
10^5 s	7	-110,2	138,5			DL
	8	-108,0	141,7	11713	5857	
	9	-111,1	138,5	4617	2309	
	10	-111,0	135,4	38872	19437	
	$\overline{x}$	-108,1				
	s	2,1				
	V	0,02				
			1 BU / -			
	21	-113,9	138,5	3113	1557	
	22	-112,4	135,4			DL
	23	-107,6	138,5	3397	1699	
	24	-112,7	135,4	24824	12143	
	25	-115,5	132,2			DL
	26	-110,6	135,4			DL
10^6 s	27	-112,4	138,5	1279	640	
	28	-110,5	135,4			DL
	29	-113,8	138,5	66378	33189	
	30	-110,4	135,4			DL
	$\overline{x}$	-112,0				
	s	2,3				
	V	0,02				
			- / 2 UG			

Vergleichsprobekörper

Tabelle A.43 Ergebnisse der Treppenstufenversuche: Vergleichsprobekörper

Glasart	Probekörper	Bruchspannung σ_{qfs} [MPa]	Bemerkung
	101	52,2	
	102	44,0	
	103	49,3	
	104	44,1	
	105	47,6	
	106	51,8	
Floatglas	107	46,8	
	108	50,9	
	109	48,1	
	110	48,4	
	$\bar{x}$	48,3	
	s	2,7	
	V	0,06	
	101	168,4	
	102	172,5	
	103	176,5	
	104		BU
	105	169,4	
	106	174,0	
ESG	107	165,9	
	108	166,5	
	109	162,6	
	110	171,9	
	$\bar{x}$	169,7	
	s	4,1	
	V	0,02	

B.10 Rissheilungseffekte

Versuchsreihe 1 - Floatglas

Tabelle A.44 Ergebnisse der experimentellen Untersuchungen zu Rissheilungseffekten: Versuchsreihe 1, Floatglas

Probekörper	Belastungspause	Schwingspielzahl	Bemerkung
	t_r	N	
1	-	2	
2	-	5	
3	-	18	
4	-	10	
5	-	7	
6	-	2	
7	-	3	
8	-	6	
9	-	16	
10	-		BU
$\bar{x}$		7,7	
11	2 s	15	
12	2 s		DL
13	2 s	17	
14	2 s	45	
15	2 s	7	
16	2 s		DL
17	2 s		DL
18	2 s	50	
19	2 s		DL
20	2 s	1	
$\bar{x}$		22,5	

	Fortsetzung von voriger Seite		
Probekörper	**Belastungspause**	**Schwingspielzahl**	**Bemerkung**
	t_r	N	
21	1 min	50	
22	1 min	47	
23	1 min		DL
24	1 min		DL
25	1 min	10	
26	1 min	50	
27	1 min		DL
28	1 min		DL
29	1 min		DL
30	1 min	4	
$\overline{x}$		32,2	
31	15 min		DL
32	15 min		DL
33	15 min		DL
34	15 min		DL
35	15 min	13	
36	15 min	36	
37	15 min	16	
38	15 min	30	
39	15 min	6	
40	15 min	54	
$\overline{x}$		25,8	
41	1 d	3	
42	1 d	6	
43	1 d	13	
44	1 d	3	
45	1 d	2	
46	1 d		DL
47	1 d	3	

	Fortsetzung von voriger Seite		
Probekörper	**Belastungspause**	**Schwingspielzahl**	**Bemerkung**
	t_r	N	
48	1 d	3	
49	1 d	9	
50	1 d	4	
$\bar{x}$		5,1	
51	7 d	6	
52	7 d		DL
53	7 d	2	
54	7 d	2	
55	7 d	2	
56	7 d	2	
57	7 d		DL
58	7 d	3	
59	7 d	2	
60	7 d	3	
$\bar{x}$		2,8	

Versuchsreihe 1 - ESG

Tabelle A.45 Ergebnisse der experimentellen Untersuchungen zu Rissheilungseffekten: Versuchs-reihe 1, ESG

Probekörper	Belastungspause t_r	Schwingspielzahl N	Eigenspannung σ_r [MPa]	Bemerkung
1	-		-117,1	DL
2	-		-118,1	DL
3	-		-95,8	DL
4	-	1	-111,0	
5	-	9	-120,4	
6	-	1	-116,6	
7	-	35	-114,1	
8	-	7	-120,6	
9	-	40	-116,0	
10	-	1	-103,3	
11	-	2	-110,5	
12	-		-110,0	DL
$\bar{x}$		12,0	-112,8	
13	2 s		-104,0	DL
14	2 s		-105,1	DL
15	2 s		-111,3	DL
16	2 s		-115,2	DL
17	2 s		-120,7	DL
18	2 s		-121,4	DL
19	2 s		-110,2	DL
20	2 s	16	-112,7	
21	2 s	7	-95,4	
22	2 s	3	-105,4	
23	2 s	4	-105,4	
24	2 s		-118,5	DL
$\bar{x}$		7,5	-110,4	

		Fortsetzung von voriger Seite		
Probekörper	**Belastungspause**	**Schwingspielzahl**	**Eigenspannung**	**Bemerkung**
	t_r	N	σ_r	
			[MPa]	
25	1 min	20	-105,1	
26	1 min		-103,0	DL
27	1 min		-113,8	DL
28	1 min	8	-109,8	
29	1 min	3	-125,2	
30	1 min	2	-115,4	
31	1 min	3	-118,1	
32	1 min	37	-101,7	
33	1 min	5	-84,9	
34	1 min	42	-113,9	
35	1 min		-91,5	UG
36	1 min		-116,9	DL
$\bar{x}$		15,0	-108,3	
37	15 min		-110,5	DL
38	15 min	2	-116,3	
39	15 min		-112,6	DL
40	15 min	24	-106,4	
41	15 min	8	-101,1	
42	15 min	4	-105,1	
43	15 min	19	-105,4	
44	15 min		-111,7	UG
45	15 min	20	-109,4	
46	15 min	36	-109,8	
47	15 min	1	-109,3	
48	15 min		-89,0	DL
$\bar{x}$		14,3	-107,2	

		Fortsetzung von voriger Seite		
Probekörper	**Belastungspause**	**Schwingspielzahl**	**Eigenspannung**	**Bemerkung**
	t_r	N	σ_r	
			[MPa]	
49	1 d	1	-112,9	
50	1 d	14	-114,4	
51	1 d		-119,5	DL
52	1 d	14	-107,2	
53	1 d		-128,8	DL
54	1 d	13	-110,6	
55	1 d	3	-100,9	
56	1 d	15	-115,4	
57	1 d	5	-96,3	
58	1 d	10	-89,3	
59	1 d		-105,6	DL
60	1 d	13	-114,3	
$\bar{x}$		9,8	-109,6	
61	7 d		-103,1	DL
62	7 d		-97,9	DL
63	7 d	10	-111,9	
64	7 d	14	-106,6	
65	7 d		-107,2	DL
66	7 d		-114,3	DL
67	7 d	3	-116,7	
68	7 d		-119,3	DL
69	7 d	1	-111,8	
70	7 d	2	-101,0	
71	7 d		-112,5	DL
72	7 d	1	-106,8	
$\bar{x}$		5,2	-109,1	

Versuchsreihe 2 - Floatglas

Tabelle A.46 Ergebnisse der experimentellen Untersuchungen zu Rissheilungseffekten: Versuchsreihe 2, Floatglas

Probekörper	Schwingspielzahl N	Belastungspause t_r	Bruchspannung σ_f [MPa]	Bemerkung
1	-	-	51,1	
2	-	-	54,9	
3	-	-	54,2	
4	-	-	59,6	
5	-	-	56,5	
6	-	-	55,3	
7	-	-	54,5	
8	-	-	54,4	
$\bar{x}$	-	-	55,1	
9	1	-	54,9	
10	1	-	53,0	
11	1	-	50,5	
12	1	-	54,5	
13	1	-	55,8	
14	1	-	54,7	
15	1	-	53,4	
16	1	-		
$\bar{x}$	1	-	53,8	
17	2	-	56,5	
18	2	-	54,3	
19	2	-	54,4	
20	2	-	57,4	
21	2	-	45,6	
22	2	-	54,5	
23	2	-	53,2	
24	2	-	51,3	
$\bar{x}$	2	-	53,4	

Probekörper	Schwingspielzahl	Belastungspause	Bruchspannung	Bemerkung
	N	t_r	σ_f	
			[MPa]	
25	4	-	56,3	
26	4	-	47,6	
27	4	-	56,6	
28	4	-	45,2	
29	4	-	57,4	
30	4	-	52,1	
31	4	-	54,8	
32	4	-	50,0	
$\bar{x}$	4	-	52,5	
33	8	-	50,2	
34	8	-	48,2	
35	8	-		
36	8	-		
37	8	-		
38	8	-		
39	8	-		
40	8	-		
$\bar{x}$	8	-	49,2	
41	4	1 h	48,7	
42	4	1 h	54,1	
43	4	1 h	53,7	
44	4	1 h	53,8	
45	4	1 h	50,4	
46	4	1 h		
47	4	1 h		
48	4	1 h		
$\bar{x}$	4	1 h	52,2	

Fortsetzung von voriger Seite

	Fortsetzung von voriger Seite			
Probekörper	**Schwingspielzahl**	**Belastungspause**	**Bruchspannung**	**Bemerkung**
	N	t_r	σ_f	
			[MPa]	
49	4	1 d	53,8	
50	4	1 d	46,2	
51	4	1 d	54,4	
52	4	1 d		
53	4	1 d		
54	4	1 d		
55	4	1 d		
56	4	1 d		
$\bar{x}$	4	1 d	51,5	
57	4	7 d	53,4	
58	4	7 d	53,7	
59	4	7 d	53,3	
60	4	7 d	49,8	
61	4	7 d	50,7	
62	4	7 d		
63	4	7 d		
64	4	7 d		
$\bar{x}$	4	7 d	52,2	

ESG

Tabelle A.47 Ergebnisse der experimentellen Untersuchungen zu Rissheilungseffekten: Versuchsreihe 2, ESG

Probekörper	Schwing-spielzahl	Belastungs-pause	Bruch-spannung	Eigen-spannung	Bemerkung
	N	t_r	σ_f	σ_r	
			[MPa]	[MPa]	
1	-	-	164,9	-127,4	
2	-	-	168,3	-114,1	
3	-	-	170,0	-120,4	
4	-	-	163,0	-116,9	
5	-	-	162,3	-113,5	
6	-	-	158,6	-104,0	
7	-	-	158,8	-111,8	
8	-	-	161,8	-105,8	
$\bar{x}$	-	-	163,4	-114,2	
9	2	-	166,4	-103,2	
10	2	-	158,3	-95,5	
11	2	-	168,9	-105,1	
12	2	-	150,6	-109,6	
13	2	-	169,1	-124,1	
14	2	-		-108,4	
15	2	-		-113,2	
16	2	-		-102,4	
$\bar{x}$	2	-	162,7	-107,7	
17	4	-	162,8	-108,4	
18	4	-	161,3	-119,2	
19	4	-	154,8	-108,1	
20	4	-	158,1	-122,8	
21	4	-	157,5	-101,7	
22	4	-	155,1	-98,7	
23	4	-	154,3	-116,4	
24	4	-	165,4	-115,9	
25	4	-	159,0	-107,0	
$\bar{x}$	4	-	158,7	-110,9	
26	8	-	159,9	-103,2	
27	8	-	159,1	-118,0	

Probekörper	Schwing-spielzahl	Belastungs-pause	Bruch-spannung	Eigen-spannung	Bemerkung
	N	t_r	σ_f	σ_r	
			[MPa]	[MPa]	
28	8	-	160,5	-113,6	
29	8	-	151,5	-112,2	
30	8	-	160,2	-110,4	
31	8	-	157,3	-108,2	
32	8	-	154,9	-110,4	
$\bar{x}$	8	-	157,6	-110,9	
33	4	1 h	162,8	-106,1	
34	4	1 h	161,3	-107,2	
35	4	1 h	158,1	-105,6	
36	4	1 h	157,5	-118,3	
37	4	1 h	155,1	-107,5	
38	4	1 h	172,5	-109,8	
39	4	1 h	165,4	-130,9	
40	4	1 h	159,0	-113,3	
$\bar{x}$	4	1 h	161,0	-112,2	
41	4	1 d	162,6	-95,7	
42	4	1 d	169,9	-108,4	
43	4	1 d	154,9	-111,5	
44	4	1 d	159,4	-119,5	
45	4	1 d	163,8	-105,6	
46	4	1 d	156,5	-103,2	
47	4	1 d	151,1	-104,7	
48	4	1 d	151,3	-104,8	
$\bar{x}$	4	1 d	159,0	-107,3	
49	4	7 d	168,2	-112,8	
50	4	7 d	162,5	-111,5	
51	4	7 d	164,3	-127,7	
52	4	7 d	154,7	-112,8	
53	4	7 d	168,4	-104,2	
54	4	7 d	150,8	-128,3	
55	4	7 d	154,9	-102,1	
56	4	7 d	146,6	-110,6	
$\bar{x}$	4	7 d	158,8	-113,0	

Fortsetzung von voriger Seite

Vergleichsprobekörper

Tabelle A.48 Ergebnisse der experimentellen Untersuchungen zu Rissheilungseffekten: Vergleichsprobekörper

Glasart	Probekörper	Eigenspannung	Bruchspannung	Bemerkung
		σ_r	σ_{fqs}	
		[MPa]	[MPa]	
	1		49,9	
	2		51,9	
	3		49,9	
	4		49,4	
	5		52,3	
	6		53,1	
	7		51,7	
	8		53,1	
	9		56,7	
Floatglas	10		55,0	
	11		61,2	
	12		51,8	
	13		55,8	
	14		50,7	
	15		53,1	
	16		51,5	
	$\bar{x}$		52,9	
	s		3,0	
	V		0,06	

		Fortsetzung von voriger Seite		
Glasart	**Probekörper**	**Eigenspannung**	**Bruchspannung**	**Bemerkung**
		σ_r	σ_{fqs}	
		[MPa]	[MPa]	
	1	-114,9	183,5	
	2	-107,2	162,3	
	3	-116,7	186,0	
	4	-117,5	184,6	
	5	-118,5	160,1	
	6	-103,2	157,3	
	7	-103,8	163,3	
	8	-107,3	151,4	
	9	-109,3	182,5	
ESG	10	-102,7	151,2	
	11	-115,9	171,5	
	12	-112,9	175,0	
	13	-107,1	176,1	
	14	-110,5	182,4	
	15	-110,0	163,0	
	16	-110,9	165,1	
	$\bar{x}$	-110,5	169,7	
	s	5,2	12,0	
	V	0,05	0,07	

C Weitere experimentelle Untersuchungen

C.11 Risswachstumsexponent *n* von neuen, nicht vorgeschädigten Gläsern

In einer Versuchsserie mit 10 Probekörpern aus ESG der Charge 1 (siehe Kapitel 4) wurde überprüft, ob sich bei neuen, nicht vorgeschädigten Gläsern ein anderer Risswachstumsparameter *n* als bei den definiert vorgeschädigten Probekörpern einstellt. Anhand der Ergebnisse der Versuche mit den nicht vorgeschädigten Gläsern (siehe Tabelle A.49 und Abbildung A.16) wurde ein Risswachstumsparameter von $n = 14{,}81$ festgestellt. Dieser weicht nur geringfügig von dem bei Versuchen mit vorgeschädigten Probekörpern gemessenen Risswachstumsparameter von $n = 13{,}86$ ab.

Tabelle A.49 Ergebnisse von Biegeversuchen mit verschiedenen Spannungsraten an nicht vorgeschädigten Probekörpern zur Bestimmung des Risswachstumsexponenten *n*

Spannungsrate	Bruchspannung	Mittelwert	Standardabweichung
$\dot{\sigma}$	σ_{fgs}	$\bar{x}$	s
[Mpa/s]	[MPa]	[MPa]	[MPa]
20	268,6		
20	275,8		
20	253,3	271,4	11,1
20	278,3		
20	281,0		
0,02	202,8		
0,02	182,6		
0,02	171,1	176,4	22,0
0,02	142,8		
0,02	182,6		

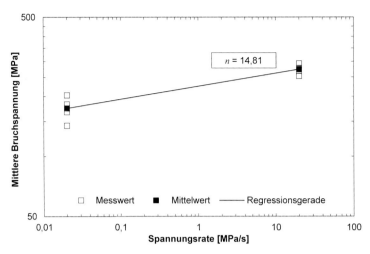

Abbildung A.16 Bestimmung des quasi-statischen Risswachstumsparameters n anhand von Biegeversuchen mit verschiedenen Spannungsraten an neuen, nicht vorgeschädigten Gläsern

C.12 Zyklische Versuche mit neuen, nicht vorgeschädigten Gläsern

Bei Voruntersuchungen mit nicht vorgeschädigten Gläsern aus ESG der Charge 3 (siehe Kapitel 4) wurden die in Tabelle A.50 zusammengestellten Messwerte ermittelt. Die Dauerschwingprüfungen wurden im Versuchsaufbau nach Abschnitt 6.3 mit einer sinusförmigen reinen Zugschwellbeanspruchung ($R = 0$) und einer Frequenz von $f = 15$ Hz durchgeführt. Die Grenzschwingspielzahl wurde auf $2 \cdot 10^6$ Zyklen festgelegt. Eine detaillierte Beschreibung der Versuche ist [125] zu entnehmen.

Anhand der Oberspannung und der Schwingspielzahl wurde eine äquivalente Bruchspannung $\sigma_{\mathrm{fqs,eq}}$ berechnet, die nach dem empirischen Potenzgesetz bei einer Belastung mit 2 MPa/s zu erwarten wäre [125]. Die Einzelwerte sind in Tabelle A.50 dargestellt. Tabelle A.51 zeigt den Mittelwert der Berechnungen im Vergleich mit zwei Mittelwerten, die bei Biegezugfestigkeitsprüfen ermittelt wurden: Eine Reihe wurde mit neuen Gläsern durchgeführt, die andere mit zyklisch vorbelasteten Gläsern ($f = 15$Hz, $R = 0$, $N = 2 \cdot 10^6$). Es ist zu erkennen, dass die berechnete äquivalente Bruchspannung deutlich unterhalb der Bruchspannung bei quasi-statischer Belastung liegt. Des Weiteren ist zu erkennen, dass sich die Bruchspannung nach zyklischer Vorbelastung zwischen der Biegezugfestigkeit von neuen Gläsern und der äquivalenten Bruchspannung anordnet.

Tabelle A.50 Ergebnisse von Dauerschwingprüfungen mit neuen, nicht vorgeschädigten Gläsern

Probe-körper	Eigen-spannung	Ober-spannung	Schwing-spielzahl	Lebens-dauer	äquivalente Bruchspannung
	σ_r	σ_{max}	N	t_{fc}	$\sigma_{fqs,eq}$
[-]	[MPa]	[MPa]	[-]	[s]	[MPa]
1	-104,1	207,6	142862	9524	219,9
2	-102,5	191,5	594242	39616	210,2
3	-110,6	179,3	131946	8796	187,7
4	-107,0	165,2	233473	15565	174,6
5	-119,2	208,3	91428	6095	216,6
6	-97,8	191,8	8621	575	188,9
7	-105,4	178,5	876	58	168,5
8	-102,7	192,2	987219	65815	213,9
9	-105,3	207,0	56234	3749	213,7
10	-106,5	171,1	8954	597	169,6
$\bar{x}$	-106,1	189,2	225586	15039	196,4
s	5,7	15,5			20,7

Tabelle A.51 Vergleich der äquivalenten Bruchspannung mit Bruchspannungen aus Biegezugprüfungen

		Mittelwert	Standardabweichung
		$\bar{x}$	s
		[MPa]	[MPa]
Bruchspannung von neuen Gläsern	σ_{fqs}	226	13
Bruchspannung nach zyklischer Vorbelastung	σ_{fqs}	205	17
äquivalente Bruchspannung	$\sigma_{fqs,eq}$	196	21

C.13 Vergleich der Biegezugfestigkeit der Zinnbad- und der Atmosphärenseite von gezielt vorgeschädigten Probekörpern aus Floatglas

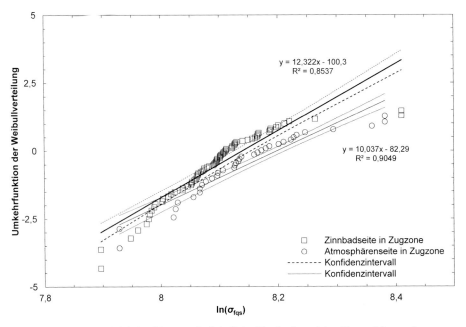

Abbildung A.17 Vergleich der Biegezugfestigkeit der Zinnbad- und der Atmosphärenseite von gezielt vorgeschädigten Probekörpern aus Floatglas